示范性职业教育"十四五"建设项目

机械基础

（智媒体版）

主　编　罗小霞
副主编　田华山　王　婷

课程思政

视频

动画

仿真

校企合作

新形态一体化教材

西南交通大学出版社
·成都·

图书在版编目（CIP）数据

机械基础：智媒体版 / 罗小霞主编. —成都：西南交通大学出版社，2021.8
ISBN 978-7-5643-8206-3

Ⅰ. ①机… Ⅱ. ①罗… Ⅲ. ①机械学－高等职业教育－教材 Ⅳ. ①TH11

中国版本图书馆 CIP 数据核字（2021）第 164763 号

Jixie Jichu (Zhimeiti Ban)

机械基础（智媒体版）

主编　罗小霞

责任编辑	何明飞
封面设计	吴　兵
出版发行	西南交通大学出版社 （四川省成都市金牛区二环路北一段 111 号 　西南交通大学创新大厦 21 楼）
邮政编码	610031
发行部电话	028-87600564　028-87600533
网址	http://www.xnjdcbs.com
印刷	四川森林印务有限责任公司
成品尺寸	185 mm × 260 mm
印张	18.25
字数	389 千
版次	2021 年 8 月第 1 版
印次	2021 年 8 月第 1 次
定价	58.00 元
书号	ISBN 978-7-5643-8206-3

课件咨询电话：028-81435775
图书如有印装质量问题　本社负责退换
版权所有　盗版必究　举报电话：028-87600562

贵阳职业技术学院教材建设委员会

主　　　任：刘　雁

常务副主任：代　琼

副　主　任：陈开明　张正保　杨　鹏　陈　刚

委　　　员：熊光奎　马　骏　杨竹君　邓　涛　王德义

　　　　　　徐　敏　王絮飞　邓军琳　凌泽生　张书凤

　　　　　　吴　焱　郁盛梅　胡　然　余　萍　陈　健

　　　　　　彭再兴　刘裕红　童永坤　郑全才　董作君

　　　　　　吴仕萍　田小刚

前 言

高职高专教育作为我国高等教育的重要组成部分,承担着培养高素质技术技能人才,服务经济建设的重任。近年来,随着产业结构的升级和社会岗位的更新变化,要求职业教育改革,要整合资源建设专业群对接产业链、人才链,更好服务经济社会的发展。"机械基础"是轨道交通专业群(省级重点专业群)的专业平台课。为了适应轨道交通职业教育发展的需要,本书结合轨道交通专业群各专业的人才培养方案,以培养技术型、技能型人才为目标,突出高等职业教育的特点,贯彻最新国家标准,将金属材料和热处理、构件的静力学、构件的基本变形、机械零件和连接、常用机构和机械传动、液压和气压传动等与铁路机械设备相关的理论知识和实践技能有机结合起来,形成完整的教学和训练系统,为后续专业课程的学习奠定基础。

本书在编写过程中主要基于项目课程来进行课程设计,将职业工作岗位的综合素质和思政培养融入其中。本教材在编写上主要突出以下特点:

1. 本书编写模式新颖,每个学习项目开始都安排有相关案例的"项目引入"和项目总的"学习目标",项目中每个任务都安排了设问式的"任务引入"和具体的"任务要求",各任务末安排有"实践操作"和"任务测试",有助于培养学生理论联系实际的应用能力和复习巩固所学知识。

2. 大量选用铁路设备的机械零部件图片和应用案例,突出轨道交通类专业基础课的特点,实现基础课和专业课的相互融通和衔接。

3. 突出职业教育职业技能培养的特点,在项目九编写了实用的实训项目,提高学生的实践操作能力。

4. 根据轨道交通专业人才培养方案，对以往"机械基础"教材、金属材料、工程力学内容进行了有机整合，以基本原理、基本概念、基本结构、基本计算为教材的编写重点，以新技术、新材料、新工艺为教材的拓展方向，突出教材的实用性、必要性和前瞻性。

5. 根据课程思政的需要，在任务要求中列出相应的思政要求，任务末安排相关的思政思考题，启发和指导教师进行课程思政，对学生的人生观和价值观进行正面引导，鼓励学生树立人生目标，培养学生敬业爱岗的职业道德素养。

6. 本书为数字化教材，应用 AR 技术，用大量的动画、视频、微课等数字资源生动形象地展示教材中的重、难点内容，实现纸质教材和数字化教材的融通，促进学生的自主学习，激发学生的学习兴趣。

本书由贵阳职业技术学院罗小霞担任主编，田华山、王婷担任副主编。本教材共分为九个项目，其中项目二、项目三和项目六由贵阳职业技术学院罗小霞编写，项目一、项目四、项目八和项目九由贵阳职业技术学院田华山编写，项目五和项目七由贵阳职业技术学院王婷编写。

本书内容涉及面较广，不仅包含有机械原理和零件知识，还包含了金属材料、工程力学、液压和气压传动等学科知识，教师可以根据教学班级的专业特点和课时需求自主选择教学内容。项目九中的实训任务也可穿插到相应的教学项目之后进行。

本书在编写过程中参阅了大量的文献资料，借鉴和吸收了国内外众多学者的研究成果，在此向有关作者致以最诚挚的谢意！

由于编者能力和时间有限，书中难免存在不足之处，恳请同行和读者给予批评指正。

编 者

2021 年 3 月

AR 资源目录

序号	项目	资源名称	资源类型	页码
1	项目一 机械概述	城轨车辆转向架	模型	001
2		单缸内燃机	动画	004
3		铁路机车车轮	动画	007
4	项目二 金属材料	低碳钢拉伸曲线	动画	024
5		铁碳合金的5种基本组织	视频	034
6	项目四 机械连接	普通平键连接分解、装配	动画	113
7	项目五 轴系零部件	对开式滑动轴承	动画	136
8		滚动轴承结构	动画	138
9		凸缘联轴器	动画	148
10		齿式联轴器	动画	148
11		十字滑块联轴器	动画	149
12		万向联轴器	动画	149
13		弹性柱销联轴器	动画	150
14		弹性套柱销联轴器	模型	150
15		齿形离合器	动画	152
16		单片摩擦离合器	动画	152
17		滚柱式超越离合器	动画	153
18		铁路车辆轮盘式制动器	视频	155
19	项目六 常用机构	Scharfenberg密接式车钩钩头	模型	158
20		铁路电力机车受电弓	视频	158
21		铰链四杆机构	模型	159
22		铰链四杆机构的构件	动画	160
23		车门启闭机构	动画	164

序号	项目	资源名称	资源类型	页码
24	项目六 常用机构	鹤式起重机机构	动画	164
25		飞机起落架机构	模型	165
26		汽车前轮转向操纵机构	动画	165
27		凸轮机构的组成	模型	179
28	项目七 机械传动	城轨车辆塞拉门螺旋传动机构	视频	186
29		城轨车辆啮合带传动	视频	191
30		齿轮机构	模型	205
31		齿轮范成法加工	视频	206
32		铁路机车齿轮箱传动	动画	226
33		减速器的结构	模型	226
34	项目八 液压和气压传动	液压千斤顶工作原理	动画	231
35		外啮合齿轮泵	动画	235
36		铁路车辆自动空气制动系统	动画	251
37	项目九 实训	用维修工具拆装铁路设备	视频	259
38		游标卡尺测量过程	视频	260
39		内径千分尺读数示意	视频	263
40		扭矩扳手	视频	265

AR 资源使用指南：

1. 请使用手机或移动设备扫描封底二维码，下载安装"轨道在线"APP；

2. 打开 APP，输入封底刮层下的 12 位序列号（不含空格），添加图书并下载离线资源；

3. 打开图书，使用摄像头对准书中带有"AR"图标的图片，开始你的快乐学习！

目 录

项目一　机械概述 ··· 001
　　任务一　机器和机械的基本概念 ·· 002
　　任务二　运动副及平面机构简图 ·· 007
　　任务三　摩擦、磨损及润滑 ··· 014

项目二　金属材料 ··· 021
　　任务一　金属材料的力学性能 ··· 023
　　任务二　钢的热处理 ··· 033
　　任务三　常用金属材料 ·· 038

项目三　构件的受力分析和变形 ··· 052
　　任务一　构件的受力分析 ··· 053
　　任务二　构件的基本变形 ··· 080

项目四　机械连接 ··· 110
　　任务一　键连接 ·· 112
　　任务二　螺纹连接 ··· 118

项目五　轴系零部件 ·· 125
　　任务一　轴 ·· 126
　　任务二　轴　承 ·· 134
　　任务三　联轴器、离合器和制动器 ··· 146

项目六　常用机构 ··· 157
　　任务一　平面连杆机构 ·· 159
　　任务二　凸轮机构 ··· 178

项目七　机械传动 ·· 185
任务一　螺旋传动 ·· 186
任务二　带传动 ··· 190
任务三　齿轮传动 ·· 202
任务四　轮系与减速器 ··· 218

项目八　液压和气压传动 ··· 230
任务一　液压传动 ·· 231
任务二　气压传动 ·· 251

项目九　实　训 ··· 258
任务一　常用测量器具、维修工具及使用方法 ··· 259
任务二　螺纹连接的测量和拧紧实训 ·· 269
任务三　减速器的装拆实训 ·· 272

附　录 ·· 275

参考文献 ·· 281

项目一
机械概述

项目导入

铁路机车车辆、铁道工程、铁道供电、城轨车辆的许多设备都是由各种各样的机械零部件组成，如图 1-0-1 所示，城轨车辆转向架由轮对、构架、轴箱装置、中央悬挂装置、基础制动装置、弹簧、螺栓等零部件组成。铁路专业的学生要学习和掌握常用的机械基础知识，才能为后续的专业学习、生产实践打下良好的基础。

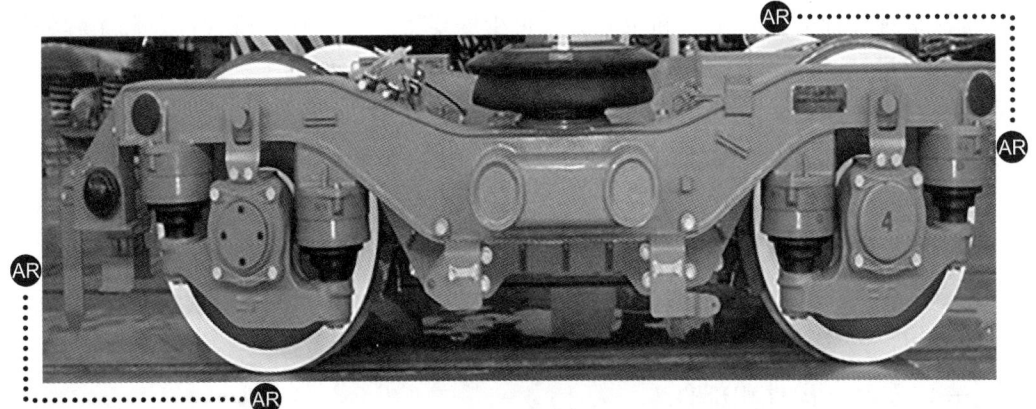

图 1-0-1　城轨车辆转向架

（城轨车辆转向架三维模型见 AR）

学习目标

1. 认识机器的组成和类型，掌握机器、机械、机构、构件、零件的基本概念并能正确识别。
2. 理解运动副及其作用。
3. 熟悉运动副的类型及特征。
4. 能绘制一般平面机构的运动简图。

任务一
机器和机械的基本概念

【学习任务】

1. 掌握机器、机构、机械的区别与联系。
2. 掌握零件、构件和部件的区别与联系。
3. 了解机器的分类、组成。
4. 通过对零件、构件、机构和机器概念及它们之间联系的学习,进一步树立唯物辩证主义的观点,认识到事物的关联性。

【任务引入】

机械是现代社会进行生产和服务必不可少的要素之一,任何现代产业和工程领域都需要应用机械,而生活中我们也经常接触到很多机器,如汽车、火车、自行车、照相机、洗衣机、冰箱、空调机、吸尘器等,你知道这些机器和机械有什么区别吗?这些机器是由什么组成的呢?通过本任务的学习,你将会得到答案。

【相关知识】

一、基本概念

(一)零件、构件和部件

1. 零 件

任何机器和机械都是由若干个零件装配而成的。零件是采用合适的材料,以一定的加工方法而得到的实体,是机器的基本单元体,是不可再拆的整体。

在图1-0-1所示的城轨车辆转向架中,车轮、车轮轴、螺栓、螺母、弹簧、弹簧止挡、构架等都是不可再分的单元体,都是零件。图1-1-1所示的内燃机连杆中的螺栓、连杆盖、连杆体也是零件。

零件按其是否具有通用性分为两大类:通用零件和专用零件。通用零件的应用很广泛,几乎在任何一部机器中都能找到它,如齿轮、轴、轴承、螺栓、螺母、销钉等;另一类是专用零件,它仅用于某些机器中,常可表征该机器的特点,如内燃机连杆体、吊钩、活塞、曲轴、叶片等。

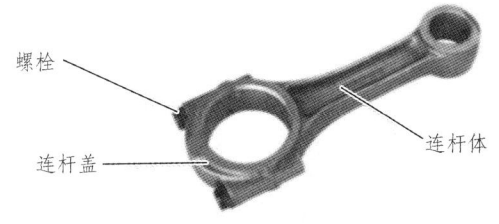

图 1-1-1　内燃机连杆

2. 构　件

构件是由一个或几个零件通过刚性连接构成的，作为一个整体进行运动的实体，是机器的运动单元体。组成构件的每个零件之间没有相对运动。

图 1-0-1 所示的城市轨道交通车辆转向架中的车轮和车轮轴用过盈配合连接成一个整体，成为轮对构件，相对于轴箱装置和构架转动。图 1-1-1 所示的内燃机连杆中的螺栓、连杆盖、连杆体连接成为一个构件，相对于活塞和活塞缸运动。

3. 部　件

在机器中，常把由一组协同工作的零件装配或制造成的一个相对独立的装配组合件叫部件，部件是机器的装配单元体。

在机器中，零部件都不是孤立存在的，它们是通过连接、传动、支承等形式按一定的原理和结构联系在一起的，这样才能发挥出机器的整体功能。将机器看成是由零部件组成的，不仅有利于装配，也有利于机器的设计、运输、安装和维修等。按部件的主要功用可以将它们分为连接与紧固件、传动件、支承件等。

（二）机构、机器和机械

1. 机　构

每个构件之间具有确定的相对运动的组合体称为机构。

如图 1-1-2 所示的单缸内燃机就是由曲柄滑块机构、凸轮机构、齿轮机构三种机构组合而成的。其中，曲柄滑块机构由活塞、连杆、曲轴和缸体组成，可将活塞的往复移动变为曲轴的连续转动；凸轮机构由凸轮、进排气顶杆和缸体组成，可将凸轮的连续转动变为进排气阀顶杆的往复移动；齿轮机构由缸体、大小两个齿轮组成，其作用是改变转速的大小和方向。

机构中的构件分为原动件、从动件和固定件（又称为机架）三类。原动件是机构中符合外部给定运动规律的可动构件。在机构中只有一个或很少数量的构件为原动件，如内燃机的活塞。从动件是在原动件的带动下，产生有规律运动的可动构件，如内燃机的连杆、曲轴等。固定件是机构中相对静止的构件，它是其他构件具有确定相对运动的参照物。每个机构都有且只有一个构件作为机架，如内燃机的缸体。

常用的机构有齿轮机构、连杆机构、凸轮机构等。

机构具有以下两个特征：

（1）机构是由各种构件组成的实体。

（2）机构的各构件之间具有确定的相对运动。

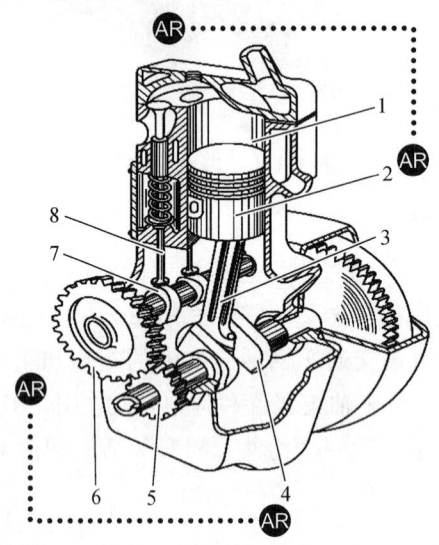

1—缸体；2—活塞；3—连杆；4—曲轴；5，6—齿轮；7—凸轮；8—顶杆。

图 1-1-2　单缸内燃机结构

（单缸内燃机工作动画见 AR）

2. 机　　器

在人们的生产和生活中广泛地使用着各种类型的机器。由图 1-1-2 所示的单缸内燃机结构和 AR 动画可知，单缸内燃机的工作原理如下：当燃气推动活塞在气缸中做往复直线移动时，内燃机通过连杆使曲轴做连续转动；曲轴上的齿轮和凸轮轴上的齿轮与缸体组成传动部分，曲轴转动，通过齿轮将运动传给凸轮轴；凸轮、进排气阀顶杆和缸体组成进排气的控制部分，凸轮转动，推动气阀按一定的运动规律启闭阀门，分别控制进气和排气。

上述三部分共同将燃气的热能转换为曲轴的机械能。

由以上分析可知，机器是由构件组成的，每个构件都具有确定的相对运动，并能够代替人类劳动完成有用功或能量转换的组合体。

机器都具有三个共同的特征：

（1）机器是由各种构件组合的实体。

（2）机器的各构件之间具有确定的相对运动。

（3）能代替人们的劳动，以完成一定的能量转换或信息处理或做出有用的机械功。

3. 机　　械

从结构和运动的观点看，机构和机器没有任何区别，所以把机构与机器统称为机械。从两者的功能看，机器的主要功能是利用机械能做功或进行信息处理或实现能量转换；机构的主要功能是传递或改变运动的形式。

二、机器的组成

机器种类繁多，形状各异，但就其功能而言，机器一般是由 4 部分组成的，具体组成见表 1-1-1。

表 1-1-1　机器的组成

序号	组成部分	功　用	举　例
1	动力部分	动力与运动来源，是原动机接受外部能源，通过能量转换，为机器提供动力和运动输入	电动机、内燃机、空气压缩机和液压马达等
2	执行部分	以确定的运动形式完成有用功，即完成机器预定功能	火车的车轮、起重机的吊钩、机床的刀架、飞机的尾舵和机翼以及轮船的螺旋桨等
3	传动部分	把动力部分的动力和运动以一定的运动形式传给执行部分的中间环节	汽车的变速箱、机床的主轴箱、起重机的减速器等
4	控制部分	控制机器的启动、停止和正常协调动作	汽车的方向盘、转向系统，制动器及其踏板，离合器踏板及油门等

图 1-1-3 所示为汽车的组成。

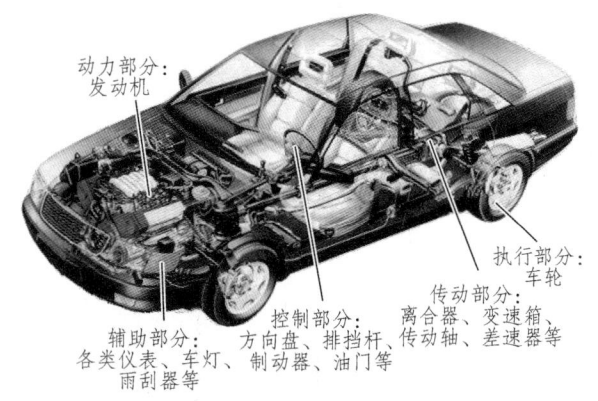

图 1-1-3　汽车的组成

三、机器的类型

按照机器的主要用途可分为 4 种类型，具体类型和特点见表 1-1-2。

表 1-1-2　机器的类型

序号	类型	特　点	举　例
1	动力机器	产生机械能的机械	电动机、内燃机、发电机、液压马达、空气压缩机等
2	加工机器	用来改变物料的状态、性质、结构和形状的机械	金属切削机床、粉碎机、压力机、织布机、轧钢机、包装机等

续表

序号	类型	特点	举例
3	运输机器	改变人或物料空间位置的机械	火车、汽车、缆车、轮船、飞机、电梯、起重机、输送机等
4	信息机器	获取或处理各种信息的机械	计算机、复印机、打印机、绘图机、传真机、数码相机、数码摄像机等

【思考】

零件是机械制造中不可再拆的基本实体，任何一台完整的机器都是由多个零件通过一定的形式组装而成的，通过零件和机器之间的关系能给你带来什么启示？

【实践操作】

认识城轨车辆中的机械：请查一下资料，结合机械中的基本概念，说一说城市轨道交通车辆的机械部分有哪些零部件？

【任务测评】

1. 机器与机构的主要区别是什么？
2. 构件与零件的主要区别是什么？
3. 请绘制出机械、机器、机构、构件、零件之间的关系图。

任务二
运动副及平面机构简图

【学习任务】

1. 能理解运动副的概念和应用特点,分清高副和低副的区别。
2. 能绘制平面运动机构简图。
3. 通过平面机构运动简图的绘制学习,养成善抓重点、有条理的思维习惯。

【任务引入】

图 1-2-1 所示为铁路机车车轮联动机构,该机构包含了多种形式的运动副,你能具体说出有哪些运动副吗?

图 1-2-1　铁路机车车轮

(铁路机车车轮联动机构传动动画见 AR)

图 1-2-1 所示的铁路机车车轮联动机构的车轮和钢轨、连杆和铰链之间相互接触,形成不同的运动副。运动副是我们认识机械运动和分析机械运动的基础,本任务将详细介绍运动副的概念和种类等相关知识。

【相关知识】

一、运动副

所谓运动副,就是指两构件直接接触并能产生一定形式的相对运动的可动连接。

机构中任何一个构件总是以一定的方式与其他构件相互接触,组成运动副。两构件组成运动副后,限制了两构件间的相对运动,这种限制称为约束。机构正是靠构件之间的这种连接约束,使其具有确定的运动形式。

两构件之间的接触形式有点接触、线接触和面接触。根据组成运动副两构件之间接触形式的不同,运动副可以分为低副和高副。

(一)低 副

两构件通过面接触组成的运动副称为低副。按照两个构件之间相对运动形式不同,低副又可分为转动副、移动副。

1. 转动副

两构件之间只能绕某一轴线做相对转动的运动副称为转动副,也叫作铰链。如果转动副的两构件之一是固定不动的,则该固定构件就称为机架。

图 1-2-2 所示为转动副结构,其中图 1-2-2(a)中两构件可绕销轴转动,图 1-2-2(b)中轴可在机架中转动,图 1-2-2(c)中门可绕门框转动。

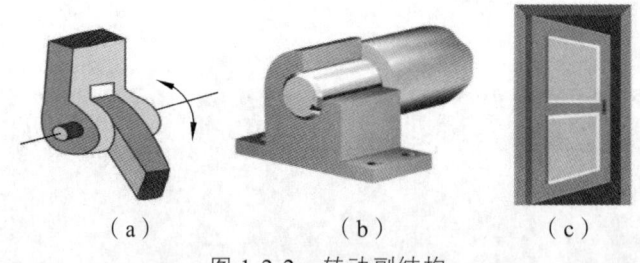

图 1-2-2 转动副结构

2. 移动副

组成运动副的两构件只能做相对直线运动的运动副称为移动副,如图 1-2-3 所示。

图 1-2-3 移动副结构

(二)高 副

两构件通过点或线接触而组成的运动副称为高副。如图 1-2-4 所示,图 1-2-4(a)表示轮齿与轮齿通过线接触组成高副,图 1-2-4(b)表示凸轮与从动件通过点接触或线接触形成高副,图 1-2-4(c)表示车轮与钢轨通过线接触组成高副。

(三)运动副的应用特点

1. 低副的特点

(1)单位面积压力较小,较耐用,传力性能好。

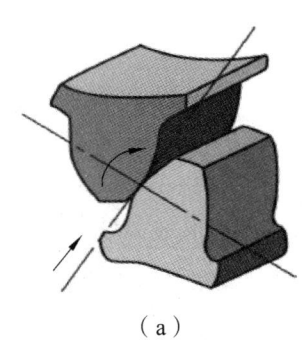 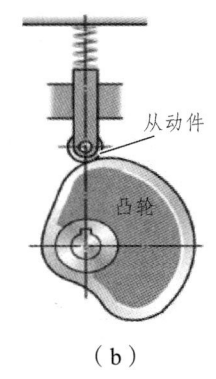 

（a） （b） （c）

图 1-2-4　高副结构

（2）摩擦损失大，效率低。

（3）不能传递较复杂的运动。

2. 高副的特点

（1）单位面积压力较大，两构件接触处容易磨损。

（2）制造和维修困难。

（3）能传递较复杂的运动。

二、平面机构运动简图

（一）机构运动简图

为了便于研究机构的运动，将机构中那些与运动无关的实际外形和具体结构略去，只用一些简单线条表示构件，用规定的简单符号表示运动副的类型，按一定比例确定各运动副的相对位置及与运动有关的尺寸。这种表示机构各构件间相对运动关系的简单图形称为机构运动简图。

机构运动简图与它所表示的实际机构具有完全相同的运动特性。从机构运动简图中可以了解机构中构件的类型和数目、运动副的类型和数目、运动副的相对位置。利用机构运动简图可以表达一部复杂机器的传动原理，可以进行机构的运动和动力分析。

（二）平面机构的表示方法

1. 一般构件的表示方法

平面机构中的构件形状复杂，构件的表示没有专门的规定，可以用线段、三角形、矩形、半圆弧和圆等来表示构件，如可以用一条线段或者一个三角形表示轴、杆和机架等构件，用矩形表示滑块类的构件，用圆表示齿轮或凸轮等构件。一般构件的表示方法见表 1-2-1。

表 1-2-1　一般构件的表示方法

序号	构件类型	表示方法
1	杆、轴构件	
2	固定构件	
3	同一构件	

2. 转动副的表示方法

转动副用一个小圆圈表示，其圆心代表相对转动的轴线。如图 1-2-5（a）、（b）所示，组成转动副的两个构件都是活动构件，称为活动铰链；如图 1-2-5（c）、（d）所示，组成转动副的两个构件之一为机架，在代表机架的构件上画短斜线，称为固定铰链。习惯上用图 1-2-5（d）表示固定铰链。

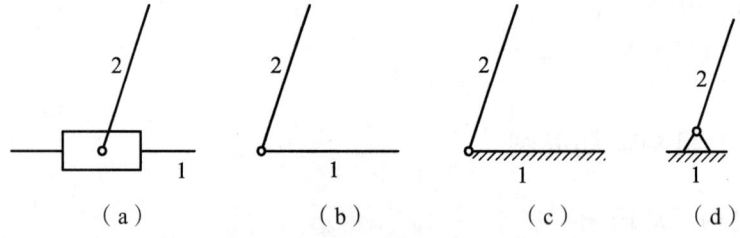

图 1-2-5　转动副的表示方法

3. 移动副的表示方法

两构件组成的移动副的表示方法如图 1-2-6 所示，移动副的导路必须与相对移动方向一致。

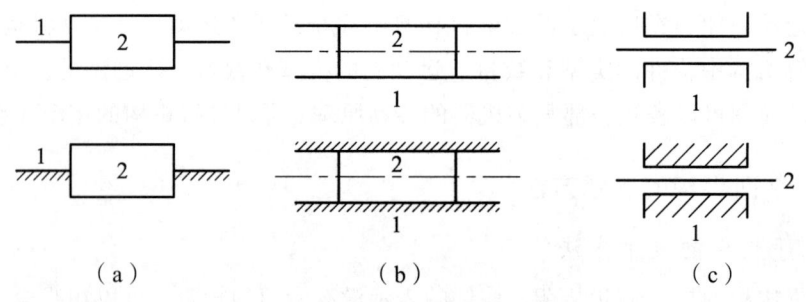

图 1-2-6　移动副的表示方法

4. 高副的表示方法

组成高副的两构件，在其运动简图中要画出两构件接触处的曲线轮廓，如图 1-2-7 所示。

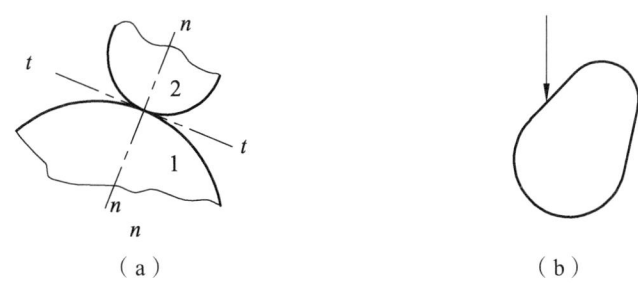

图 1-2-7 高副的表示方法

（三）平面机构运动简图绘制方法

所有构件在同一平面或相互平行的平面内运动的机构称为平面机构，它应用十分广泛。分析机构时，通常运用规定的一些简单符号和线条绘制出机构运动简图，将具体的机器抽象成简单的运动模型，来表示机构的运动关系。

通常，可按照如下步骤进行平面机构运动简图的绘制。

1. 分析机构的组成和运动情况

观察机构的运动情况，找出主动件、从动件和机架。从主动件开始，沿着传动路线分析各构件间的相对运动关系，确定机构中的构件数目。

2. 确定运动副的类型及其数目

根据相连两构件间的相对运动性质和接触情况，确定机构中运动副的类型、数目及各运动副的相对位置。

3. 选择视图平面

为了能够清楚地表明各构件间的运动关系，对于平面机构，通常选择与各构件运动平面相平行的平面作为视图平面。

4. 选取适当的比例尺，绘制机构运动简图

根据机构实际尺寸和图纸大小确定适当的比例尺，按照各运动副间的距离和相对位置，用规定的符号和线条将各运动副连起来，即为所要绘制的机构运动简图。运动简图中各运动副顺次标以大写英文字母，各构件标以阿拉伯数字，用箭头标明主动件的运动方向。

例 1-2-1 绘制图 1-2-8 所示偏心轮冲床的机构运动简图。

偏心轮 1 是原动件，由电机通过带传动进行驱动；床身 4 为机架；连杆 2 和冲头 3 都是从动件。偏心轮和机架之间为转动副连接；连杆和偏心轮、连杆和冲头之间都是转动副连接；而冲头和机架之间则为移动副连接。选择适当的比例尺，然后绘制出运动简图，如图 1-2-9 所示。

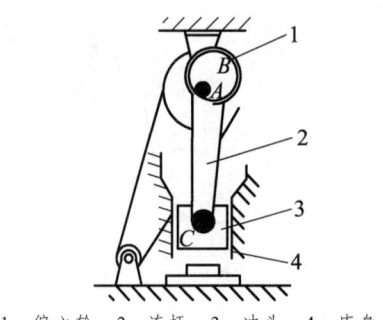 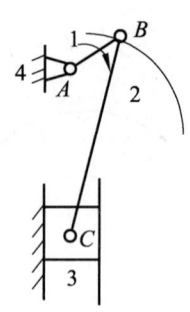

1—偏心轮；2—连杆；3—冲头；4—床身。　　　1—曲柄；2—连杆；3—滑块；4—机架。

图 1-2-8　偏心轮冲床机构　　　　图 1-2-9　偏心轮冲床机构运动简图

【思考】

利用机构运动简图可以表达一部复杂机器的传动原理，可以进行机构的运动和动力分析。请思考机构运动简图的绘制过程对你有什么启示。

【实践操作】

绘制图 1-2-10 所示颚式破碎机和图 1-2-11 所示曲柄机构的机构运动简图。

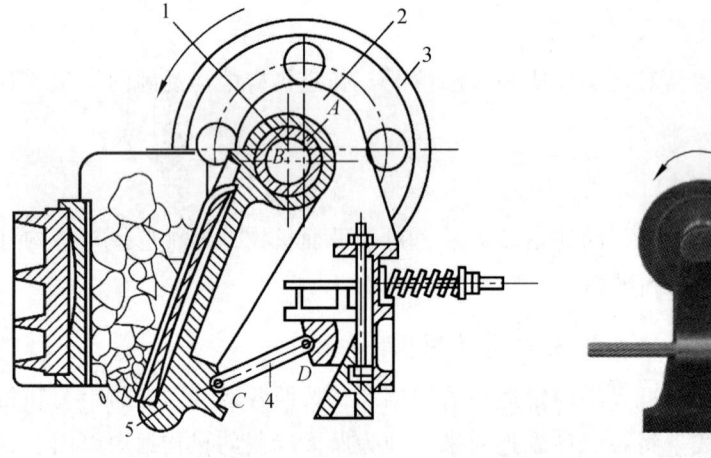 

1—偏心轴；2—机架；3—带轮；4—肘板；5—动颚板。

图 1-2-10　颚式破碎机　　　　图 1-2-11　曲柄机构

【任务测评】

1. 什么是运动副？它有哪些类型？
2. 请说明平面机构运动简图的绘制方法。
3. 请绘制图 1-2-12 所示缝纫机和图 1-2-13 所示活塞泵的机构运动简图。

图 1-2-12 缝纫机

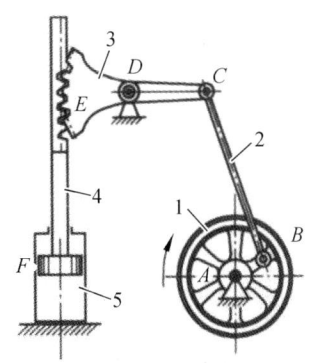

1—曲柄；2—连杆；3—齿扇；4—活塞；5—机架。

图 1-2-13 活塞泵

任务三

摩擦、磨损及润滑

【学习任务】

1. 了解摩擦的概念及类型。
2. 了解磨损的概念及类型,以及防磨措施。
3. 了解常用润滑油剂和润滑方式。
4. 理解摩擦和磨损现象是机器运转中不可避免的,学会理性、实事求是地看待事物本身。

【任务引入】

你知道图 1-3-1 中的线路工正在对钢轨做什么检查吗?

图 1-3-1 线路工在检测钢轨

钢轨是铁路轨道的主要组成部件,它的功用在于引导机车车辆的车轮前进,承受车轮的巨大压力,并传递到轨枕上。钢轨必须为车轮提供连续、平顺和阻力最小的滚动表面。但在实际应用中,钢轨的磨损是不可避免的,钢轨的磨耗情况严重影响着列车的运行安全,如果钢轨磨耗过度,甚至会造成列车的倾覆事故。为了保证钢轨的正常工作,线路工会定期对钢轨的磨耗量进行监测,图 1-3-1 所示为线路工在检测钢轨的磨耗量。

磨损是由于摩擦导致的。在机器工作过程中,磨损会造成零件的表面形状和尺寸缓慢而连续损坏,使得机器的工作性能与可靠性逐渐降低,甚至可能导致零件的突然破坏。人类很早就开始对摩擦现象进行研究,在零件的结构设计、材料选用、加工制造、表面强化处理、润滑剂的选用、操作与维修等方面采取措施,可以有效地解决零件的摩擦、磨损问题,提高机器的工作效率,减少能量损失,降低材料消耗,保证机器工作的可靠性。本任务主要介绍摩擦、磨损及润滑的相关知识。

【相关知识】

一、摩擦和磨损

摩擦和磨损是机器运动过程中不可避免的物理现象，机械产品的易损零件大部分是由于摩擦导致磨损超过限度而报废和更换的。

（一）摩 擦

摩擦是指相对运动的物体表面间的相互阻碍作用现象。摩擦是能源消耗的主要原因之一，减少摩擦能够节省能源。

摩擦种类很多，按不同的分类标准可分为内摩擦、外摩擦；动摩擦、静摩擦；滚动摩擦和滑动摩擦等。各种类型的摩擦见表1-3-1。

表1-3-1 摩擦的类型

分类标准	类型	定义
摩擦发生部位	内摩擦	发生在物体的内部、阻碍分子之间相对运动的现象
	外摩擦	在相对运动的两物体表面间发生的阻碍相对滑动的现象
摩擦件的相互运动情况	静摩擦	仅有相对运动趋势时的摩擦
	动摩擦	在相对运动进行中的摩擦
摩擦的性质	滑动摩擦	物体表面间的运动是相对滑动的摩擦
	滚动摩擦	物体表面间的运动是相对滚动的摩擦

其中，滑动摩擦根据其状态不同又可分为干摩擦、流体摩擦、边界摩擦和混合摩擦。滑动摩擦的分类见表1-3-2。

表1-3-2 滑动摩擦的类型

序号	类型	摩擦特点	示意图
1	干摩擦	两零件表面无任何润滑剂和保护膜，直接接触后，因为微观局部压力高而形成许多冷焊点，运动时被剪切。机器运动中原则上不允许出现干摩擦	弹性变形 / 塑性变形
2	边界摩擦	运动副表面有一层很薄吸附膜，但不足以将两金属表面完全分开，其表面部分仍将相互摩擦	边界膜

续表

序号	类型	摩擦特点	示意图
3	流体摩擦	有一层压力油膜将两金属表面隔开,两个金属表面不直接接触,是理想的摩擦状态	液体膜
4	混合摩擦	摩擦表面间处于边界摩擦和流体摩擦的混合状态。混合摩擦能有效降低摩擦阻力,其摩擦系数比边界摩擦要小得多	—

(二)磨 损

磨损是指由于摩擦而造成的物体表面材料的损失或转移。磨损会降低机器的效率和可靠性,甚至促使机器提前报废,因此要想办法减少机器运动中的磨损现象。

1. 磨损过程

实践表明,机械零件的正常磨损过程大致分为三个阶段:初期磨损阶段、稳定磨损阶段和剧烈磨损阶段。

(1)初期磨损阶段。机械零件在初期磨损阶段的特点是在较短的工作时间内,表面产生了较大的磨损量。这是由于零件刚开始工作时,表面微凸出部分的曲率半径小,实际接触面积小,造成较大的接触压强,同时曲率半径小也不利于润滑油膜的形成与稳定。所以,在开始工作的较短时间内磨损量较大。

(2)稳定磨损阶段。经过初期磨损阶段后,零件表面磨损得很缓慢。这是由于经过初期磨损阶段后,表面微凸出部分的曲率半径增大,高度降低,接触面积增大,使得接触压强减小,同时有利于润滑油膜的形成与稳定。稳定磨损阶段决定了零件的工作寿命。因此,延长稳定磨损阶段对零件工作是十分有利的。

(3)剧烈磨损阶段。零件在经过长时间的工作之后,即稳定磨损阶段之后,由于各种因素的影响,磨损速度急剧加快,磨损量明显增大。此时,零件的表面温度迅速升高,工作噪声与振动增大,导致零件不能正常工作而失效。

在实际中,这三个磨损阶段并没有明显的界限。

2. 磨损的类型

按磨损机理可将磨损分为磨粒磨损、黏着磨损、疲劳磨损、腐蚀磨损等。磨损的类型和样图见表 1-3-3。

(三)防磨措施

1. 改善润滑条件

改善润滑条件主要包括选用合适的润滑剂、合理设计润滑方式、研制开发新型有效的润滑材料等。

表 1-3-3　磨损的类型

序号	类型	定义	磨损样图
1	磨粒磨损	硬的磨（颗）粒或硬的凸出物在与摩擦表面相互接触运动过程中，使表面材料发生损耗的一种现象或过程	
2	黏着磨损	黏着磨损又称咬合磨损，它是指滑动摩擦时摩擦副接触面局部发生金属黏着，在随后相对滑动中黏着处被破坏，有金属屑粒从零件表面被拉拽下来或零件表面被擦伤的一种磨损形式	
3	疲劳磨损	材料表面在交变的摩擦力作用下，形成疲劳裂纹，随着疲劳裂纹的扩展，造成表层金属脱落，形成许多浅坑的现象称为疲劳磨损	
4	腐蚀磨损	当摩擦表面材料在环境的化学或电化学作用下引起腐蚀，在摩擦副相对运动时所产生的磨损	

2．选用耐磨材料

根据不同的磨损类型选择耐磨材料来和摩擦副配对。

3．进行表面改性

使用整体耐磨材料通常比较昂贵，另外，有些耐磨材料性能虽能满足耐磨要求，但不能满足摩擦元件对强度、刚度、韧性等的要求。采用表面改性的方法可以不用改变心部的性能却能得到耐磨的硬表面，充分发挥材料表面和心部的不同作用。

常用的表面改性方法有机械强化处理（如喷砂、喷丸）、常规的金属热处理（如表面淬火）、表面化学热处理（如磷化、硫化、氧化）等。

二、润　滑

润滑是指在摩擦表面间加注润滑剂，为减轻摩擦和磨损所采取的措施。润滑能降低摩擦功耗、减少磨损，并有冷却、吸振、防锈和防腐蚀等作用。

(一)润滑剂

润滑剂主要有润滑油、润滑脂、固体润滑剂等几种类型。

1. 润滑油

润滑油是轴承润滑中应用最广的润滑剂,多为矿物油。

润滑油最重要的物理性能是黏度,它也是选择润滑油的主要依据。黏度是液体流动的内摩擦性能,黏度越大,内摩擦阻力越大,液体的流动性越差。

润滑油的选择原则:轻载、高速、低温应选用黏度较小的润滑油;重载低速、高温应选用黏度较大的润滑油。

2. 润滑脂

润滑脂是在润滑油中添加稠化剂(如钙、钠、铝、锂等金属)后形成的胶状润滑剂。因为它黏稠,不易流失,所以承载能力较大,但它的物理、化学性质不如润滑油稳定,摩擦功耗也大,故不宜在温度变化大和高速条件下使用。润滑脂常用在低速、载荷大、不经常加油的场合。

润滑脂的选择原则:高温、高速、重载下应选用抗氧化性好、蒸发损失小的润滑脂;若载荷特别高,要加极压添加剂;在潮湿的环境,选用抗水性好的润滑脂。

3. 固体润滑剂

固体润滑剂是为减少摩擦和磨损而使用的粉末状或薄膜状的固体物质。常用的固体润滑剂有石墨和二硫化钼。在高温、重载下工作的轴承,常添加二硫化钼作为润滑剂,能获得良好的润滑效果。

固体润滑剂具有附着力强、化学稳定性和耐热性好、承载能力高等特点,可以用于极高载荷、极低转速等特殊工况和环境。

(二)常用润滑方式和装置

1. 手工润滑

手工润滑主要用于低速、轻载场合或不重要的部件。常用的方式主要有旋盖式油杯润滑、压注式油杯润滑、油枪或油壶注油润滑等。其中,旋盖式油杯润滑(图 1-3-2)和压注式油杯润滑(图 1-3-3)主要用于润滑脂间歇供给润滑,油枪或油壶注油润滑主要用于润滑油的定期供给润滑。

2. 滴油润滑

滴油润滑是依靠油的自重通过润滑装置向润滑部位滴油进行润滑。图 1-3-4 所示为针阀油杯润滑装置,当手柄卧倒时阀口封闭;当手柄直立时,阀口开启,润滑油即流入轴承。针阀油杯可调节滴油速度以改变供油量。

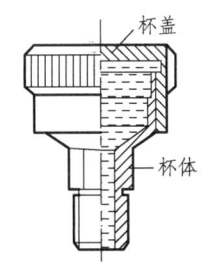 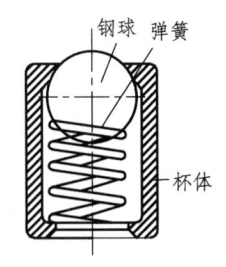 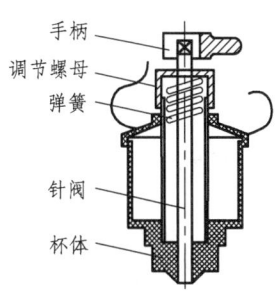

图 1-3-2　旋盖式油杯润滑　　　图 1-3-3　压注油杯润滑　　　图 1-3-4　针阀油杯润滑

3. 飞溅润滑

飞溅润滑是利用转动件带动油滴甩溅到需要润滑的摩擦部件上，实现润滑目的。飞溅润滑一般封闭在箱体容器之中，是使用润滑油润滑的主要方式，可以形成连续供油。减速器、内燃机等机械部件用得比较多。飞溅润滑结构简单，供油充分，维护方便，但轴的转速不能太高或太低，适用于水平轴。图 1-3-5 所示为齿轮飞溅润滑装置，图 1-3-6 所示为油环飞溅润滑装置。

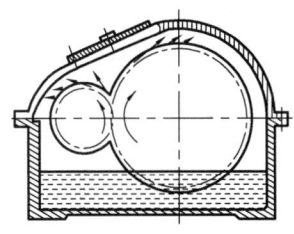 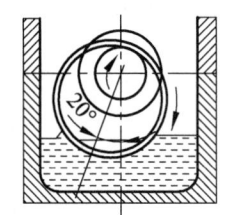

图 1-3-5　齿轮飞溅润滑　　　图 1-3-6　油环飞溅润滑

4. 压力循环润滑

压力循环润滑是一种强制润滑方法，利用油泵以一定的工作压力将油通过油管送到各润滑部位。润滑油经润滑部位流回油池，构成循环润滑，如图 1-3-7 所示。其供油量可调节，能保证连续供油，润滑可靠，并有冷却和冲洗摩擦部件的作用，但结构较复杂，费用较高，广泛应用于重载高速和载荷变化较大的场合。

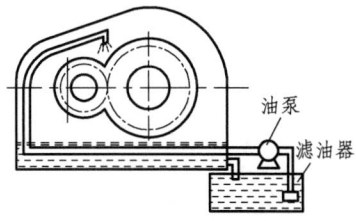

图 1-3-7　压力润滑

【思考】

机器运转中最理想的状态是没有磨损，你是如何看待机器中的摩擦和磨损现象？

因为有摩擦才会有磨损，因为有磨损才会导致零件失效或机器报废，这种现象对你有什么启示？

【实践操作】

铁道车辆在运用中经常会出现燃轴故障。所谓燃轴故障是指铁道车辆运行时，其走行部位的轴承润滑不良，摩擦引起的轴承温度超出了正常运转温度，散发出轴油燃烧的气味，甚至有冒烟、冒火的现象。燃轴故障若不及时处理，则会引起严重的行车事故。请查阅资料，说明如何对铁道车辆走行部的轴承进行维护保养，才能保证其工作性能？

【任务测评】

1. 摩擦的种类有哪些？
2. 磨损的种类有哪些？
3. 什么是润滑？常用的润滑剂和润滑方式有哪些？

项目二
金属材料

项目导入

图 2-0-1 所示为城轨车辆车体,它是容纳乘客和司机驾驶的部分,又是安装和连接其他设备及组件的基础。车体按使用材料可分为碳素钢车体、铝合金车体和不锈钢车体。目前,城轨车辆采用较多的是铝合金车体和不锈钢车体。图 2-0-1 所示的车体就是铝合金车体。

图 2-0-2 所示为铁路机车车辆车钩,主要用于连接机车和各车辆,使之彼此保持一定的距离,并且传递和缓和列车在运行中或在调车时所产生的纵向力或冲击力。现在,铁路机车车辆车钩经常采用高强度低合金铸钢,图 2-0-2 所示的铁路机车车辆车钩就是采用的高强度低合金铸钢制造的。这种材料的车钩能很好地发挥连挂牵引的作用力。

图 2-0-1 城轨车辆车体

图 2-0-2 铁路机车车辆车钩

在铁路行业里使用最多的材料是金属材料。由于金属材料品种多、性能各异,还可以通过不同的加工方法和热处理,使某些性能获得进一步的改善,因而得到广泛的应用。

铁路设备的安全和运用离不开材料的正确选用,作为铁路专业学生要了解材料的力学性能和常见金属材料的分类和选用方法,为后续的专业课程学习和工作实践做好准备。

学习目标

1. 掌握常见金属材料的力学性能。
2. 了解钢在加热和冷却时的相变规律。
3. 了解钢的热处理的工艺方法。
4. 了解常见金属材料的分类、牌号含义及选用。

任务一
金属材料的力学性能

【学习任务】

1. 正确理解强度、硬度、塑性、冲击韧性和疲劳强度等力学性能的含义。
2. 了解硬度测试的方法和实际应用。
3. 通过抗拉实验和拉伸曲线的分析，养成严谨治学的态度。
4. 由低碳钢和灰铸铁的抗拉、抗压性能，树立积极向上、勇于挑战的人生观和价值观。
5. 让学生上网查询事故案例，培养学生查询资料的能力，树立安全第一的理念。

【任务引入】

金属材料在使用中都需要满足一定的力学要求，你知道图 2-0-1 中城轨车辆铝合金车体和图 2-0-2 中铁路机车车辆高强度低合金铸钢车钩应该具有什么力学性能吗？

金属材料的力学性能，不仅是设计零件、选择金属材料的重要依据，还是验收、鉴定金属材料性能的重要依据。本任务将介绍金属材料的力学性能。

【相关知识】

所谓力学性能是指金属材料在外力作用下所表现出来的抵抗力的性能。金属材料的力学性能主要有强度、硬度、塑性、冲击韧性和疲劳强度等。

一、强　度

强度是指金属材料在外力作用下抵抗破坏（塑性变形和断裂）的能力。强度越高，金属材料抵抗塑性变形和断裂的能力越强。按所受外力不同，强度可分为抗拉强度、抗压强度、抗弯强度和抗剪强度等，一般情况下以抗拉强度作为最基本的强度指标。

将一定尺寸和形状的金属试样（即标准试件）装夹在试验机上，在其两端逐渐施加拉伸力，直到把试样拉断为止，如图 2-1-1 和图 2-1-2 所示。

在做拉伸试验时，试样在受到缓慢施加的拉力作用下逐渐被拉长，直到试样断裂为止。试验机自动记录载荷与伸长量之间的关系，并得出以载荷为纵坐标，伸长量为横坐标的曲线图，称为拉伸图或拉伸曲线，如图 2-1-3 所示。低碳钢试样在拉伸过程中，其载荷与伸长量间的关系可分为弹性变形阶段、屈服阶段、强化阶段和缩颈阶段。图 2-1-3 中，Oe 为弹性变形阶段，es 为屈服阶段，sb 为强化阶段，bz 为缩颈阶段。

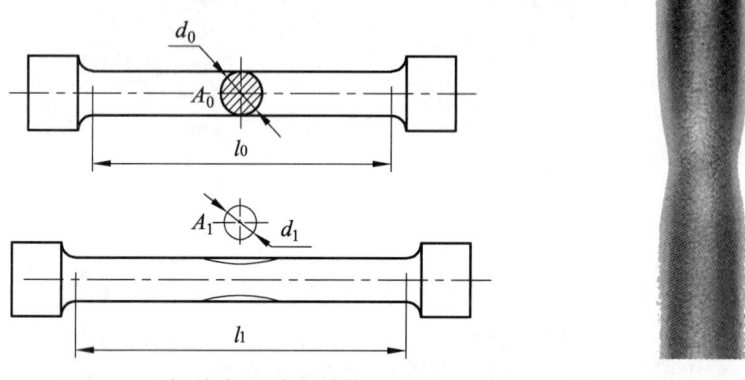

图 2-1-1　拉伸实验前后试棒示意图　　图 2-1-2　拉伸实验实材

弹性变形阶段（Oe）：在拉伸的初始阶段，拉伸曲线 Oe 为一直线段，它表示载荷与试样伸长量成正比关系。若此时卸除载荷，试样能完全恢复到原来的尺寸。

屈服阶段（es）：当载荷超过一定数值再卸载时，试样的伸长只能部分恢复，而保留一部分残留变形，即为塑性变形。当载荷继续增加到 F_s，曲线出现锯齿状，此时拉伸力不增加，试样变形却继续增加，这种现象称为屈服。屈服后，材料残留较大的塑性变形。

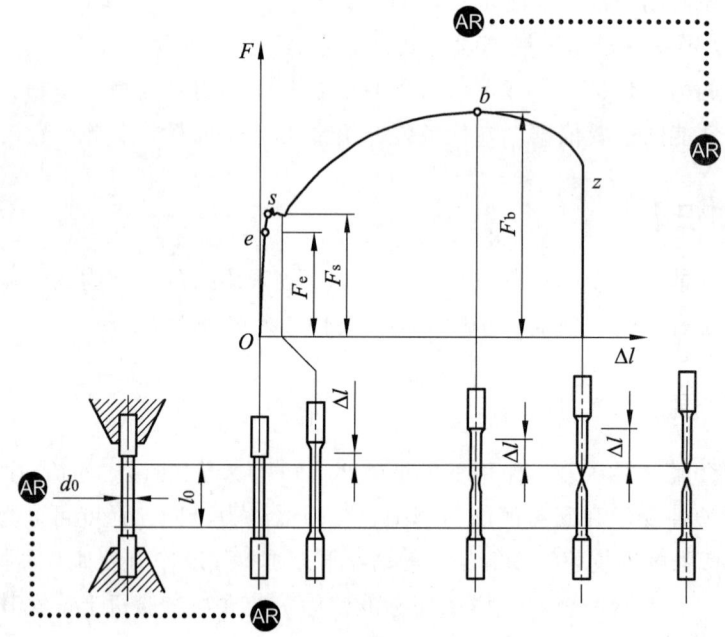

图 2-1-3　低碳钢拉伸曲线

（低碳钢拉伸曲线的绘制过程见 AR）

强化阶段（sb）：屈服阶段以后，要使试样继续伸长，则必须增加载荷。随着变形继续增大，变形抗力也逐渐增大，这种现象称为形变强化。此阶段的塑性变形是均匀的。

缩颈阶段（bz）：当载荷达到最大值 F_b 后，试样截面会发生局部收缩，称为"缩颈"，这时伸长主要集中于缩颈部位，直至试样断裂。

钢材在受压缩时，试件被压成鼓形，受压面越来越大，不可能产生断裂，也无法判断材料的压缩强度极限。因此，钢材的力学性能主要用拉伸实验来确定。

灰铸铁的拉伸曲线如图 2-1-4 所示，从图中可以看出，试样从开始拉伸至拉断，作用力、变形量都很小，也没有屈服阶段和缩颈阶段。

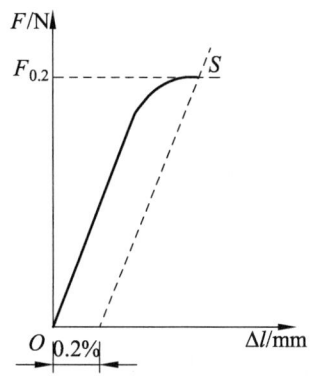

图 2-1-4　灰铸铁的拉伸曲线

实验证明，灰铸铁的抗压能力远远大于其抗拉能力（约 3~4 倍）。所以以灰铸铁为代表的脆性材料常用作受压构件。

强度指标用应力来度量，包括屈服强度和抗拉强度。

（一）屈服强度

屈服强度是指金属材料产生屈服时的应力，用式（2-1-1）表示。

$$\sigma_S = \frac{F_S}{S_0} \tag{2-1-1}$$

式中　σ_S——屈服强度（N/mm² 或 MPa）；

　　　F_S——屈服时的最小载荷（N）；

　　　S_0——试样的原始横截面面积（mm²）。

无明显屈服现象的材料，用试样标距长度产生 0.2%塑性变形时的应力值 $\sigma_{0.2}$ 作为屈服强度，称为条件屈服强度。

由于低碳钢在屈服时发生较大的塑性变形，使构件不能正常工作，故在进行构件设计时，一般将构件的最大工作应力限制在屈服强度 σ_S 以内。屈服强度 σ_S 是衡量钢材强度的一个重要指标。

（二）抗拉强度

抗拉强度是指金属材料抵抗外力而不致断裂的最大应力，即拉伸曲线中 b 点的应力，用 σ_b 表示，即

$$\sigma_b = \frac{F_b}{S_0} \tag{2-1-2}$$

式中　σ_b——抗拉强度（N/mm² 或 MPa）；

　　　F_b——试样断裂前所承受的最大载荷（N）。

σ_s / σ_b 的值称为屈强比。屈强比越大，结构零件的可靠性越高。一般碳素钢屈强比为 0.6~0.65，低合金结构钢为 0.65~0.75，合金结构钢为 0.84~0.86。

二、硬　度

硬度是指金属材料表面抵抗外部压力的能力，分为布氏硬度、洛氏硬度和维氏硬度。硬度值越高，金属材料越硬。只有硬度高的物体才能压入硬度低的物体中，如冲头凹模等，其硬度一定比被加工金属材料的高，硬度高的物体耐磨性通常比较好。

（一）布氏硬度

1. 测试原理

如图 2-1-5 所示，使用一定直径的球体，以规定的试验载荷用布氏硬度计（图 2-1-6）压入试样表面，经规定的保持时间后卸载，通过测量试样表面的压痕直径来计算硬度值，布氏硬度试验压痕如图 2-1-7 所示。布氏硬度用符号 HBW 表示，计算公式为

$$HBW = 0.102 \times \frac{2F}{\pi D(D - \sqrt{D^2 - d^2})} \tag{2-1-3}$$

式中　F——试验载荷（N）；

　　　D——硬质合金球的直径（mm）；

　　　d——压痕的平均直径（mm）。金属材料越软，压痕的直径越大，布氏硬度越低。

压头为钢球时，布氏硬度用符号 HBS 表示，适用于布氏硬度值在 450 以下的材料。压头为硬质合金球时，用符号 HBW 表示，适用于布氏硬度在 650 以下的材料。符号 HBS 或 HBW 之前的数字表示硬度值，比如 350HBS 和 450HBW 的布氏硬度分别为 350 和 450。

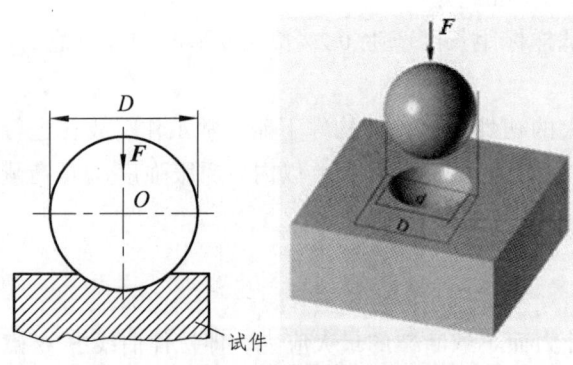

图 2-1-5　布氏硬度测试原理

图 2-1-6　布氏硬度计

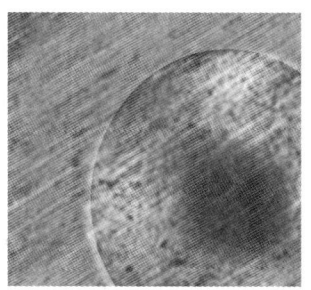

图 2-1-7 布氏硬度试验压痕

2. 适用范围

布氏硬度测量误差小,数据稳定,主要用于测量灰铸铁、有色金属、各种软钢等硬度不是很高的材料。因压痕较大,布氏硬度测试不适宜检验薄件或成品,以及比压头还硬的材料。

(二)洛氏硬度

1. 测试原理

如图 2-1-8 和图 2-1-9 所示,在洛氏硬度计上(图 2-1-10),用金刚石压头(图 2-1-11)进行测试,先加初载荷 F_0 压入深度 h_1,以消除试样表面不平而引起的误差,然后再加载荷 F_1,在总载荷 F(即 F_0+F_1)的作用下,压入深度 h_2,经规定的保持时间后卸载,由于金属弹性变形的恢复,压头回升到 h_3,此时,压痕深度 $h=h_3-h_1$。h 值越大,洛氏硬度越低。根据 h 的大小计算洛氏硬度值,定义每 0.002 mm 相当于一个硬度单位。为适应习惯上数值越大硬度越高的概念,采用 $K-\dfrac{h}{0.002}$ 来表示洛氏硬度的大小。洛氏硬度用符号 HR 表示,计算公式为

$$\mathrm{HR} = K - \frac{h}{0.002} \tag{2-1-4}$$

式中 K——常数,金刚石取 $K=0.2$,钢球取 $K=0.26$;

h——压痕深度(mm)。

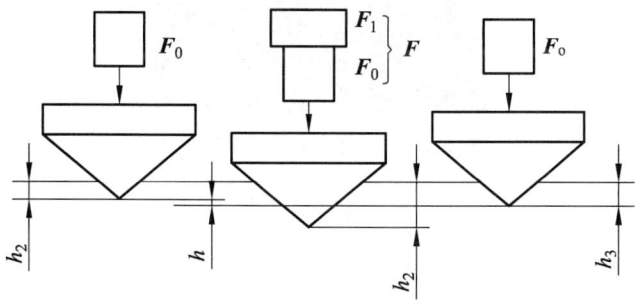

图 2-1-8 洛氏硬度测试原理

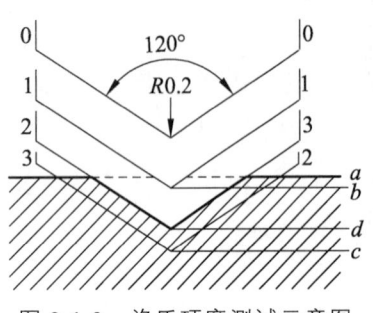  

图 2-1-9　洛氏硬度测试示意图　　图 2-1-10　洛氏硬度计　　图 2-1-11　洛氏硬度压头

洛氏硬度没有单位，其值可以从洛氏刻度盘上直接读出。

2. 适用范围

我国常用洛氏硬度有 HRA、HRB、HRC 三种，见表 2-1-1。洛氏硬度适用于测定极软到极硬的金属材料，它弥补了布氏硬度的不足。洛氏硬度测量操作简便，压痕（图 2-1-12）小，适用范围广，但测量结果不如布氏硬度测量准确。

表 2-1-1　常用的三种洛氏硬度的测试条件及适用范围

标尺种类	硬度符号	压头类型	总载荷 F/N	适用范围
A	HRA	120°的金刚石圆锥	588.4	用于测量高硬度材料，如硬质合金、表面淬硬、渗碳、特硬材料等
B	HRB	$\phi1.588$ 的钢球	980.7	用于测量低硬度材料，如退火钢、正火钢、有色金属及较软材料等
C	HRC	120°的金刚石圆锥	1471.1	用于测量中等硬度材料，如调质钢、淬火钢等

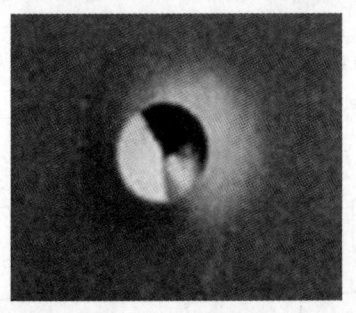

图 2-1-12　洛氏硬度测试压痕

（三）维氏硬度

1. 测试原理

如图 2-1-13 所示，采用 136°正棱角锥形金刚石作为试样，使用维氏硬度计（图 2-1-14）进行实验。载荷 F 的大小可根据试样厚度和其他条件选用（一般可取 10 ~

1 000 N），经规定的保持时间后卸载，用压痕对角线的长度来计算。维氏硬度用符号 HV 表示，计算公式为

$$HV = 0.189 \frac{F}{d^2} \tag{2-1-5}$$

式中　F——试验载荷（N）；
　　　d——压痕两对角线的平均长度（mm）。

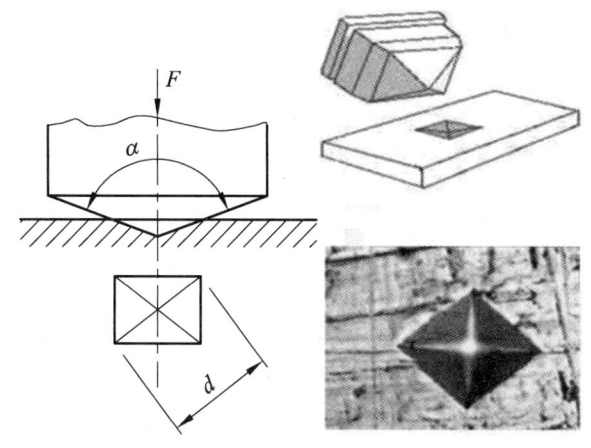

图 2-1-13　维氏硬度实验原理和压痕　　　图 2-1-14　维氏硬度计

维氏硬度符号前的数字为硬度值，后面为试验力值，标准的试验保持时间为 10 ~ 15 s。如果保持时间超出这一范围，还要注上保持的时间。如 600HV30 表示采用 294.2 N（30 kg）的试验力，保持时间 10 ~ 15 s 时得到的维氏硬度值为 600；640HV30/20 表示采用 294.2 N（30 kg）的试验力，保持时间 20 s 时得到的维氏硬度值为 640。

2. 适用范围

维氏硬度测试中所加载荷小，压入深度浅，可测量较薄的材料和渗碳层、渗氮层的硬度；维氏硬度测量范围广，从很软到很硬的各种金属材料的硬度都可测量，且准确性高。维氏硬度保留了布氏硬度和洛氏硬度的优点。维氏硬度的缺点是测量压痕对角线的长度较复杂，压痕小，对试样的表面质量要求较高。

三、塑　性

塑性是指材料在外力作用下，产生永久性不能自行恢复的变形但不破坏的性能。金属材料塑性实验断裂前后试件如图 2-1-15 所示。

塑性常用断后伸长率 δ 和断面收缩率 Ψ 来表示，其计算公式分别为

$$\delta = \frac{L_1 - L_0}{L_0} \times 100\% \tag{2-1-6}$$

$$\Psi = \frac{S_0 - S_1}{S_0} \times 100\% \tag{2-1-7}$$

式中 　δ，Ψ——断后伸长率和断面收缩率（%）；
　　　L_0，L_1——试样原始标距和试样断裂后标距（mm）；
　　　S_0，S_1——试样原始横截面积和试样断后最小横截面积（mm²）。

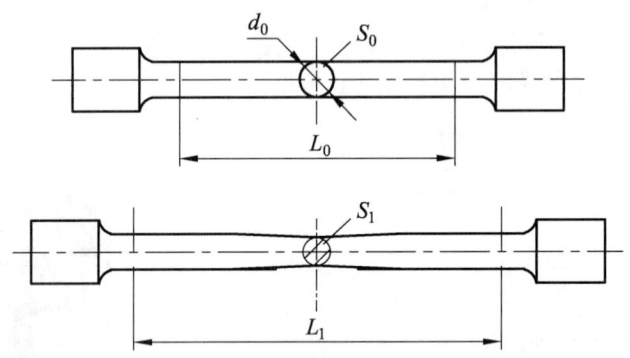

图 2-1-15　金属材料塑性实验断裂前后试件

断后伸长率和断面收缩率数值越大，表明金属材料的塑性越好。良好的塑性对机械零件加工和使用都具有重要意义。例如，塑性良好的金属材料易于进行压力加工，如轧制、冲压、锻造等。如果过载，金属材料由于产生塑性变形但不致突然断裂，可以避免事故发生。

四、冲击韧性

冲击韧性是指金属材料抵抗动载荷冲击的能力，常用摆锤冲击试验来测量，如图 2-1-16 和图 2-1-17 所示。将带有缺口的试样安放在支座上，让摆锤从一定高度 h 落下，将试样冲断，随后摆锤继续上升至 h'，冲断试样所消耗的功为 $A_K = mg(h-h')$。冲击韧性值为试样单位横截面积所消耗的冲击吸收功，用符号 a_K 表示，计算公式为

图 2-1-16　冲击试验机

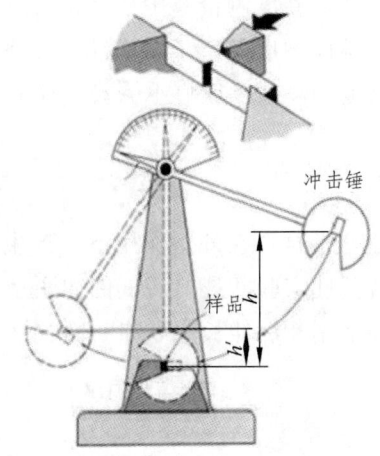

图 2-1-17　冲击试样和冲击实验示意

$$a_K = \frac{A_K}{S} \tag{2-1-8}$$

式中 S——试样缺口处横截面积（cm^2）。

a_K 越大，冲击韧性越好，即金属材料受冲击载荷后不容易断裂。

五、疲劳强度

疲劳强度（又称为疲劳极限）是指金属材料在无限多次交变载荷作用下而不被破坏的最大应力。实际上，金属材料不可能做无限多次交变载荷试验。一般规定，钢可经受 10^7 次交变载荷，有色金属材料可经受 10^8 次交变载荷。

许多机械零件，如轴、齿轮、轴承、叶片弹簧等，在工作过程中各点的应力随时间做周期性的变化，这种随时间作周期性变化的应力称为交变应力（也称为循环应力）。在交变应力的作用下，虽然零件所承受的应力低于金属材料的屈服强度，但经过较长时间的工作后，金属材料会产生裂纹或突然发生完全断裂的现象，这种现象称为金属材料的疲劳破坏。图 2-1-18 所示为轴的疲劳断口，图 2-1-19 所示为扫描电镜得到的疲劳辉纹照片。

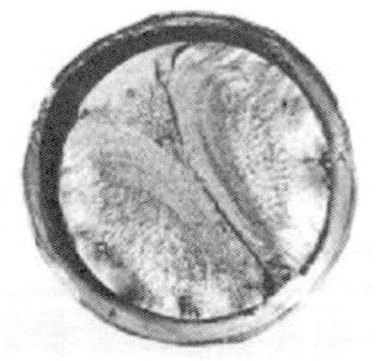
图 2-1-18　轴的疲劳断口

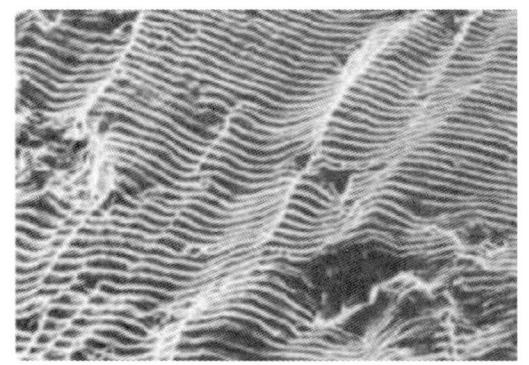
图 2-1-19　疲劳辉纹（扫描电镜照片）

疲劳破坏是机械零件失效的主要原因之一。据统计，在机械零件失效中大约有 80% 以上是因为疲劳破坏，且疲劳破坏前没有明显的变形。因此，疲劳破坏经常造成重大事故。轴、齿轮、轴承、叶片、弹簧等承受交变载荷的零件要选择疲劳强度较好的金属材料来制造。

通过改善材料的形状结构、减少表面缺陷、提高表面光洁度、进行表面强化等方法可提高材料疲劳强度。

【思考】

通过本任务的学习，你知道低碳钢材料和灰铸铁材料分别适用于什么场合？低碳钢和灰铸铁的性能和适用场合对你的成长有什么启示？

【实践操作】

1. 用灰铸铁制造的某铁路机车活塞缸缸体一般用何种方法测试其硬度？试阐述该方法的测试原理。
2. 请上网查找由于材料疲劳强度不够导致的事故案例。

【任务测评】

1. 金属材料的力学性能指标主要有哪些？
2. 画出低碳钢的拉伸曲线，并简述拉伸变形每个阶段的变形特点。
3. 强度指标一般包括哪两项？各有什么含义？

任务二 钢的热处理

【学习任务】

1. 了解钢在加热和冷却时的相变规律。
2. 了解钢的各种热处理方法。
3. 通过分析铁碳合金加热或冷却时的相变图，养成理论联系实际、实事求是的工作作风。
4. 通过钢各种热处理效能的启示，树立人生目标，在磨炼中提升自己，为理想不懈努力。

【任务引入】

现代工业中使用最广泛的是钢铁材料，而各种钢铁材料的性能相差很大。为了方便加工，提高产品质量，保证设备安全，延长使用寿命，你知道钢铁材料零件和工具在生产过程中是通过什么工艺来改善性能的吗？

机械制造业中大多数的钢铁材料零件和工具都要经过热处理，从而改善钢的工艺性能和提高钢的使用性能。本任务将介绍钢常用的热处理工艺。

【相关知识】

一、钢在加热和冷却时的相变规律

钢铁材料的基本组元是铁和碳，故统称铁碳合金。铁碳合金实际加热或冷却时温度变化如图 2-2-1 所示。图中 A_1、A_3、A_{cm} 是碳钢在极其缓慢地加热或冷却的情况下测定的。但在实际生产中，存在过冷过热现象，相变温度升高和降低的幅度随加热和冷却速度的增大而增大。通常实际加热时各临界点标下角标 c，即 A_{c_1}、A_{c_3}、$A_{c_{cm}}$；冷却时标下角标 r，即 A_{r_1}、A_{r_3}、$A_{r_{cm}}$。

（一）钢在加热时的组织转变

钢加热到 A_{c_1} 时会发生珠光体向奥氏体的转变，加热到 A_{c_3} 和 $A_{c_{cm}}$ 以上，保温足够时间便会全部转变为奥氏体。热处理的目的是获得均匀的奥氏体组织，因此，这种加热转变的过程称为钢的奥氏体化。

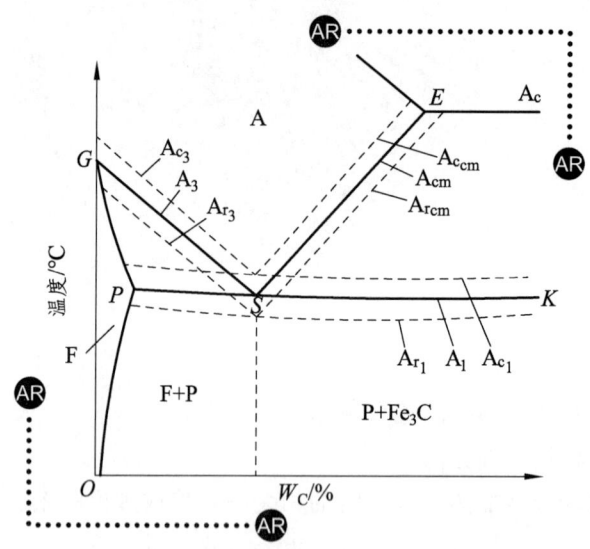

图 2-2-1　铁碳合金加热或冷却时的相变

[铁碳合金的 5 种基本组织：铁素体（F）、奥氏体（A）、渗碳体（Fe_3C）、珠光体（P）、莱氏体（Ld）性能简介见 AR]

奥氏体晶粒的大小对后续的冷却转变以及转变产物的性能有重要的影响。

（二）钢在冷却时的组织转变

冷却过程是热处理的关键工序，冷却转变温度决定了冷却后的组织和性能。实际生产中采用的冷却方式主要有等温冷却（如等温淬火）和连续冷却（如炉冷、空冷、水冷等）。

二、钢的热处理

热处理是机械零件及工具制造过程中的重要工序。钢的热处理就是利用铁碳合金在加热和冷却时的相变规律，将钢在固态下进行加热、保温和冷却，以改变其内部组织，从而获得所需性能的一种工艺方法。钢的热处理工艺主要有退火、正火、淬火、回火、表面热处理等。

（一）钢的退火与正火

钢的退火与正火是常用的两种基本热处理工艺，主要用来处理钢件毛坯，为以后切削加工和最终热处理做准备。因此，退火与正火通常又称为预备热处理。对于一般铸件、焊接件以及性能要求不高的钢件，退火、正火都可作为最终热处理。

1. 钢的退火

钢的退火是指将钢件加热到适当温度，保温一定时间后，然后缓慢冷却（一般随炉冷却）的热处理工艺。退火的目的是消除钢件的内应力、降低硬度、提高塑性、细化组织、均匀化学成分，以利于后续加工，并为最终热处理做好组织准备。

2. 钢的正火

钢的正火是指将钢件加热奥氏体化后，在空气中冷却的热处理工艺。正火的目的是细化晶粒、消除网状渗碳体，并为淬火、切削加工等后续工序做准备。正火也常作为普通结构零件或某些大型非合金钢件（如铁道车辆的车轴）的最终热处理，以代替调质处理。

（二）钢的淬火

钢的淬火是把钢材料加热奥氏体化后，保温一定时间，然后快速冷却（一般为油冷或者水冷），加强物体硬度的热处理工艺。淬火是钢最重要的热处理工艺，也是热处理中应用最广泛的工艺之一。工程应用中重要的结构钢件，特别是承受动载荷和剧烈摩擦作用的零件，以及各种类型的工具等都要进行淬火。但淬火必须和回火相配合，否则淬火后虽然得到高硬度、高强度，但韧性、塑性降低，不能得到优良的综合力学性能。

（三）钢的回火

钢的回火是将淬火后的钢件重新加热到 A_{c_1} 以下的某一个温度，保温一定时间后，冷却到室温的热处理工艺。回火是紧接淬火之后进行的，通常也是零件进行热处理的最后一道工序。其目的是消除和减小淬火内应力，稳定组织，以获得较好的力学性能。

回火一般分为低温回火、中温回火与高温回火。低温回火的回火温度为 150～250 ℃，中温回火的回火温度为 350～500 ℃，高温回火的回火温度为 500～650 ℃。

低温回火钢的组织不发生根本改变，用以消除淬火后的应力和提高工件的韧性。

淬火加高温回火的热处理工艺通常又称为调质。调质可以使钢的性能、材质得到很大程度的改善，其强度、塑性和韧性都较好，具有良好的综合机械性能。如图 2-2-2 所示为经过调质处理的合金调质钢凸轮轴。

图 2-2-2　合金调质钢凸轮轴

（四）钢的表面热处理

在实际生产中，对于一些在弯曲、扭转、冲击载荷、摩擦条件下工作的齿轮等机器零件，要求具有表面硬、耐磨，而心部韧性好，抗冲击的特性，仅从选材和采用前述的普通热处理方法是很难满足此要求。若用高碳钢,虽然硬度高,但心部韧性不足;若用低碳钢,虽然心部韧性好,但表面硬度低,不耐磨。因此,常采用表面热处理来满足上述要求,使零件达到"表硬心韧"的效果。

钢的表面热处理是仅对钢件表层进行热处理,以改变其组织和性能的工艺。钢件常用的表面热处理工艺有表面淬火和表面化学热处理。

1. 钢的表面淬火

钢的表面淬火是仅对钢件表层进行淬火的工艺。它是利用快速加热使钢件表面奥氏体化,而中心尚处于较低温度即迅速冷却,使表层硬化,而中心仍保持原来退火、正火或调质状态的组织。

根据加热方法的不同,表面淬火方法大致可分为火焰加热表面淬火、感应加热表面淬火、电接触加热表面淬火、电解加热表面淬火等。目前,生产中应用最广泛的是感应加热表面淬火和火焰加热表面淬火。

2. 钢的化学热处理

钢的化学热处理是将钢件置于活性介质中加热和保温,使介质中的活性原子渗入钢件表层,以改变其表面层的化学成分、组织结构和性能的热处理工艺。根据渗入元素的类别,化学热处理可分为渗碳、渗氮、碳氮共渗等。

化学热处理不仅可以改变钢的组织,还可以改变它的成分,因而使钢表面获得特殊的力学性能和物理、化学性能,这对提高产品质量、满足特殊要求、发挥材料潜能、节约贵重金属具有重要意义。

(1) 钢的渗碳。

钢的渗碳是将钢件放在渗碳介质中加热、保温,使其表面层渗入碳原子的一种化学热处理工艺。渗碳的目的是提高钢件表层含碳量。经过渗碳及随后的淬火和低温回火,可提高钢件表面的硬度、耐磨性和疲劳强度,而心部仍保持良好的塑性和韧性。渗碳被广泛用于要求表面硬而心部韧的钢件上。图 2-2-3 所示为合金渗碳钢齿轮。

图 2-2-3 合金渗碳钢齿轮

(2) 钢的渗氮。

钢的渗氮是向钢件表面渗入氮原子,形成含氮硬化层的化学热处理过程。渗氮实质就是利用含氮的物质分解产生活性氮原子渗入钢件的表层,以提高钢件表层硬度、耐磨性、耐蚀性及疲劳强度。

钢件渗氮后不需要淬火就可达 68～72 HRC 的硬度。渗氮处理广泛应用于各种高速转动的精密齿轮、高精度机床主轴、交变循环载荷作用下要求疲劳强度高的零件（如高速柴油机曲轴）以及要求变形小和具有一定耐热、抗腐蚀能力的耐磨零件（如阀门）等。但渗氮层脆而薄，不能承受冲击和振动，而且渗氮处理生产周期长、生产成本较高。

（3）钢的碳氮共渗。

钢的碳氮共渗是向钢件的表面同时渗入碳和氮，并以渗碳为主的化学热处理工艺，习惯上又称为氰化。目前，以中温气体碳氮共渗和低温气体碳氮共渗应用较为广泛。中温气体碳氮共渗的主要目的是提高钢的硬度、耐磨性和疲劳强度；低温气体碳氮共渗的主要目的是提高钢的耐磨性和抗咬合性。

【思考】

淬火是钢最重要的热处理工艺，也是热处理中应用最广泛的工艺之一。淬火的工艺过程对你的成长有什么启示？

【实践操作】

某铁路机车车辆厂准备选用 Q235 低碳钢来生产铁路机车变速箱齿轮，在实际生产过程中，如何使该机车变速箱齿轮获得表面硬、耐磨，而心部韧、抗冲击的特性？

【任务测评】

1. 钢的热处理工艺主要有哪几种？
2. 淬火的目的是什么？淬火必须和什么热处理工艺相配合，才能得到优良的综合力学性能？
3. 什么是调质？合金钢凸轮轴调质的目的是什么？
4. 什么是渗碳？渗碳的目的是什么？
5. 什么是钢的化学热处理？常用的化学热处理有哪几种？

任务三
常用金属材料

【学习任务】

1. 了解金属材料的分类，及碳素钢、合金钢牌号的含义、性能特征。
2. 了解有色金属及其合金的性能。
3. 了解金属材料的选用原则。
4. 通过学习金属材料在铁路行业的应用案例，激发热爱铁路、热爱专业的学习热情。
5. 通过学习国内金属材料发展的资料，增强民族自豪感。

【任务引入】

金属材料是指由金属元素或以金属元素为主要元素构成，并具有金属特性的工程材料，通常分为黑色金属和有色金属两大类。由铁元素或以铁元素为主而形成的金属材料称为黑色金属，俗称钢铁材料；除黑色金属以外的其他金属统称为有色金属，如铜、铝、镁、锌等。

钢铁材料按化学成分可分为碳素钢和合金钢两大类。你知道图 2-3-1 所示的钢轨为什么会选用碳素钢材料吗？

图 2-3-1　碳素钢钢轨

这是因为碳素钢的价格低廉，便于获得，容易加工，具有较好的力学性能和工艺性能，可以满足一般工程结构、普通机械零件及工具的使用要求。因此，碳素钢在工程结构中得到了广泛的应用。

合金钢是在碳素钢的基础上加入某些合金元素而得到的钢种。与碳素钢相比，合金钢的性能有显著提高和改变，能满足不同的工作要求，合金钢现在也得到了大量的应用。

铸铁和有色金属由于其特殊的性能，也在生产中得到应用。本任务将介绍各种常用的金属材料的牌号和性能。

【相关知识】

一、黑色金属材料

（一）碳素钢

碳素钢是指含碳量在 0.0218%～2.11%，并含有少量硅、锰、磷、硫等杂质的铁碳合金。工业上应用的碳素钢中含碳量一般不超过 1.4%，因为含碳量超过 1.4%后，钢会表现出很大的硬脆性，且加工困难，失去生产和使用价值。

碳素钢分类见表 2-3-1。

表 2-3-1 碳素钢分类表

分类标准	种类	成分含量	说明
按碳素钢的含碳量分	低碳钢	$W_C<0.25\%$	含碳量越高，碳素钢硬度、强度越大，但塑性越低
	中碳钢	$0.25\%\leqslant W_C\leqslant 0.60\%$	
	高碳钢	$W_C>0.60\%$	
按碳素钢的冶炼质量分	普通碳素钢	$W_S\leqslant 0.050\%$ $W_P\leqslant 0.045\%$	硫是由生铁及燃料带入钢中。含硫较多的钢脆性较大，在加工中会出现热脆性。磷由生铁带入钢中，使钢具有冷脆性。通常情况下，硫和磷均为有害杂质
	优质碳素钢	$W_S\leqslant 0.035\%$ $W_P\leqslant 0.035\%$	
	高级优质碳素钢	$W_S\leqslant 0.025\%$ $W_P\leqslant 0.025\%$	
按用途分	碳素结构钢	$W_C<0.70\%$	主要用于制造各种机械零件和工程构件
	碳素工具钢	$W_C>0.70\%$	主要用于制造刃具、模具和量具
按冶炼后期脱氧程度分	沸腾钢（钢号的尾部加 F）		脱氧不完全的钢
	半镇静钢（钢号尾部加 b）		脱氧较完全的钢
	镇静钢（钢号尾部加 Z）		完全脱氧的钢，优质钢和合金钢一般都是镇静钢
	特殊镇静钢（钢号尾部加 TZ）		比镇静钢脱氧更充分、彻底的钢

注：1. 含碳量用 W_C 表示。
2. 磷、硫的含量分别用 W_S、W_P 表示。

1. 普通碳素结构钢

普通碳素结构钢主要用于制造各种机械零件和工程构件，如桥梁、船舶、建筑构件、机器零件等。它一般在供应状态下使用，必要时可进行锻造、焊接等热加工，也可通过热处理调整其力学性能，较典型的牌号是Q235。

普通碳素结构钢的牌号（即钢号）是用"Q+数字+（质量等级符号）+（脱氧方法符号）+（专门用途符号）"表示。

钢号冠以"Q"表示钢的屈服强度，"Q"后的数字表示屈服强度，单位为兆帕（MPa），如钢牌号Q235表示该钢的屈服强度值不小于235 MPa。

"质量等级符号""脱氧方法符号""专门用途符号"必要时才需要标注，如Q235-AF表示为A级沸腾钢。

普通碳素结构钢的牌号、化学成分和用途见附表1，普通碳素结构钢的力学性能见附表2。

2. 优质碳素结构钢

优质碳素结构钢一般用于制造各种比较重要的机械零件和工程构件，如45钢可以用于制造高强度的运动件（如空气压缩机的活塞、轴、齿轮、齿条、蜗杆等）。

优质碳素结构钢的牌号用"数字+（元素符号）+（脱氧方法符号）+（专门用途符号）"表示。

（1）钢号开头的两位数字表示钢中平均含碳量，以钢中平均含碳量的万分之几表示，如钢号为"45"的优质碳素结构钢的平均含碳量为0.45%，即含碳量为万分之四十五。

注意：由于"45"为钢号，不是顺序号，所以不能读成"45号钢"。

（2）锰含量较高的优质碳素结构钢，应将锰元素标出，如40Mn钢。

（3）沸腾钢、半镇静钢、镇静钢及专门用途的优质碳素结构钢应在钢号最后特别标出，如平均含碳量为0.1%的沸腾钢的钢号为"10F"。

优质碳素结构钢的牌号和应用见附表3。

3. 碳素工具钢

碳素工具钢的含碳量在0.65%~1.35%，为高碳钢，随着含碳量的提高，碳素工具钢中碳化物增加，耐磨性提高，但韧性下降。碳素工具钢一般用于制造刃具、模具和量具。

碳素工具钢的牌号一般用"T+数字"表示。

（1）"T"表示"碳素工具钢"，数字表示平均含碳量为千分之几，如"T8"其平均含碳量为千分之八。

（2）碳素工具钢都是优质以上质量的钢。高级优质钢在钢号后加"A"，如"T8A"。

常用碳素工具钢的牌号、化学成分、热处理和用途见附表4。

（二）合金钢

为了改善钢的性能，在碳钢的基础上加入其他元素的钢叫合金钢。钢中加入的元素叫作合金元素，常见得合金元素有 Si、Mn、Cr、Ni、W、Mo、V、Ti、Nb、Co、Al 等。

合金钢分类见表 2-3-2。

表 2-3-2 合金钢分类

分类标准	种类	成分含量
按钢中合金元素总含量分	低合金钢	$W_合<5\%$
	中合金钢	$5\%≤W_合≤10\%$
	高合金钢	$W_合>10\%$
按钢中杂质元素磷、硫的含量分	普通合金钢	$W_S≤0.050\%$ $W_P≤0.045\%$
	优质合金钢	$W_S≤0.035\%$ $W_P≤0.035\%$
	高级优质合金钢	$W_S≤0.025\%$ $W_P≤0.025\%$
按用途分	合金结构钢	
	合金工具钢	
	特殊性能钢	

注：1. 合金元素总含量用 $W_合$ 表示；
2. 磷、硫的含量分别用 W_S、W_P 表示。

1. 合金结构钢

普通合金结构钢主要用于制造各类工程结构件和各种机械零件。按用途不同，合金结构钢可分为普通低合金高强度结构钢、优质合金结构钢、滚动轴承钢等。

（1）普通低合金高强度结构钢。

普通低合金高强度结构钢是在冶炼过程中增添一些合金元素，但总量不超过 5%的钢材，其牌号表示方法与普通碳素结构钢相同。

加入合金元素后钢材强度可明显提高，使钢结构构件的强度、刚度、稳定性都能充分发挥，尤其在大跨度或者重负荷结构中，其优点更为突出。

普通低合金高强度结构钢有较高的强度，可以大幅度减轻结构质量，节约钢材，在工程结构中得到推广使用。

普通低合金高强度结构钢的化学成分、力学性能和用途见附表 5。

（2）优质合金结构钢。

优质合金结构钢的牌号一般用"（专门用途符号）+数字+主要合金元素符号和数字+微量合金元素符号+（质量等级符号）+（专门用途符号）"表示。

① 钢号开头的两位数字表示钢的含碳量，表示平均含碳量为万分之几。

② 如果合金元素的百分含量小于 1.5%则只标出元素符号，不标明元素含量，如牌

号为"45Cr"的优质合金结构钢，表示含碳量为0.45%，Cr的百分含量小于1.5%；牌号为"60Si2Mn"的优质合金结构钢，表示含碳量为0.6%，含Si量等于2%，含Mn量小于1.5%。

③ 钢中的钒（V）、钛（Ti）、铝（Al）、硼（B）、稀土（RE）等合金元素，均属于微合金元素，虽然含量很低，仍应在钢号中标出，如20MnVB钢中钒含量为0.07%~0.125%，硼含量为0.001%~0.005%。

④ 高级优质钢应在钢号最后加"A"，以区别于一般优质钢。

（3）滚动轴承钢。

滚动轴承钢主要有高碳铬轴承钢和渗碳轴承钢。

① 高碳铬轴承钢的牌号用"G+Cr元素符号和数字"表示。"G"表示滚动轴承钢类，含碳量不标出，含铬量用千分之几表示，如"GCr9"表示含铬量为千分之九。

② 渗碳轴承钢用"G+数字+主要合金元素符号和数字+微量合金元素符号+（质量等级符号）"。渗碳轴承钢牌号除了"G"表示滚动轴承钢类，其他数字和符号含义和合金结构钢相同。"G"后的数字表示平均含碳量的万分之几，如"G20CrNi4A"钢表示含碳量为0.2%，Cr含量小于1.5%，Ni含量为4%的高级优质渗碳轴承钢。

滚动轴承钢主要用来制造各种滚动轴承元件，如轴承内外圈、滚动体（滚珠、滚柱、滚针），但保持架通常为08钢或10钢板冲制而成；也可用作其他用途，如形状复杂的工具，精密量具以及要求硬度高、耐磨性好的结构零件。

常用滚动轴承钢的成分、热处理和主要用途见附表6。

2. 合金工具钢

对于低合金工具钢，如果含碳量大于1.0%时，不标含量；含碳量小于1.0%时，则用千分数表示，钢中合金元素表示方法，基本与合金结构钢相同。例如，"CrWMnA"表示含碳量大于1.0%，Cr、W、Mn的含量均小于1.5%的高级优质钢。"9SiCr"表示含碳量为0.9%，Si和Cr的含量均小于1.5%的合金工具钢。

但对铬含量较低的合金工具钢钢号，其铬含量以千分之几表示，并在表示含量的数字前加"0"，以便把它和一般元素含量按百分之几表示的方法区别开来，如"Cr05"工具钢号表示Cr的含量为千分之五。

高速工具钢的钢号一般不标出含碳量，只标出各种合金元素平均含量的百分数。如"W18Cr4V"。

合金工具钢主要用于制造刃具、模具和量具，也可用于制造柴油机燃料泵的活塞、阀门、阀座以及燃料阀喷嘴等。与碳素工具钢比，它具有淬透性好、耐磨性好、热硬性高和热处理变形小等优点。其按用途大致可分为低合金工具钢、高速工具钢、模具钢和量具钢几类。

3. 特殊性能钢

特殊性能钢是指具有特殊物理性能、化学性能的钢。这类钢不论在成分、组织和热处理工艺上都与一般钢有明显的不同,主要有不锈钢、耐候钢、耐热钢和耐磨钢。

不锈钢和耐热钢牌号采用合金元素符号和数字表示。一般用一位数字表示千分之几的平均含碳量。当含碳量 $W_C \geq 1.00\%$ 时,用两位数字表示。合金元素含量表示同合金结构钢。

易切削不锈钢、易切削耐热钢在牌号前加"Y"。

(1)不锈钢。

不锈钢主要是指在空气、水、盐水溶液、酸及其他腐蚀性介质中具有高度化学稳定性的钢。城市轨道交通车辆的车体为了保证其防腐性能,通常采用不锈钢材料,如图 2-3-2 所示。

(2)耐候钢。

耐候钢即耐大气腐蚀钢,指通过添加少量耐蚀合金元素,如铜、铬、镍等,使其在大气中具有良好耐腐蚀性能的低合金高强度钢。耐候钢的耐蚀能力介于不锈钢和普通钢之间。不锈钢防腐的原理是不让钢材生锈,而耐候钢是让其生成致密的锈层,减缓空气和水进入内部,并且使用时间越长,耐蚀作用越突出。耐候钢除具有良好的耐候性外,还具有优良的力学、焊接等使用性能。

耐候钢分为"高耐候"和"焊接耐候",分别在原碳素结构钢钢号之后加上"GNH"和"NH"。如 Q295GNH、Q355GNH 为高耐候钢,Q460NH、Q500NH 为焊接耐候钢。

耐候钢适用于车辆、桥梁、集装箱、建筑、塔架等结构,也可用于制作螺栓连接、铆接和焊接的结构件。图 2-3-3 所示为铁路集装箱用耐候钢平车。

图 2-3-2　不锈钢城轨交通车辆车体　　　　图 2-3-3　铁路集装箱用耐候钢平车

(3)耐热钢。

金属材料的耐热性包含高温抗氧化性和高温强度两方面的综合性能。高温抗氧化性是金属材料在高温下对氧化作用的抗力;而高温强度是金属材料在高温下对机械负荷作用的抗力。因此,耐热钢就是在高温下不发生氧化(不起皮),并对机械负荷作用具有较高抗力的钢。

(4)耐磨钢。

一般来说,耐磨钢主要是指在冲击载荷下发生冲击硬化的高锰钢,其化学成分特点是高碳、高锰。高碳可以提高耐磨性,高锰可以保证热处理后得到单相奥氏体。实践证明，高锰钢只有在全部获得奥氏体组织时才呈现出最为良好的韧性和耐磨性。

（三）铸　铁

铸铁是含碳量大于 2.11%（一般含碳量为 2.5%~5.0%），并含有硅、锰、硫、磷等元素的多元铁基合金。与钢相比，铸铁虽然抗拉强度、塑性、韧性较低，但具有优良的铸造性、切削加工性和减振性，生产成本也较低，因此在工业上得到了广泛的应用。

按碳的存在形式，铸铁一般可分为白口铸铁和灰口铸铁两大类。

白口铸铁中的碳，几乎全部以 Fe_3C 的形式存在，断口呈银白色，性能硬而脆，很难进行切削加工，工业上很少用来制造机械零件，主要用作冶钢原料或可锻铸铁的毛坯。

灰口铸铁中的碳大部分或全部以自由状态的石墨形式存在，断口呈暗灰色。根据铸铁中石墨存在的形式不同，灰口铸铁又可分为普通灰口铸铁、可锻铸铁、球墨铸铁和蠕墨铸铁。

本书主要介绍常用的灰口铸铁。

1. 普通灰口铸铁

普通灰口铸铁俗称灰铸铁，其石墨形态呈片状。普通灰口铸铁的牌号通常用"HT+数字"表示。其中，"HT"是"灰铁"的汉语拼音首字母，数字表示最低抗拉强度。如 HT250 表示最低抗拉强度为 250 MPa 的普通灰口铸铁。

普通灰口铸铁是一种价格便宜的结构材料，生产工艺简单，综合力学性能较低，但其减振性、耐磨性、铸造性以及切削加工性较好，主要用于制造承受压力的床身、箱体、机座、导轨等零件。图 2-3-4 所示为普通灰口铸铁铸件。

（a）齿轮箱体　　　　　　　　（b）水泵齿轮

图 2-3-4　普通灰口铸铁铸件

2. 可锻铸铁

可锻铸铁俗称玛钢、马铁，其石墨形态呈团絮状。可锻铸铁的牌号常用"KT+数字-数字"表示。"KT"是"可铁"的汉语拼音首字母，两组数字分别表示最低抗拉强度和最低伸长率。"KTH"表示黑心可锻铸铁；"KTZ"表示珠光体基体可锻铸铁。例如,"KTZ550-06"表示抗拉强度为550 MPa,最低伸长率为6%的珠光体可锻铸铁。

可锻铸铁强度、塑性和韧性优于普通灰口铸铁,通常用于制造一些形状比较复杂、要求承受冲击载荷的薄壁零件,如减速器壳、管接头等。但由于其生产周期长、工艺复杂、成本高,不少可锻铸铁零件已逐渐被球墨铸铁代替。

3. 球墨铸铁

球墨铸铁的石墨形态呈球状。球墨铸铁的牌号用"QT+数字-数字"表示。其中,"QT"是"球铁"的汉语拼音首字母,代表球墨铸铁,两组数字分别表示最低抗拉强度和最低断后伸长率,如"QT400-18"牌号表示最低抗拉强度为400 MPa、最低断后伸长率为18%的球墨铸铁。

球墨铸铁是一种高强度铸铁材料,其综合性能接近于钢,用于铸造一些受力复杂,强度、韧性、耐磨性要求较高的零件。球墨铸铁已迅速发展为仅次于普通灰口铸铁的铸铁材料。工业生产中常说的"以铁代钢"的材料,主要是指球墨铸铁。球墨铸铁还能通过各种热处理改变其性能,主要用于各种动力机械的曲轴、凸轮轴、连接轴、连杆、齿轮、离合器片、液压缸体等零部件。图2-3-5所示为球墨铸铁铸件。

(a)内燃机曲轴　　　　　　　　(b)内燃机连杆

图 2-3-5　球墨铸铁铸件

4. 蠕墨铸铁

蠕墨铸铁的石墨形态呈蠕虫状。蠕墨铸铁的牌号用"RuT+数字"表示。其中,"RuT"是"蠕铁"的汉语拼音缩写,数字表示最低抗拉强度。例如,"RuT420"牌号表示最低抗拉强度为420 MPa的蠕墨铸铁。

蠕墨铸铁的组织介于普通灰口铸铁与球墨铸铁之间的中间状态,所以蠕墨铸铁的性能也介于两者之间,即强度和韧性高于普通灰口铸铁,但不如球墨铸铁。

蠕墨铸铁的导热性比球墨铸铁要高得多,几乎接近灰铸铁,它的高温强度、热疲劳性能大大优于普通灰口铸铁,适用于制造承受交变热负荷的零件,如钢锭模、排气管和气缸盖等。图2-3-6(a)所示为空气压缩机蠕墨铸铁气缸盖。

蠕墨铸铁的减振能力优于球墨铸铁,铸造性能接近于普通灰口铸铁,铸造工艺简便,成品率高,且耐磨性较好,适用于制造重型机床床身、机座、活塞环、液压件等。图2-3-6(b)所示为铁路机车空气压缩机蠕墨铸铁活塞环。

（a）铁路机车空气压缩机气缸盖　　　（b）铁路机车空气压缩机活塞环

图 2-3-6　蠕墨铸铁铸件

二、有色金属及其合金

有色金属及其合金的特性各不相同，如铝、镁、钛及其合金的密度小，铜、铝及其合金的导电性好，钨、钼及其合金的耐高温性好等。因此，在机械制造、电器制造等工业领域，除大量使用黑色金属外，有色金属也被广泛应用。

（一）铝及铝合金

1. 铝

纯铝是一种轻金属，具有银白色金属光泽，密度为 2.7 g/cm^3，熔点为 660.37 ℃，其特点如下：

（1）密度小，熔点低，塑性和韧性好，但强度和硬度低。

（2）具有良好的导电性和导热性，电导率仅次于银、铜、金。

（3）具有良好的耐大气腐蚀能力，但不耐酸、碱、盐的腐蚀。

2. 铝合金

纯铝的力学性能不高，不宜用作承受较大载荷的结构零件。为了提高纯铝的力学性能，有效的方法是在纯铝中加入适量的硅、铜、镁、锰等合金元素，以制成铝合金。像钢一样，铝合金可借助热处理进行强化。经过热处理的铝合金仍具有纯铝原有的密度小、耐蚀性好、导热性好等特点。

铝合金主要有变形铝合金和铸造铝合金两种。

变形铝合金分为可热处理强化铝合金（硬铝、超硬铝、锻铝）和不能热处理强化铝合金（防锈铝），分别用 LY、LC、LD 和 LF 表示，其后为顺序号，如 LF21、LY12。

铸造铝合金除了要有足够的力学性能及耐腐蚀性外，还要有优良的铸造性能。铸造铝合金用 ZL（铸铝）表示，ZL 后的第一位数字表示合金系（1：Al–Si；2：Al–Cu；3：Al–Mg；4：Al–Zn），后两位数字为顺序号，如 ZAlSi9Mg 的代号是 ZL104，ZAlCu5Mn 的代号是 ZL201。

铝合金质量小，耐腐蚀，便于加工的特点在铁路行业得到大量的应用，图 2-3-7 所示为城市轨道交通车辆铝合金车体。

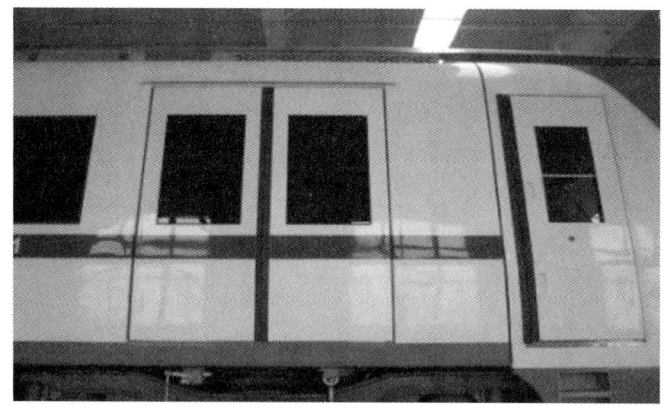

图 2-3-7　城市轨道交通车辆铝合金车体

（二）铜及铜合金

1. 铜

纯铜又称为紫铜，其密度为 8.96 g/cm³，熔点为 1 083 ℃，无磁性，具有良好的导电性、导热性及耐大气腐蚀性，是重要的导电材料，广泛用作电工导体、防磁器械及传热体（如锅炉、制氧机中的冷凝器、热交换器等）。纯铜的强度低，塑性好，具有良好的压力加工性能和焊接性能，易采用冷、热加工成形。

工业纯铜中的杂质元素主要有 Pb、Bi、O、S、P 等，它们对纯铜的性能影响极大，其中，Pb、Bi 可引起纯铜的热脆性，O、S 可引起纯铜的冷脆性。因此，纯铜必须严格控制杂质元素的含量。工业纯铜的牌号有 T1、T2、T3。T 为"铜"的汉语拼音首字母，其后的数字越大，纯度越低。如 T1 中，铜的质量分数为 W_{Cu}=99.95%，而 T3 中铜的质量分数为 W_{Cu}=99.70%。

2. 铜合金

按合金成分不同，铜合金可分为黄铜、白铜和青铜。黄铜是纯铜和锌的合金，一般用"H"表示，H 后的数字为铜含量，如 H80 表示含铜量为 80% 的黄铜。它主要用于制造转向节衬套、轴套等耐磨件，也可用于制造散热器、冷凝器。白铜是纯铜和镍的合金，一般用"B"表示，B 后的数字表示镍的含量，如 B5 表示镍的含量为 5%，主要用于制造精密机械与仪表的腐蚀件及电阻器、热电偶等。青铜是除黄铜和白铜以外的铜合金，一般用"Q"表示，铸造青铜用"ZCu+添加元素符号"表示，如 ZCuSn10P1。青铜根据添加元素 Sn、Al、Be 等的不同，分别形成锡青铜、铝青铜、铍青铜等。锡青铜主要用于制造耐腐蚀承载件，如弹簧轴承、齿轮轴、蜗轮、垫圈等；铝青铜主要用于制造强度及耐磨性要求较高的摩擦零件，如齿轮、蜗轮、轴套等；铍青铜主要用于制造精密仪器仪表中各种重要用途的弹性元件、耐腐蚀件、耐磨件，如仪表中齿轮、航海罗盘仪中零件及防爆工具等。图 2-3-8 所示为铁路 SS$_3$ 型电力机车空气压缩机铜合金连杆衬套。

图 2-3-8　铁路 SS$_3$ 型电力机车空气压缩机铜合金连杆衬套

（三）轴承合金

轴承合金是用于制造滑动轴承中轴瓦及其内衬的耐磨合金。为了减少轴承对轴颈的磨损，确保机器的正常运转，轴承合金应具有以下性能：

（1）在工作温度下具有足够的强度、硬度，特别是抗压强度、疲劳强度和冲击韧性，承受轴的压力和在交变载荷下不产生疲劳损坏。

（2）具有较小的摩擦系数，减摩性好，储油性好，以减少轴的磨损。

（3）具有较高的磨合性和抗咬合能力，具有足够的塑性及韧性，可使负荷均匀分布，并能承受冲击和振动。

（4）具有良好的耐腐蚀性、导热性和较小的膨胀系数，可保证轴承不因温度升高而软化或熔化。

为满足上述性能要求，轴承合金的组织应在软的基体上分布硬的质点，或在硬的基体上分布软的质点。当轴旋转时，软的基体（或质点）被磨损而凹陷，减少了轴颈与轴瓦的接触面积，有利于储存润滑油以及减小轴颈与轴瓦之间的磨合，硬的基体（或质点）支承着轴颈，发挥承载和耐磨作用。此外，软的基体（或质点）还能起到嵌藏外来硬杂质颗粒的作用，以避免擦伤轴颈。

（四）硬质合金

硬质合金是用粉末冶金方法制成的，具有极高的硬度、很好的耐磨性和热硬性。

硬质合金主要用来制造高速切削刀具的刀片，有时也可用来制造受冲击小、振动小的耐磨零件等。

常见的硬质合金牌号中的前两位字母"YG"表示"硬、钴"；"YT"表示"硬、钛"；"YW"表示"硬、万"，后面的数字为特性元素（或化合物）含量的百分数。如"YG8""YT14"分别为"硬、钴"类、"硬、钛"类硬质合金，钴和钛的含量分别为 8% 和 14%。

三、金属材料的选用

金属材料的选用一般要考虑使用性能、工艺性能和经济性能。

（一）金属材料的使用性能

金属材料的使用性能指的是金属零件在使用时所应具备的材料性能，包括力学性能、物理性能和化学性能。对大多数零件而言，力学性能是主要的性能指标。几种常见金属零件的工作条件、失效形式以及要求的力学性能指标见表 2-3-3。

表 2-3-3　几种常见零件的受力情况、失效形式以及要求的力学性能

零件	工作条件		常见失效形式	要求的主要力学性能
	载荷性质	其他		
普通紧固螺栓	静		过载变形、断裂	屈服强度、抗剪强度
传动轴	循环冲击	轴颈处摩擦、振动	疲劳破坏、过载变形、轴颈处磨损	综合力学性能
传动齿轮	循环冲击	强烈摩擦，振动	磨损、麻点剥落、齿折断	表面硬度及弯曲疲劳强度，接触疲劳抗力，心部屈服强度、韧性
弹簧	循环冲击	振动	弹性丧失、疲劳断裂	弹性极限、屈服比、疲劳强度
油泵柱塞副	循环冲击	摩擦，油的腐蚀	磨损	硬度、抗压强度
滚动轴承	循环冲击	强烈摩擦	疲劳断裂、磨损、麻点剥落	接触疲劳抗力、硬度、耐磨性
曲轴	循环冲击	轴颈摩擦	脆断、疲劳断裂、咬蚀、磨损	疲劳强度、硬度、冲击疲劳抗力、综合力学性能
连杆	循环冲击		脆断	抗压疲劳强度、冲击疲劳抗力

由上表可以看出，在选用金属零件时，应根据零件的工作条件、损坏形式，以及对材料力学性能的要求，这是选择材料的基本出发点。

（二）金属材料的工艺性能

金属材料工艺性能的好坏，主要指零件加工的难易程度。金属材料的工艺性能受本身性能、结构工艺性、生产条件三个方面的影响。

（1）材料本身性能影响。材料铸造、压力加工、切削加工、热处理和焊接等性能会影响零件加工的难易程度。

（2）零件结构工艺性影响。零件结构设计不合理，不仅会增大加工难度，使加工工时延长，生产成本增加，还有可能影响零件的使用寿命，甚至造成零件无法加工、设备无法装配。

（3）现有生产条件影响。生产产品时具有的设备能力、人员技术水平以及外部协作可能性都会影响到金属材料的工艺性能。例如，生产重型机械产品时，在现场没有大容量的炼钢炉和大吨位的起重运输设备条件下，常常选用铸造和焊接联合成型工艺，即首先将大件分成几小块来铸造，然后再用焊接拼成大件。

总之，良好的加工工艺性可以大大减少加工过程的动力、材料消耗，缩短加工周期，降低废品率以及降低产品成本等。

（三）材料的经济性能

产品成本的高低是劳动生产率的重要标志。产品的成本主要包括原料成本、加工费用、报废成本以及生产管理费用等。

材料的选择也要着眼于经济效益，尽量减少材料的品种规格，以减少采购运输和保管费用。要了解市场供应信息，优先选用国产材料和资源充裕的材料。此外，还应考虑零件的寿命及维修费。若选用新材料，还要考虑研究试验费。

材料的相对价格对选材有一定的参考价值，表 2-3-4 为常用金属材料的相对价格。

表 2-3-4 常用金属材料的相对价格

类项	材料名称	相对价格
碳素钢	碳素结构钢	1
	优质碳素结构钢	3～1.5
	碳素工具钢	6
合金钢	合金结构钢（铬镍除外）	1.7～2.5
	滚动轴承钢	3
	低合金工具钢	3～4
	铬镍合金结构钢	5
	易切钢	7
	高速钢	16～20
	低合金高强度结构钢	25
不锈钢	铬不锈钢	5
	铬镍不锈钢	15
铸件	普通灰口铸铁	-1.8
	可锻铸铁	-1.5
	球墨铸铁	-1.4

续表

类项	材料名称	相对价格
铸件	碳素铸钢	2.5~3
	铸造铝合金、铜合金	8~10
	铸造铅基轴承合金	10
	铸造锡基轴承合金	23
有色金属及合金	普通黄铜	13~17
	锡青铜、铝青钢	19
	硬质合金	150~200

【思考】

你知道我国在金属材料研究和应用有哪些成就吗？请举一些实例说明，并感受中国科学家的敬业精神和爱国热情。

【实践操作】

有一种城轨车辆转向架的构架采用Q235碳素结构钢。请问Q235碳素结构钢的牌号有什么含义，其性能和用途分别是怎样的？

【任务测评】

1. 碳素结构钢和碳素工具钢各适用于什么场合？
2. 合金钢按用途可分为哪几类？
3. 常见的特殊性能钢有哪几种？各有什么特点？
4. 解释下列牌号的含义

Q235-AF、Q235-C、Q195-B、Q255-D、40、45、08、20、T8、T10A、T12A、HT200、HT300、KTH300-06、QT400-17、H62、HPb59-1、QSn10-1。

5. 将下列两组牌号与其对应的材料名称连起来

HT250　　　　　　珠光体可锻铸铁

KTH350-10　　　　黑心可锻铸铁

KTZ500-04　　　　蠕墨铸铁

QT600-02　　　　 灰口铸铁

RuT420　　　　　 球墨铸铁

ZL301　　　　　　铸造锡青铜

H70　　　　　　　铸造铝合金

ZCuSn10-1　　　　普通黄铜

项目三
构件的受力分析和变形

项目导入

图 3-0-1 所示的铁路车辆轮对由一根轴和两个同型号车轮通过过盈配合组装而成，轮对沿钢轨滚动的同时，除承受车辆的质量外，还传递轮轨之间的其他作用力，包括牵引力和制动力。

图 3-0-2 为铁路车辆半永久牵引杆。半永久牵引杆和全自动车钩、半自动车钩一样，用来连接和牵引列车中各车辆，并且传递和缓和列车在运行中或在调车时所产生的纵向力或冲击力。

图 3-0-1 铁路车辆轮对

图 3-0-2 铁路车辆半永久牵引杆

从以上案例可以看出铁路设备在运用中经常受到各种载荷的作用，为了正确使用各种铁路设备，保证铁路设备的安全，必须掌握构件的静力分析方法、构件的变形特点和强度条件。

学习目标

1. 掌握静力学的基本概念与静力学公理。
2. 理解力矩、力偶、力的平移概念的含义。
3. 掌握物体的受力分析方法，能绘制受力图。
4. 掌握平面汇交力系、平面力偶系合成与平衡的条件，以及平面任意力系的简化方法。

任务一 构件的受力分析

【学习任务】

1. 掌握静力学的基本概念，静力学公理和推论。
2. 掌握约束、约束反力的概念。
3. 能对物体进行受力分析和绘制受力图。
4. 能理解力矩、力偶、力的平移概念的含义。
5. 能应用平面汇交力系、平面力偶系合成与平衡的条件，平面任意力系的简化解决实际问题。
6. 通过对构件受力的分析和平衡方程的求解，培养严谨治学的态度和一丝不苟的精神。

【任务引入】

图 3-1-1（a）所示为内燃发动机活塞缸机构，燃料在气缸内燃烧，所产生的燃气直接推动活塞做功，请问活塞受到哪些力的作用？你能画出活塞此时的受力图吗？如果已知活塞的所有约束力，你能求出燃气的推力 F 吗？

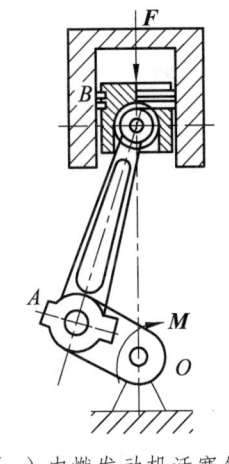 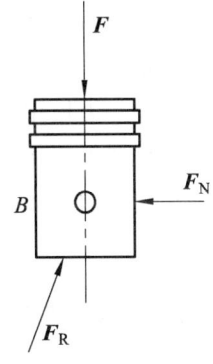

（a）内燃发动机活塞缸机构　　　　（b）活塞受力图

图 3-1-1　内燃发动机活塞受力分析

内燃发动机活塞的受力如图 3-1-1（b）所示，要画出此受力图，首先要了解力的基本概念、基本性质、常见的约束,掌握构件的受力分析和绘制受力图的方法;其次求解出未知力 F,则要了解力的合成方法和力系的平衡条件。通过本任务的学习,即可完成对此活塞的受力分析。

其他铁路设备在工作实践中还会遇到比内燃发动机活塞受力更为复杂的问题,这些都需要应用到静力学基本知识和构件受力的分析方法,这些知识和方法将在本任务中着重介绍。

【相关知识】

一、静力学的基本概念和公理

(一)力

1. 力的定义

力的概念是人们在长期生产劳动和生活实践中逐渐建立起来的,如推车(图 3-1-2)、吊车梁(图 3-1-3)等的使用,都要用力;在图 3-0-1 中的铁路车辆轮对受到车辆的重力、牵引力、制动力;图 3-0-2 中的铁路车辆半永久牵引杆受到牵引力和冲击力。

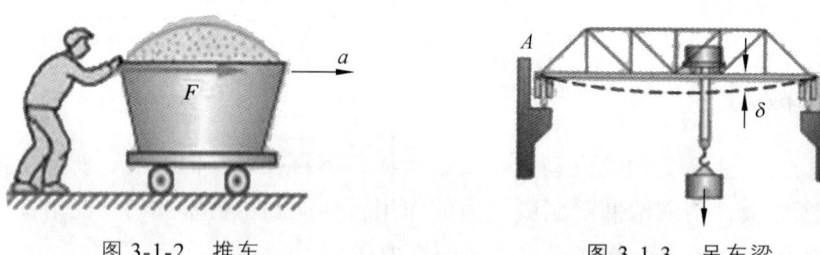

图 3-1-2　推车　　　　　　　　图 3-1-3　吊车梁

力是物体间的相互机械作用,这种作用可以使物体的运动状态发生变化或使物体产生变形。使物体的运动状态发生变化的效应称为力的外效应,使物体产生变形的效应称为力的内效应。

在工程实践中,力作用于物体,总会引起物体的变形。当变形很小,在研究物体的外效应时,常常忽略物体的变形,把物体视为刚体(受力后其几何形状和尺寸保持不变的物体),这样可以使问题研究简单化。

2. 力的三要素

力对物体的作用效果取决于力的大小、方向和作用点,这三个因素称为力的三要素。

(1)力的大小。力的大小表示物体之间机械作用的强度。在国际单位制中,力的单位为牛顿,符号为 N。工程中常用千牛顿作为单位,符号为 kN,1 kN=1 000 N。

(2)力的方向。力的方向表示物体之间机械作用的方向,包含力的方位和指向两个方面的含义。

(3)力的作用点。力的作用点是物体受到机械作用的位置。力的作用位置实际上有一定的范围，当作用范围与物体相比很小时，可以近似地看作一个点。

根据受力特点，力可以分为集中力和均布力。其中，集中力的作用点为一个点，均布力的作用点为线或者面。

3. 力的表示方法

力的三要素可用带箭头的有向线段（矢线）标于物体作用点上：线段的长度（按一定比例画出）表示力的大小，箭头的指向表示力的方向；线段的起始点或终止点表示力的作用点；通过力的作用点，沿力的方向的直线，叫作力的作用线。

力可以用 F 或 P 等字母表示，如图 3-1-4 所示。

均布载荷一般用 q 来表示，如图 3-1-5 所示。

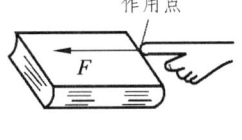
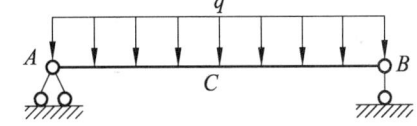

图 3-1-4　集中力的表示方法　　　　图 3-1-5　均布力的表示方法

均匀载荷的作用效果是可以转换成集中载荷的。由于结构特点、边界条件的不同，将均布载荷转换为集中载荷不可能有统一的计算公式，但有三个基本原则：

（1）载荷位置相同。均布载荷的合力点就是集中载荷的作用点。

（2）总值相同。均布载荷总的载荷值就是集中载荷的载荷值。

（3）误差最小。简化模型力求误差最小。

（二）力　系

1. 力系的定义

力系是指作用于物体上的一群力。当物体只有一个力作用时，即为最简单的力系。

2. 等效力系

如果一个力系与另一个力系对物体的作用效应相同，则这两个力系互为等效力系。可以用一个简单力系等效代替一个复杂力系，从而使问题简化。

3. 平衡力系

如果某一个力系作用到原来平衡的物体上，而物体仍然保持平衡，则此力系为平衡力系。

4. 合力与分力

如果一个力与一个力系等效，则称此力为该力系的合力，该力系中各力称为该合力的分力。由已知力系求合力的过程称为力系的合成，反之为力的分解。

5. 力系的分类

力系按照作用线是否处于同一平面可以分为两种，即平面力系和空间力系。本书只介绍平面力系。

所有力的作用线在同一平面内的力系为平面力系，平面力系又可分为以下三种：

（1）平面汇交力系：所有力的作用线汇交于一点的平面力系，如图3-1-6（a）所示。

（2）平面平行力系：所有力的作用线都相互平行的平面力系，如图3-1-6（b）所示。

（3）平面任意力系：所有力的作用线既不汇交于同一点，又不相互平行的平面力系，如图3-1-6（c）所示。

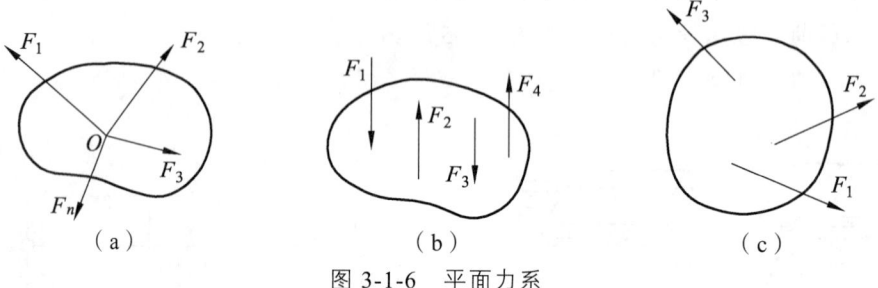

图 3-1-6　平面力系

（三）静力学公理

1. 力的平行四边形法则

作用于物体上同一点的两个力可以合成为一个合力。其合力仍作用于该点上，合力的大小和方向由以这两个力为邻边所构成的平行四边形的对角线来确定。

如图3-1-7所示，F_1、F_2为作用于O点的两个力，以这两个力为邻边作出平行四边形$OACB$，则对角线OC即为F_1与F_2的合力F_R，或者说合力F_R等于原力F_1与F_2的矢量和，即

$$F_R = F_1 + F_2 \tag{3-1-1}$$

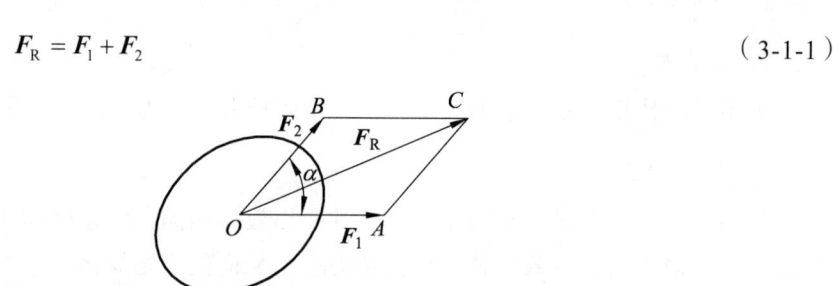

图 3-1-7　力的平行四边形法则

合力的大小可由余弦定理求出，即

$$F_R = \sqrt{F_1^2 + F_2^2 + 2F_1 F_2 \cos\alpha} \tag{3-1-2}$$

式中　α——F_1与F_2的夹角（°）。

实际上，根据平行四边形的性质，确定作用于一点的两个力的合力时，并没有必

要一定要作一个平行四边形,只要不改变这两个力的大小和方向,将它们首尾相接,则合力始于它们的起点,而止于它们的终点,如图 3-1-8 所示,这种求合力的方法称为力的三角形法则。

依据力的平行四边形法则可将一个力分解成作用于同一点的两个分力。一个力可以沿任意两个方向分解。在工程问题中,常将力沿互相垂直的两个方向分解,这种分解称为正交分解。

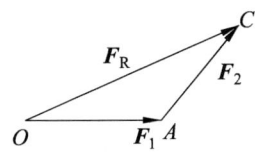

图 3-1-8　力的三角形法则

2. 二力平衡公理

平衡是指物体相对惯性参考系处于静止或匀速直线运动状态。

作用在刚体上的两个力使刚体处于平衡状态的必要和充分条件:两个力的大小相等,方向相反,作用在同一直线上,如图 3-1-9 所示,即

$$F_1 = -F_2 \tag{3-1-3}$$

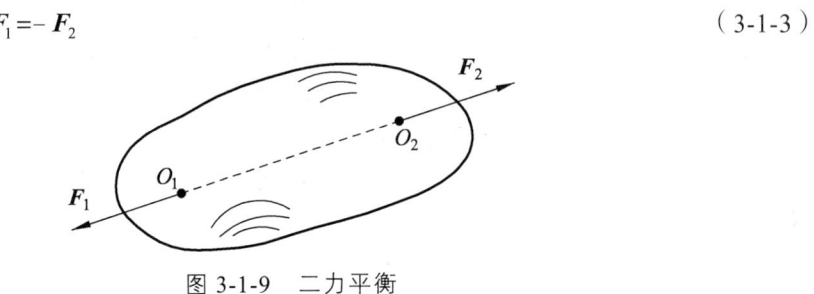

图 3-1-9　二力平衡

工程上将只受到两个力作用且处于平衡状态的构件称为二力构件。如图 3-1-10 所示,直杆 AB 和曲杆 AC 都是二力构件。

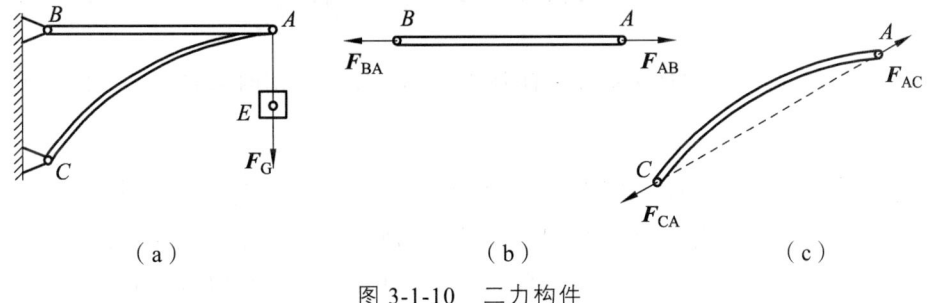

（a）　　　　　　　　（b）　　　　　　　　（c）

图 3-1-10　二力构件

3. 加减平衡力系公理

在作用于刚体的任意力系上加上或减去任意平衡力系,并不改变原力系对刚体的作用效果。加减平衡力系原理只适用于刚体,而不能用于变形体。

推论 1　力的可传性

作用于刚体上某点的力，可以沿着它的作用线移到刚体内任意一点，并不改变该力对刚体的作用。

证明　设在刚体上 A 点有作用力 F，如图 3-1-11（a）所示。

根据加减平衡力系公理，可在力的作用线上任取一点 B，并加上两个相互平衡的力 F_1 和 F_2，使 $F_2 = -F_1 = F$，如图 3-1-11（b）所示。

由于 F 和 F_1 也是一个平衡力系，故可除去，这样只剩下一个力 F_2，如图 3-1-11（c）所示。原来的这个力 F 与力系（F、F_1、F_2）以及力 F_2 互等，F_2 就是原来的力 F，只是作用点已移到了点 B。

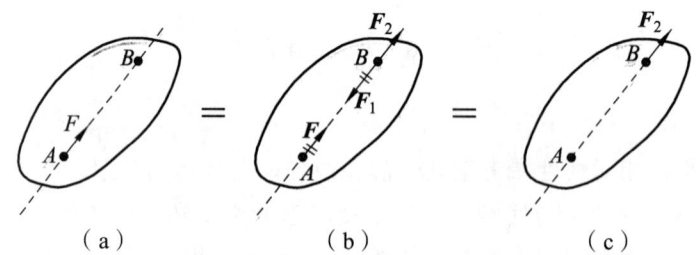

图 3-1-11　力的可传性原理

由此可见，对于刚体来说，力的作用点已不是决定力的作用效果的要素，它被作用线所代替。因此，作用于刚体上的力的三要素是力的大小、方向和作用线。

推论 2　三力平衡汇交定理

刚体在三个力的作用下平衡，若其中两个力的作用线相交，则第三个力的作用线必过该交点，且三力共面。

证明　如图 3-1-12 所示，刚体上 A、B、C 三点上的作用力分别为 F_1、F_2 和 F_3，其中，F_1 与 F_2 的作用线相交于 O 点，刚体在此三力作用下处于平衡状态。根据力的可传性原理，将 F_1 和 F_2 合成得合力 F_{12}，则力 F_3 应与 F_{12} 平衡，因而 F_3 必与 F_{12} 共线，即 F_3 作用线也通过 O 点。另外，因为 F_1、F_2 与 F_{12} 共面，所以 F_1、F_2 与 F_3 也共面。该定理得证。

利用三力平衡汇交定理可以确定刚体在三力作用下平衡时未知力的方向。

4. 作用与反作用公理

一个物体受到其他物体作用时，施力物体一定也受到与受力物体等值反向的力的作用，这两个力互为作用力和反作用力。两物体间的作用力与反作用力总是同时存在，且两者大小相等、方向相反、沿同一直线，分别作用在相互作用的两个物体上。

注意：作用力与反作用力是分别作用在两个物体上的力，因此不能将它们看作平衡力而互相抵消。如图 3-1-13 所示，重物对桌子的压力 N' 和桌子对重物的支持力 N 作用在两个不同的物体上，互为作用力和反作用力，桌子对重物的支持力 N 与重物的重力 G 两者为平衡力。

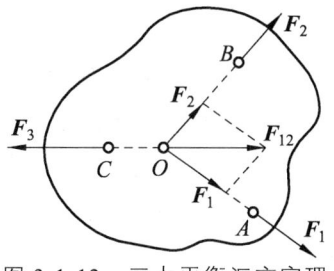
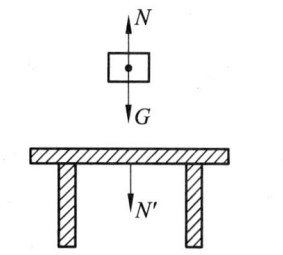

图 3-1-12　三力平衡汇交定理　　　　图 3-1-13　作用力与反作用力

二、约束和约束反力

（一）概　念

（1）自由体：可以在空间做任意运动的物体，如飞行的飞机和火箭等。

（2）非自由体：受到周围物体的限制，沿着某些方向不能运动的物体，如受到轴承限制的转轴、受到内燃发动机缸体限制的活塞杆及受到吊钩限制悬挂的重物等。

（3）约束：对非自由体的某些位移起限制作用的周围物体称为约束。

（4）约束反力：约束对非自由体施加的反作用力称为约束反力。

约束反力的方向总是与约束所能阻碍的物体的运动或运动趋势的方向相反，它的作用点就在约束与被约束物体的接触点上。

（二）约束的类型

1. 柔性约束

由柔软的绳索、链条和皮带等构成的约束统称为柔性约束，如图 3-1-14（a）所示的细绳吊住重物。这类约束的特点是柔软易变形，不能抵抗弯曲，只能受拉不能受压，并且只能限制物体沿约束伸长方向的运动，而不能限制其他方向的运动，如图 3-1-14（b）所示。因此，柔性约束的约束力只能是拉力，作用在与物体的连接点上，作用方向沿着绳索背离物体。

链条和皮带也都只能承受拉力，当它们绕在轮子上，对轮子的约束反力沿轮缘的切线方向，如图 3-1-14（c）所示。

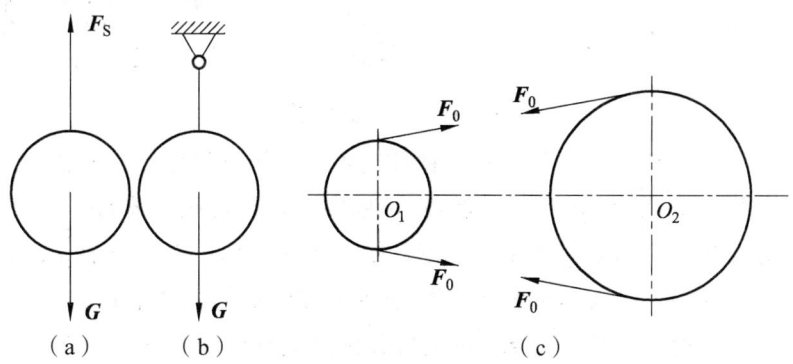

图 3-1-14　柔性约束

2. 光滑面约束

两个互相接触的物体，如果略去接触面间的摩擦就可以认为相互的约束是光滑接触面约束。这类约束不能限制物体沿接触面切线方向的运动，只能限制物体沿接触面法线方向的运动，并且只能限制受压，不能限制受拉。因此，光滑接触面约束对物体的约束反力作用在接触点处，作用线沿接触面法线方向指向物体，通常用 F_N 表示。如图 3-1-15（a）所示，F_{NA} 为平面 A 对小球的约束反力，图 3-1-15（b）中 F_{NC} 为曲面 C 对小球的约束反力，图 3-1-15（c）中 F_{NB} 为齿轮轮齿曲面 B 对另一轮齿的约束反力。

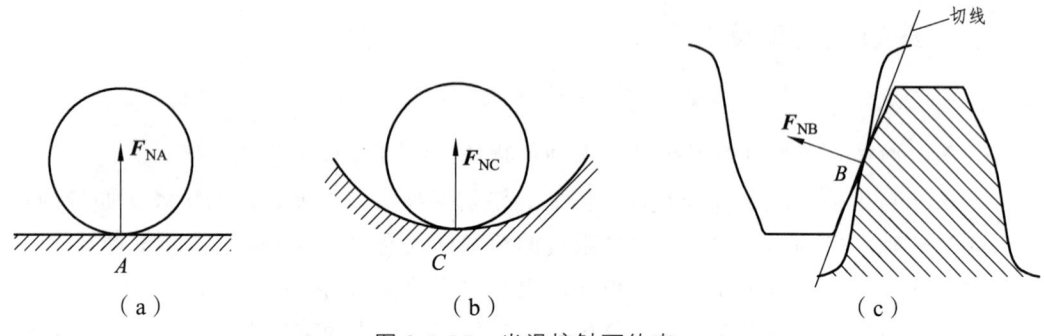

图 3-1-15　光滑接触面约束

3. 光滑圆柱铰链约束

在两个构件上各自有直径相同的圆孔，用圆柱销将它们连接起来，就构成了光滑圆柱铰链约束，如图 3-1-16 所示。这种铰链只能限制物体间的相对径向移动，不能限制物体绕圆柱销轴线的转动和平行于圆柱销轴线的移动。由于圆柱销与圆柱孔是光滑曲面接触，则约束反力应在接触线上的一点与圆柱销中心的连线上，且垂直于轴线，如图 3-1-17（a）、（b）所示。因为接触线的位置不能预先确定，所以约束反力的方向也不能预先确定。通常把它分解为 x 轴方向和 y 轴方向两个相互垂直的约束反力，用 F_x 和 F_y 表示，如图 3-1-17（c）所示。

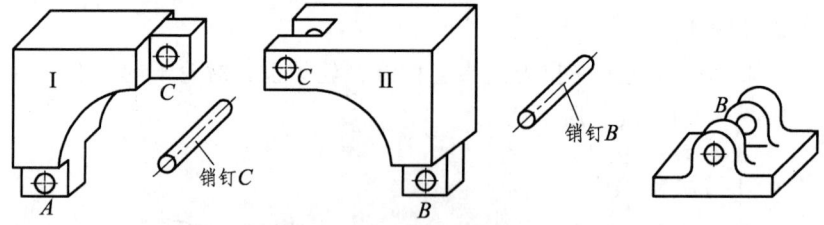

图 3-1-16　光滑圆柱铰链

（1）固定铰支座约束。如果光滑圆柱铰链中一个构件固定，如与地基固定连接或者与机座固定在一起，此类光滑圆柱铰链约束为固定铰支座约束，如图 3-1-17（d）所示。

（2）活动铰链支座约束。如果在固定铰链支座的底部安装一排滚轮，如图 3-1-18 所示，就可使支座沿固定支承面移动，称为活动铰链支座。这种支座常用于桥梁、屋架等结构中，可以避免由温度变化引起的构件内部变形应力。在不计摩擦力的情况下，活动铰链支座只能限制构件沿支承面垂直方向的移动。因此活动铰链支座的约束反力方向必垂直于支承面，且通过铰链中心，如图 3-1-19 所示。

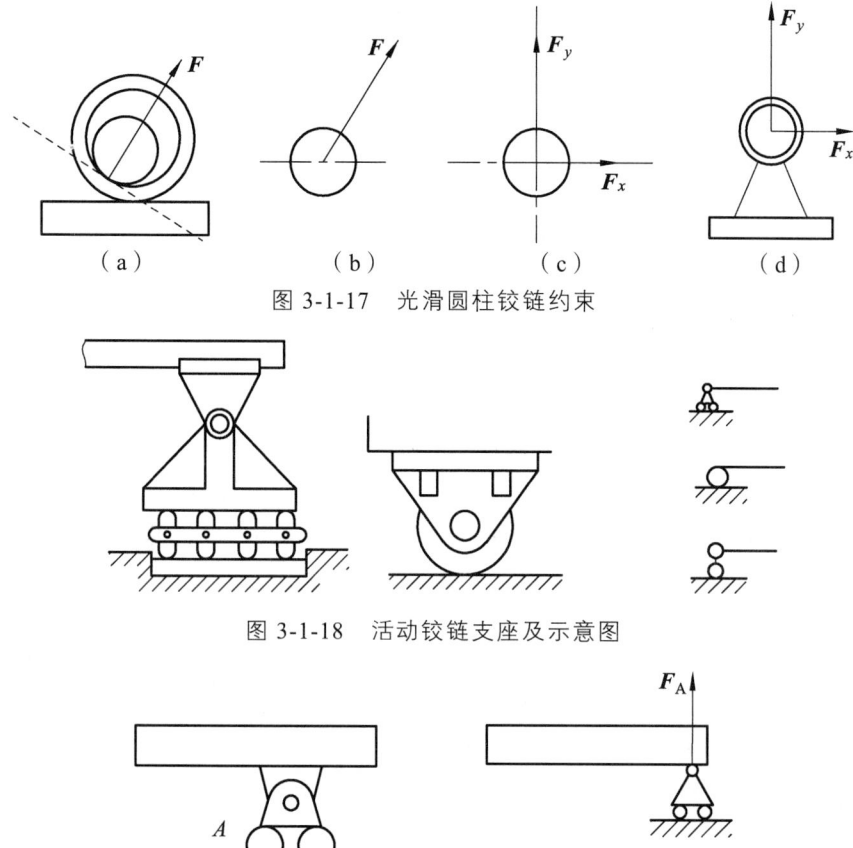

图 3-1-17　光滑圆柱铰链约束

图 3-1-18　活动铰链支座及示意图

图 3-1-19　活动铰链支座约束

（3）链杆约束。两端用光滑铰链与其他构件连接且不考虑自重的刚性杆称为链杆，链杆是二力杆，如图 3-1-20 所示。二力杆约束反力的作用线一定是链杆两端铰链的连线。若力的方向不能确定，通常可先假设，求解后通过力的正负再确定力的实际方向。

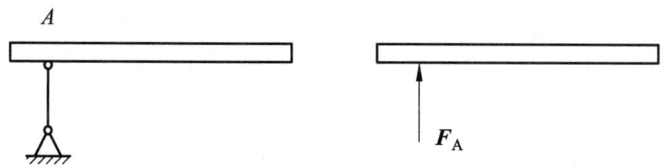

图 3-1-20　链杆约束

4. 固定端约束

如图 3-1-21（a）所示，构件的一端被固定住，此时该构件既不能移动也不能转动，因此它将受到沿其移动趋势反方向的约束反力以及与其转动趋势反方向的约束反力偶矩。如果仅仅考虑平面范围内的约束力，由于约束反力方向不确定，可将其分解为相互垂直的两个分力，如图 3-1-21（b）所示。

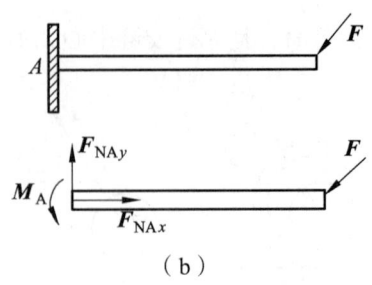

（a） （b）

图 3-1-21　固定约束

三、物体的受力分析及受力图

（一）物体的受力分析

物体的受力分析就是把研究对象从与它联系的周围物体中分离出来（这种解除了约束的自由体称为分离体），分析其所受到的主动力和约束反力，并确定各力作用点、方向及大小的过程。主动力一般是给定的，如重力、压力等，约束反力则需要根据约束的性质来判断。

（二）物体的受力图

在研究对象的简图上画出作用在其上的全部主动力和约束反力，这种表示物体受力状态的图形称为受力图。

1. 绘图步骤

（1）选取研究对象，取分离体，并画出其简图。
（2）画出作用在研究对象上的所有主动力，并标注力的符号。
（3）根据与受力物体相连接或接触的物体画出约束反力，并标注力的符号。
（4）检查受力图中受力分析有无"多""漏""错"的现象。

2. 绘图注意事项

画受力图时需注意以下几点：

（1）选好研究对象。根据需要，可以取单个物体或整个系统为研究对象，也可以取由几个物体组成的子系统为研究对象。
（2）确定研究对象所受力的数目，并按照约束的性质画出约束反力。
（3）受力图上要标明各力的名称及其作用点的位置，不要任意移动力的作用位置。
（4）一般情况下，不要将力分解或合成。如果需要分解或合成，分力与合力不要同时画在同一受力图上，以免重复。必要时用虚线表示分力与合力中的一种。
（5）画受力图时，要注意应用二力平衡公理、三力平衡汇交定理及作用与反作用公理。

例 3-1-1　设小球重力为 G，在 A 处用绳索系在墙上，如图 3-1-22（a）所示，试画出小球的受力图。

解 （1）取小球作为分离体，并画出其简图。

（2）画主动力。小球重力 G，方向垂直向下，作用点在小球质心 O。

（3）画约束反力。绳索的反作用力 F_A，作用于 A 点。小球在 B 处为光滑表面接触，故在 B 处受墙面的法向反力 F_{NB} 的作用，方向垂直墙面并指向小球中心，如图 3-1-22（b）所示。

例 3-1-2 图 3-1-23 所示的三铰拱桥由左右两拱铰接而成。不计各拱自重，在拱 AC 上作用载荷 F。试分别画左右拱 AC、BC 的受力图。

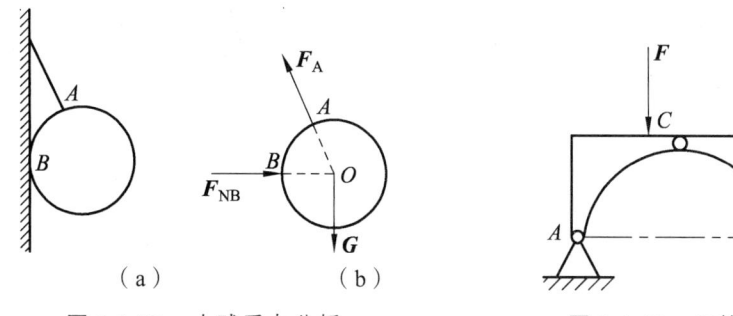

图 3-1-22 小球受力分析　　图 3-1-23 三铰拱桥

解 （1）先取拱 CB 为分离体。由于拱 CB 自重不计，且只在 B、C 两处受到铰链的约束，因此拱 CB 为二力构件。在铰链两端中心 B、C 处分别受 F_C、F_B 两力的作用，且 $F_C = -F_B$，如图 3-1-24（b）所示。

（2）取拱 AC 为分离体。由于自重不计，因此主动力只有载荷 F。拱在铰链 C 处受拱 BC 给它的约束反力 F'_C 的作用，根据作用和反作用公理，$F'_C = -F_C$。拱在 A 处受固定铰支座给它的约束反力 F_A 的作用，由于方向未定，可用两个大小未知的正交分力 F_{Ax} 和 F_{Ay} 代替，如图 3-1-24（c）所示。

进一步分析可知，由于拱 AC 在 F、F'_C 和 F_A 三个力作用下平衡，故可根据三力平衡汇交定理，确定铰链 A 处约束力 F_A 的方向，如图 3-1-24（d）所示。

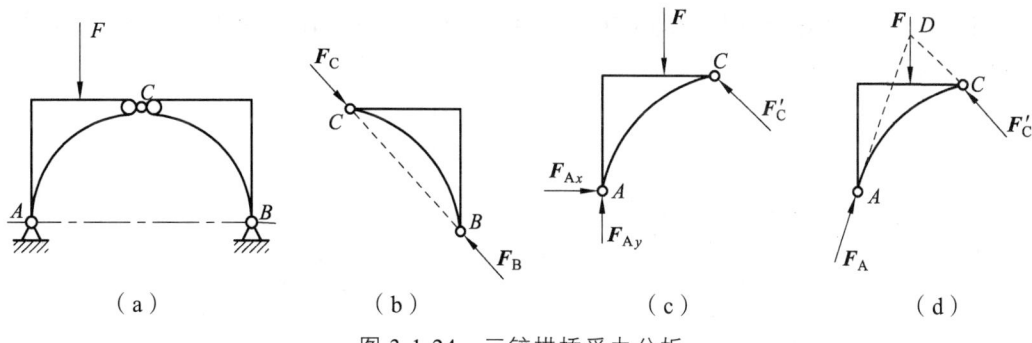

图 3-1-24 三铰拱桥受力分析

例 3-1-3 画出如图 3-1-25（a）所示多跨梁的受力图。

解 （1）取整体为研究对象。先画集中力 F 与分布载荷 q，再画约束力。A 处约束反力分解为两正交分量，D、C 处的约束反力分别与其支承面垂直，B 处约束力为内力，不能画出，整体的受力如图 3-1-25（b）所示。

（2）取 ADB 段为分离体。先画集中力 F 及分布载荷 q，再画 A、D、B 处的约束反力 F_{Ax}、F_{Ay}、F_D、F_{Bx}、F_{By}，ADB 梁的受力如图 3-1-25（c）所示。

（3）取 BC 段为分离体。先画分布载荷 q，再画出 B、C 处的约束反力，注意 B 处的约束反力与 AB 段 B 处的约束反力是作用力与反作用力关系，C 处的约束力 F_C 与斜面垂直，BC 梁的受力如图 3-1-25（d）所示。

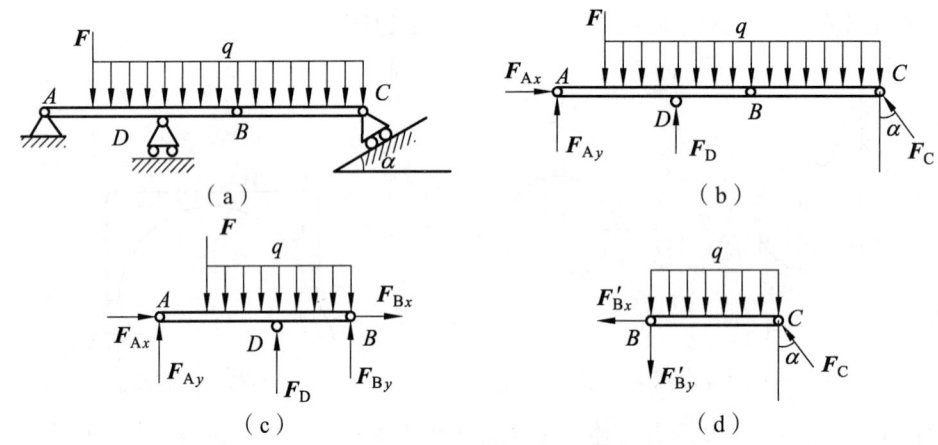

图 3-1-25　多跨梁受力分析

四、合力投影定理和平面汇交力系的平衡

（一）力在平面直角坐标系中的投影分解

在工程实际中，经常会遇到要把一个力沿两个已知方向分解，求这两个分力大小的问题。如图 3-1-26（a）所示，设在平面直角坐标系 xOy 内有一已知力 F，从 F 的两端 A 和 B 分别向 x、y 轴作垂线，其中 ab 为 F 在 x 轴上的投影，$a'b'$ 为 F 在 y 轴上的投影。假设当力的始端到末端投影的方向与坐标轴的正向相同时，投影为正，反之为负。图 3-1-26（a）中力的投影均为正值，图 3-1-26（b）中力的投影均为负值。力在坐标轴上的投影是代数量。

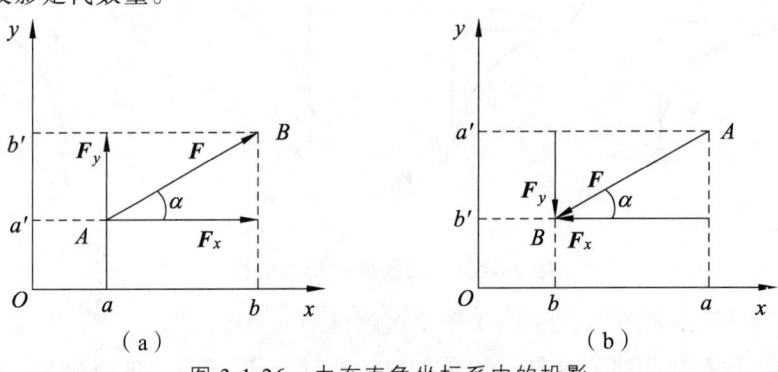

图 3-1-26　力在直角坐标系中的投影

将 F 沿 x、y 坐标轴分解，所得分力 F_x、F_y，其值与 F 在相应坐标轴的投影值相等，其大小可用三角函数公式计算，设 F 与 x 轴的正向夹角为 α，则图 3-1-26（a）中的分力大小为

$$F_x = F\cos\alpha \tag{3-1-4}$$

$$F_y = F\sin\alpha \tag{3-1-5}$$

图 3-1-26（b）的分力大小为

$$F_x = -F\cos\alpha \tag{3-1-6}$$

$$F_y = -F\sin\alpha \tag{3-1-7}$$

（二）合力投影定理

合力投影定理确定了合力的投影与分力的投影之间的关系。如图 3-1-27（a）所示 3 个力 F_1、F_2、F_3 组成平面汇交力系。应用三角形法则，各分力矢 F_1、F_2、F_3 首尾依次相接后，得到合力矢为 F_R，如图 3-1-27（b）所示，即

$$F_R = F_1 + F_2 + F_3$$

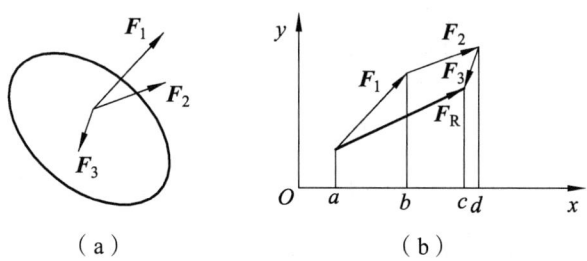

图 3-1-27 合力的投影

根据投影定义，得

$$F_{R_x} = F_{x1} + F_{x2} + F_{x3}$$

同理，将各力矢投影到 y 轴上，可得

$$F_{R_y} = F_{y1} + F_{y2} + F_{y3}$$

显然，上述两式可应用于任意多个力的情况，如图 3-1-28 所示，即有

$$F_{R_x} = F_{x1} + F_{x2} + \cdots + F_{xn} = \sum F_x \tag{3-1-8}$$

同理有

$$F_{R_y} = F_{y1} + F_{y2} + \cdots + F_{yn} = \sum F_y \tag{3-1-9}$$

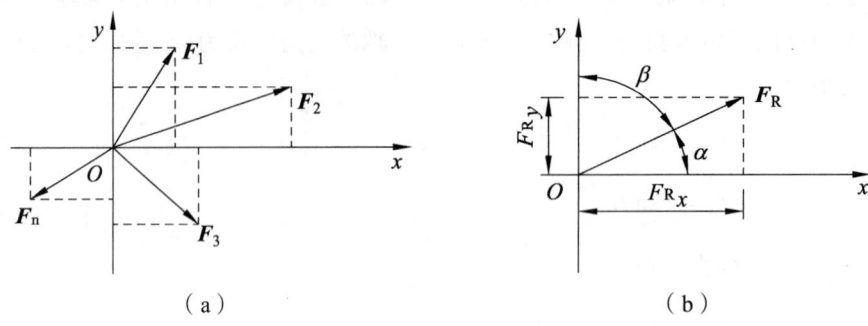

图 3-1-28 平面汇交力系的合成

由此得出合力投影定理：力系合力在同一坐标轴上的投影，等于所有分力在同一坐标轴上投影的代数和。

应用余弦定理，可求出合力的大小和方向，即

$$F_R = \sqrt{F_{R_x}^2 + F_{R_y}^2} = \sqrt{\left(\sum F_x\right)^2 + \left(\sum F_y\right)^2} \tag{3-1-10}$$

$$\tan\alpha = \left|\frac{F_{R_y}}{F_{R_x}}\right| \tag{3-1-11}$$

式中　α——合力 F_R 与 x 轴的夹角（°）。

（三）平面汇交力系的平衡方程

平面汇交力系的平衡条件是力系的合力等于零。当合力为零时，有

$$F_R = \sqrt{\left(\sum F_x\right)^2 + \left(\sum F_y\right)^2} = 0$$

即

$$\sum F_x = 0, \quad \sum F_y = 0 \tag{3-1-12}$$

由此可知，平面汇交力系平衡的必要和充分条件：力系中所有力在任选两个坐标轴上的投影的代数和为零。

式（3-1-12）即为平面汇交力系的平衡方程。

由于平面汇交力系有两个独立的平衡方程，因此只能求解两个未知量。

例 3-1-4　图 3-1-29 所示的平面汇交力系中，F_1=10 kN，F_2=16 kN，F_3=8 kN，F_4=12 kN，请问该力系是否为平衡力系？

解　根据合力投影定理，得合力在轴 x，y 上的投影分别为：

$$\sum F_x = F_{x1} + F_{x2} + F_{x3} + F_{x4}$$
$$= F_1 \cos 30° - F_2 \cos 60° - F_3 \cos 45° + F_4 \cos 45°$$
$$= 10 \times \frac{\sqrt{3}}{2} - 16 \times \frac{1}{2} - 8 \times \frac{\sqrt{2}}{2} + 12 \times \frac{\sqrt{2}}{2}$$
$$= 3.488 \text{(kN)}$$

$$\sum F_y = F_{y1} + F_{y2} + F_{y3} + F_{y4}$$
$$= F_1 \sin 30° + F_2 \sin 60° - F_3 \sin 45° - F_4 \sin 45°$$
$$= 10 \times \frac{1}{2} + 16 \times \frac{\sqrt{3}}{2} - 8 \times \frac{\sqrt{2}}{2} - 12 \times \frac{\sqrt{2}}{2}$$
$$= 4.716 \text{(kN)}$$

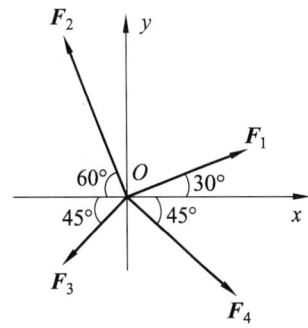

图 3-1-29 平面汇交力系

因为 $\sum F_x \neq 0$，$\sum F_y \neq 0$

所以该力系不是平衡力系。

（四）构件平面汇交力系的分析

用平面汇交力系平衡方程来求解构件平衡问题，要注意静力学分析方法的应用，对构件平面汇交力系分析的步骤和注意事项如下：

（1）选择作为研究对象的构件。此时应注意：所选择的构件应作用有已知力（或已经求出的力）和未知力，这样才能应用平衡方程由已知力求得未知力；先以受力简单并能由已知力求得未知力的构件作为研究对象，然后再以受力较为复杂的构件作为研究对象。

（2）取分离体并画受力图。作为研究对象的构件确定之后，进而需要分析受力情况，为此需将该构件从其周围物体中分离出来。根据所受的外载荷画出分离构件所受的主动力，根据约束性质画出分离构件上所受的约束反力，最后得到构件的受力图。

（3）选取坐标系，计算力系中所有的力在坐标轴上的投影。坐标轴可以任意选择，但应尽量使坐标轴与未知力平行或垂直，可使力的投影简化，同时使平衡方程中包含最少的未知量，避免解联立方程。

（4）列平衡方程，求解未知量。若求出的力为正值，则表示受力图上假设力的方向与实际方向相同；若求出的力为负值，则表示受力图上力的假设方向与实际方向相反，在受力图上不必改正，在答案中要说明。

例 3-1-5 支架 ABC 由横杆 AB 与支撑杆 BC 组成，如图 3-1-30（a）所示。A、B、C 处均为铰链连接，B 端悬挂重物，其重力 G=10 N，杆重不计，试求支架处于平衡时两杆所受的力。

解 （1）选择作为研究对象的构件，以销 B 为研究对象。

（2）进行受力分析并画受力图。由于 AB、BC 杆自重不计，杆端为铰链，故均为二力杆，两端所受力的作用线必为过直杆的轴线。根据作用力与反作用力的关系，约

束力 F_1、F_2 作用于 B 点,此外,绳子的拉力 F(大小等于物体的重力)也作用于 B 点,F_1、F_2、F 组成的平面汇交力系及其受力如图 3-1-30(b)所示。

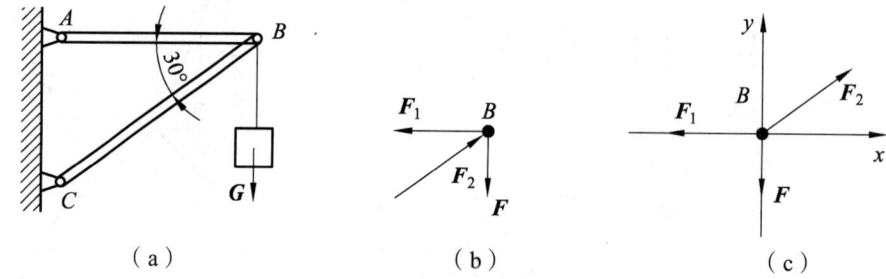

图 3-1-30　支架构件的受力分析

根据二力平衡和作用力与反作用力公理,可分析得 $F=G=10$ N。

(3)列平衡方程,求出未知力。以点 B 为坐标原点,建立直角坐标系,如图 3-1-30(c)所示,根据合力投影定理,可列平衡方程如下:

$$\sum F_x = 0,$$
$$F_2 \cos 30° - F_1 = 0$$
$$F_2 \times \frac{\sqrt{3}}{2} - F_1 = 0 \qquad ①$$
$$\sum F_y = 0,$$
$$F_2 \sin 30° - F = 0$$
$$F_2 \times \frac{1}{2} - 10 = 0 \qquad ②$$

联解①、②式方程,解得 $F_1=17.32$ N,$F_2=20$ N。

五、力矩、力偶和平面力偶系的平衡

(一)力矩与合力矩

1. 力　矩

实践表明,作用在刚体上的力除有平动效应外[图 3-1-31(a)],有时还有转动效应[图 3-1-31(b)、(c)],力对刚体的转动效应可用力矩来度量。

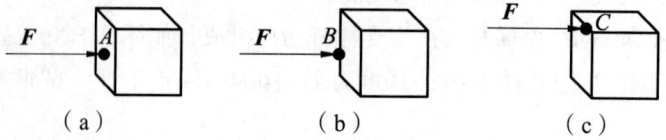

图 3-1-31　力对物体的作用效应

如图 3-1-32 所示,用扳手拧螺母使螺母产生绕 O 点转动的力矩,不仅与力 F 的大小有关,与 O 点至该力作用线的垂直距离 d 也有关。点 O 称为矩心,点 O 到力的作用

线的垂直距离 d 称为力臂。力的大小与力臂的乘积，称为力矩，即

$$M_O(F) = \pm Fd \qquad (3\text{-}1\text{-}13)$$

式中　$M_O(F)$——力对 O 点之矩（N·m 或 kN·m）；
　　　F——作用力（N 或 kN）；
　　　d——力臂（m 或 mm）。

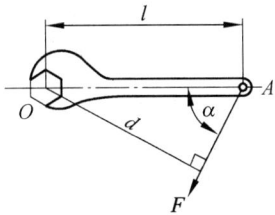

图 3-1-32　扳手拧螺母

力矩的正负值代表了物体的转动方向，通常规定力使物体绕矩心沿逆时针方向转动为正，反之为负。

2. 合力矩定理

平面汇交力系的合力对平面内任一点的矩，等于力系中各分力对该点力的矩的代数和。即

$$M_O(F_R) = M_O(F_1) + M_O(F_2) + \cdots + M_O(F_n)$$

或

$$M_O(F_R) = \sum M_O(F_i) \quad (i=1, 2, \cdots, n) \qquad (3\text{-}1\text{-}14)$$

式中　$M_O(F_R)$——合力 F_R 对 O 点之矩（N·m 或 kN·m）；
　　　$\sum M_O(F_i)$ $(i=1, 2, \cdots, n)$——力系中各分力对 O 点之矩的代数和（N·m 或 kN·m）。

例 3-1-6　如图 3-1-33 所示，已知两齿轮齿面之间的啮合力为 P，其作用线与齿轮节圆切线方向的夹角为 α（压力角），节圆直径为 d。求啮合力 P 对轮心 O 点之矩。

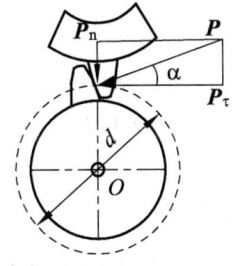

图 3-1-33　齿轮传动受力图

解　两齿轮齿面之间的啮合力 P 可分解为两个分力 P_τ 和 P_n，

$$P_\tau = P\cos\alpha, \quad P_n = P\sin\alpha$$

利用合力矩定理：

$$M_O(P) = M_0(P_\tau) + M_0(P_n)$$
$$= P\cos\alpha \times \frac{1}{2}d + P\sin\alpha \times 0 = \frac{1}{2}Pd\cos\alpha$$

（二）力偶与力偶矩

1. 力偶

在实践中，我们常常见到汽车司机用双手转动方向盘，钳工用丝锥攻螺纹，拧水龙头（图 3-1-34）。这种由两个大小相等、方向相反、作用线不重合的平行力组成的力系称为力偶，记作（F、F'），如图 3-1-35 所示。力偶的两个力之间的垂直距离 d 称为力偶臂。力偶所在的平面称为力偶的作用面。力偶对物体的作用效应是使物体产生转动运动。

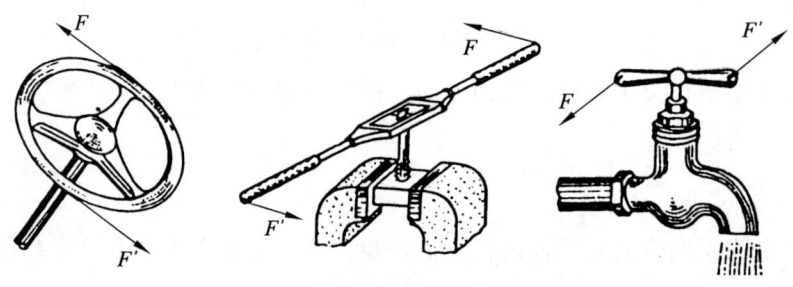

图 3-1-34 生活中的力偶

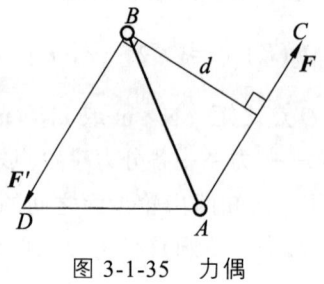

图 3-1-35 力偶

2. 力偶矩

力偶对物体的转动效应，可用力偶矩来度量，力偶矩的大小为力偶中的两个平行力对其作用面内某点之矩的代数和，其值等于力与力偶臂的乘积 Fd，记作 $M(F,F')$ 或 M，即

$$M(F, F') = M = \pm Fd \tag{3-1-15}$$

一般在同一平面内，逆时针方向转动的力偶矩为正，顺时针方向转动的力偶矩为负。力偶矩的单位符号与力矩相同，即 N·m 或 kN·m。

3. 力偶的性质

力偶是两个特殊的有关联的力组成的，因此具有与单个力所不同的性质。

性质 1 力偶无合力，因此力偶不能与一个力等效，也不能用一个力来平衡。力与力偶之间不能相互代替，不能相互平衡。故力和力偶是力学中的两种基本元素。

性质 2 力偶对其作用面内任意一点之矩的代数和恒等于力偶矩，而与矩心的位置无关。

如图 3-1-36 所示，在力偶（F，F'）所在的平面内，任取一点 O 为 F、F' 两力的转动中心，根据合力矩定理，有

$$M_O(F)+M_O(F')=F(x+d)-F'x=Fd=M$$

由于矩心的位置是任取的，因此，力偶矩与矩心位置无关。

性质 3 平面力偶等效定理：同一平面内的两个力偶等效的充分必要条件是其力偶矩相等。

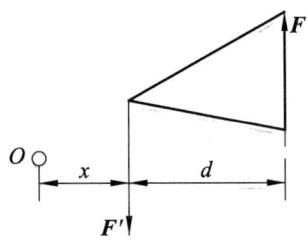

图 3-1-36　力偶与矩心

（三）平面力偶系的合成与平衡方程

1. 平面力偶系的合成

作用在物体同一平面内有多个力偶，称为平面力偶系。平面力偶系可以合成为一个合力偶。设 M_1，M_2，$\cdots$，M_n 为平面力偶系中各力偶的力偶矩，M_i 为合力的合力偶矩，它等于各力偶矩的代数和，即

$$M=M_1+M_2+\cdots+M_n=\sum M_i \quad (i=1,2,\cdots,n) \tag{3-1-16}$$

2. 平面力偶系的平衡

由合成结果可知，力偶系平衡时，其合力偶矩等于零。因此，平面力偶系平衡的必要和充分条件是平面力偶系中各分力偶矩的代数和等于零，即

$$\sum M_i=0 \,(i=1,2,\cdots,n) \tag{3-1-17}$$

即式（3-1-17）为平面力偶系的平衡方程。

（四）构件平面力偶系的分析

用平面力偶系平衡方程来求解构件平衡问题，首先要对构件进行受力分析，其分析方法同平面汇交力系。具体步骤为选择研究对象，取分离体并画受力图，根据平面力偶系平衡方程求解未知量。

若求出的力偶为正值，则表示受力图上假设力偶的方向与实际方向相同；若求出的力偶为负值，则表示受力图上力偶的假设方向与实际方向相反，在受力图上不必改

正，在答案中要说明。

例 3-1-7 如图 3-1-37（a）所示，一简支梁作用的力矩 $M=50$ N·m，简支梁长 $d=4$ m，不计梁重，求支座 A 和 B 的约束反力。

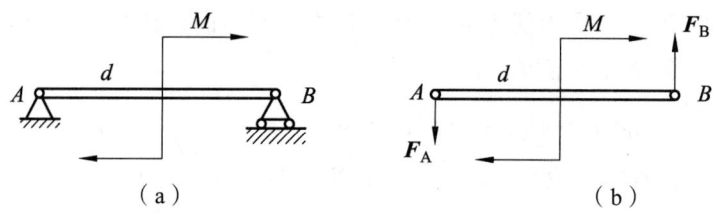

图 3-1-37 简支梁受力分析

解 （1）选择研究对象，以梁 AB 为研究对象。

（2）进行受力分析并画受力图。由于 AB 梁自重不计，梁 A 端为固定铰链，梁 B 端为活动铰链。梁上除作用有力偶 M 外，还有固定铰链 A 处的约束反力 F_A 及活动铰链 B 处垂直向上的约束反力 F_B。根据力偶只能与力偶相平衡的性质，可知 F_A 和 F_B 必组成一个力偶，因此，F_A 的作用线也沿铅垂方向，如图 3-1-37（b）所示。

（3）列平衡方程，求出未知力。梁 AB 在两个力偶的作用下处于平衡，根据平面力偶系的平衡条件列平衡方程如下

$$\sum M_i = 0, \quad -M + F_A d = 0$$

解得

$$F_A = \frac{M}{d} = 12.5 \text{（N）}, \quad F_B = F_A = 12.5 \text{（N）}$$

F_A 和 F_B 的计算值为正值，其实际方向如图 3-1-37（b）所示。

例 3-1-8 如图 3-1-38（a）所示，四杆机构在图示位置平衡，已知 $l_{OA}=20$ cm，$l_{O_1B}=40$ cm，作用在曲柄 OA 上的力偶矩为 $M_1=2$ N·m，不计杆重，求作用在杆 O_1B 上的力偶矩 M_2 的大小及连杆 AB 所受的力。

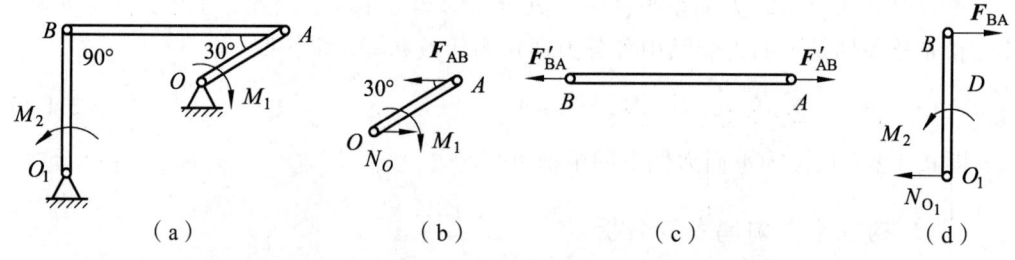

图 3-1-38 四杆机构受力分析

解 （1）选择研究对象。根据题目要求，分别选 OA、AB、O_1B 为研究对象。

（2）进行受力分析并画受力图。

以 OA 杆为研究对象：OA 杆受到力偶矩 M_1、二力杆 AB 对其的反作用力 F_{AB}，以及铰链 O 处的约束反力 N_O 的作用，根据平面力偶系的平衡条件，F_{AB} 和 N_O 组成一个

力偶，受力如图 3-1-38（b）所示。

以 AB 杆为研究对象：AB 杆为二力杆，受力分析如图 3-1-38（c）所示。

以 O_1B 杆为研究对象：根据平面力偶系的平衡条件，F_{BA} 和 N_{O_1} 组成了一个力偶，受力分析如图 3-1-38（d）所示。

（3）列平衡方程，求出未知力

OA 杆：根据平面力偶系的平衡条件，列平衡方程如下

$$\sum M_i = 0, F_{AB}l_{OA}\sin 30° - M_1 = 0$$

解得

$$F_{AB} = \frac{M_1}{l_{OA}\sin 30°} = 20(\text{N})$$

AB 杆：根据二力平衡和作用力与反作用力公理，列平衡方程如下

$$F'_{BA} = F'_{AB} = F_{BA} = F_{AB} = 20(\text{N})$$

O_1B 杆：根据平面力偶系的平衡条件，列平衡方程如下

$$\sum M_i = 0, -F_{BA}l_{O_1B} + M_2 = 0$$

解得

$$M_2 = F_{BA}l_{O_1B} = 8(\text{N·m})$$

六、力的平移定理和平面任意力系的平衡

（一）力的平移定理

力的平移就是把作用在刚体上的一力从其原位置平行移到该刚体上另一位置。由力的可传性得知，力沿其作用线移动时，对刚体的作用效果是不改变的。下面研究在不改变力对刚体作用效果的前提下将力平行移动到作用线以外的任意一点这个问题。

如图 3-1-39（a）所示，设有一力 F 作用于刚体的 A 点，为将该力平移到任意一点 O，在 O 点加一对平衡力 F' 和 F''，作用线与 F 平行，且使 $F' = F'' = F$。其中 F 和 F'' 两力组成一个力偶，其力偶臂为 d。其力偶矩恰好等于原力 F 对点 O 之矩 M，如图 3-1-39（b）所示。这三个力可以转化为一个作用在 O 点的力 F' 和一个力偶矩 M 组成的力系，如图 3-1-39（c）所示。

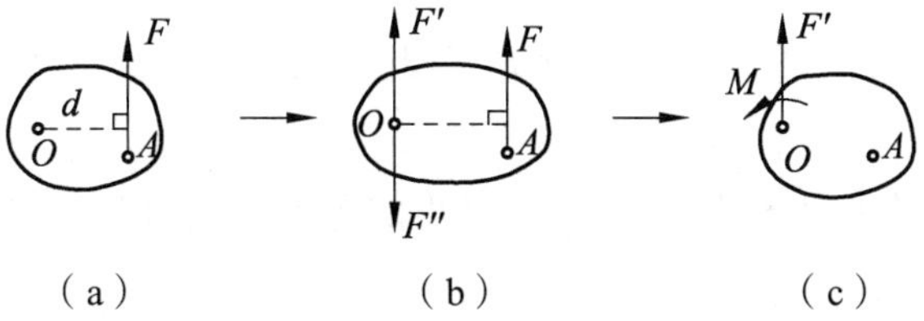

（a）　　　　　　（b）　　　　　　（c）

图 3-1-39　力的平移

力的平移定理：作用在刚体上某点的力可以平移到刚体上任意一点，平移时需要附加一个力偶，附加力偶的力偶矩等于该力对平移点之矩。

力的平移定理是力系向一点简化的理论依据，也是分析和解决工程实际中力学问题的重要方法。

（二）平面任意力系的简化

工程实践中经常遇到平面任意力系的问题，即作用在物体上力的作用线都分布在同一平面内，或可以简化到同平面内，但它们的作用线任意分布，称为平面任意力系。

要想解决平面任意力系的问题，需要了解平面任意力系的简化方法。

设刚体受一个平面任意力系 F_1，F_2，…，F_n 的作用，如图 3-1-40（a）所示。利用力的平移定理，可将平面任意力系向一点简化，得到作用于点 O 的 n 个力 F_1'、F_2'，…，F_n' 的平面汇交力系，以及相应的附加力偶共同作用在同一平面内，这些附加力偶的力偶矩分别为 M_1，M_2，M_3，…，M_n，如图 3-1-40（b）所示，即一个平面汇交力系和一个平面力偶系。

综上所述，平面任意力系等效为两个简单力系：平面汇交力系和平面力偶系。然后分别合成这两个力系。

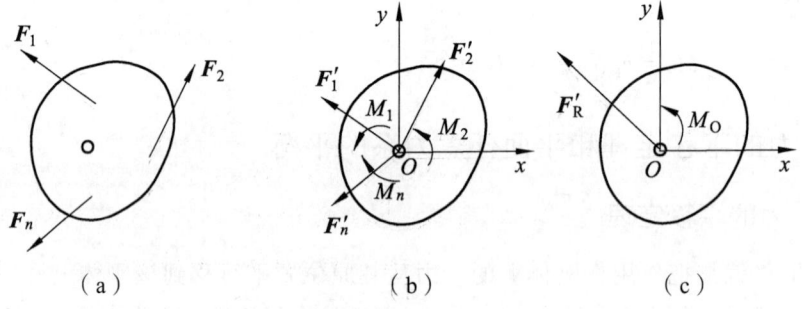

（a）　　　　　　　（b）　　　　　　　（c）

图 3-1-40　平面任意力系的简化

平面汇交力系可按平面汇交力系平衡法则合成为通过点 O 的一个力 F_R'，并等于 F_1'、F_2'，…，F_n' 的矢量和，平面力偶系可合成为一个力偶，如图 3-1-40（c）所示。

$$F_R' = F_1' + F_2' + \cdots + F_n' = \sum F_i' \quad (i=1, 2, \cdots, n) \quad (3\text{-}1\text{-}18)$$

$$M_O = M_1 + M_2 + \cdots + M_n = \sum M_i \quad (i=1, 2, \cdots, n) \quad (3\text{-}1\text{-}19)$$

F_R' 为力系中所有各力的矢量和，称 F_R' 为此平面任意力系的主矢，作用线通过简化中心。

M_O 为力系中所有各力对简化中心 O 之矩的代数和，称 M_O 为此平面任意力系对简化中心 O 的主矩。

（三）平面任意力系的平衡方程

由平面任意力系的简化可知：主矢等于零，表明作用于简化中心的汇交力系为平衡力系；主矩等于零，表明附加力偶系也是平衡力系。

因此平面任意力系平衡的必要和充分条件：力系的主矢与主矩同时等于零，即

$$F'_R = 0, \quad M_O = 0 \qquad (3\text{-}1\text{-}20)$$

平衡条件可用解析式表示为

$$\left. \begin{aligned} \sum F_x &= 0 \\ \sum F_y &= 0 \\ M_O &= \sum M_i = 0 \end{aligned} \right\} \qquad (3\text{-}1\text{-}21)$$

式（3-1-21）为平面任意力系的平衡方程，由此可得，平面任意力系平衡的条件是力系中各力在两个任选坐标轴上投影的代数和等于零，以及各力对平面内任意点之矩的代数和也等于零。

（四）构件平面任意力系的分析

利用平面任意力系平衡方程求解构件的未知力，要对构件的平面任意力系进行分析，分析方法和步骤如下。

（1）确定研究对象。画出研究对象的受力图，在受力图上确定未知力（约束反力）的数目、作用点位置及作用方向。注意选好坐标轴，坐标轴最好能垂直于一个或两个未知力。一般水平和铅垂方向的坐标轴可以不画，倾斜方向的坐标轴则必须画出。

（2）列平衡方程求解。可按选好的坐标轴列出投影方程，并按选好的矩心列出力矩方程求解。为避免解联立方程，由一个方程解得一个未知力，除选好坐标轴之外，还应注意尽量选择两个未知力的交点为矩心。

例 3-1-9 如图 3-1-41（a）所示，水平梁受载荷 $F=60$ kN，均布载荷 $q=20$ kN/m，梁的自重不计，试求 A、B 处的支座约束力。

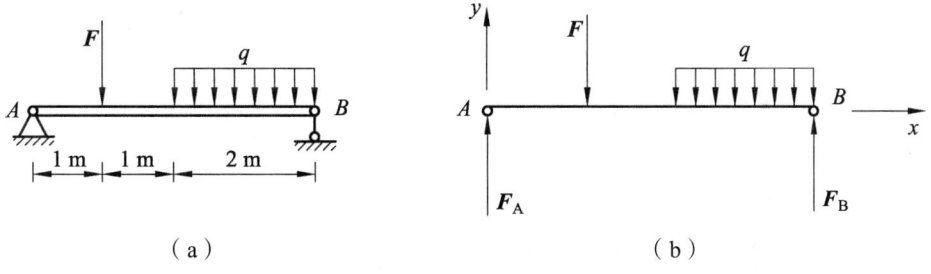

图 3-1-41　水平梁受力图

解 （1）选取研究对象。取梁 AB 为研究对象。

（2）进行受力分析并画受力图。梁上作用竖直向下的载荷 F、q 和活动铰链 B 处竖

直向上支座约束力 F_B，要保证力系为平衡力系，固定铰链 A 处支座约束反力 F_A 必为竖直方向。受力如图 3-1-41（b）所示。

（3）以 A 为原点，建立坐标系，如图 3-1-41（b），列平衡方程如下

$$\sum F_x = 0$$
$$\sum F_y = 0, \ F_A + F_B - F - q \times 2 = 0$$
$$M_A = \sum M_i = 0, \ F_B \times 4 - F \times 1 - q \times 2 \times 3 = 0$$

解得 F_A=55 kN，F_B=45 kN。

通过对本任务的学习，你会画图 3-1-1 中内燃发动机活塞的受力图了吗？如果已知约束反力 F_R 和 F_N，你知道用什么方法求解主动力 F 吗？

例 3-1-10 某送料小车如图 3-1-42（a）所示，车和货物共重 G=240 kN，重心在 C 点。已知：a=1 m，b=1.4 m，e=1 m，h=1.4 m，α=30°。如不考虑小车与轨道之间的摩擦，求钢索的拉力和轨道的支反力。

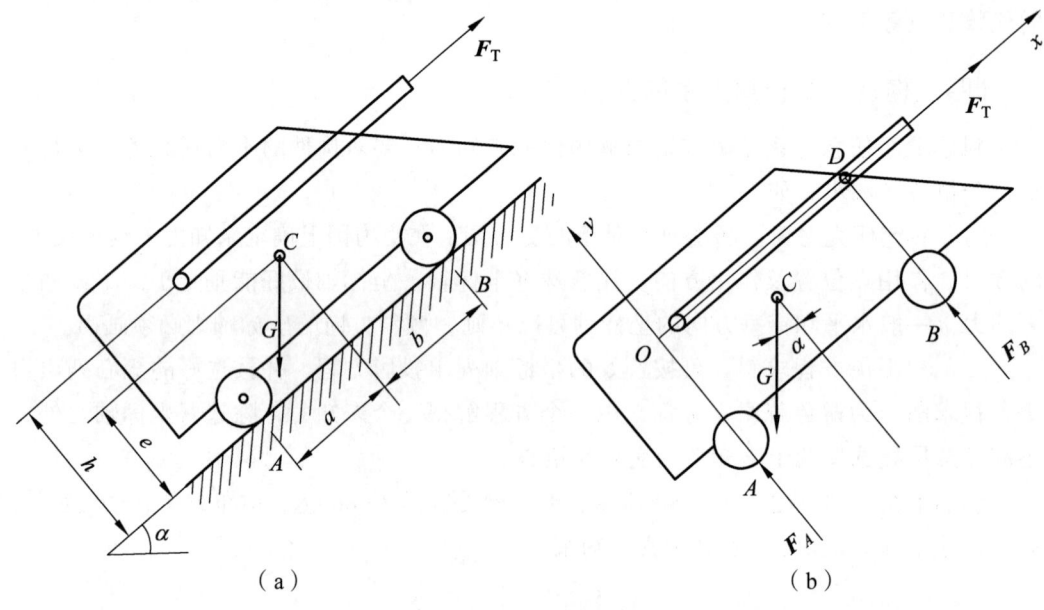

图 3-1-42　送料小车

解 （1）取小车为研究对象，画受力图并选取坐标系 Oxy，取 O 点为简化中心，受力如图 3-1-42（b）所示。

（2）列平衡方程求解。

$$\sum F_x = 0, \ F_T - G\sin\alpha = 0$$

解得 F_T=120 kN

$$M_O = \sum M_i = 0, \ F_B \times (a+b) - G \times \sin\alpha \times (h-e) - G\cos\alpha \times a = 0$$

解得 F_B=106.6 kN

$$\sum F_y = 0, \ F_A + F_B - G\cos\alpha = 0$$

解得 F_A=101.2 kN

【思考】

从作用力和反作用力、约束力和反约束力的关系，对你进入社会后应该怎样与他人相处有什么启示吗？

【实践操作】

如图 3-1-43（a）所示，对水平放置的工件进行钻孔。3 个钻头对工件施加的力偶矩分别为 $M_1=M_2=10$ N·m，$M_3=20$ N·m，固定螺栓 A 和 B 的距离 l=200 mm。请画出该工件的受力图，并求出两个螺栓所受的力。

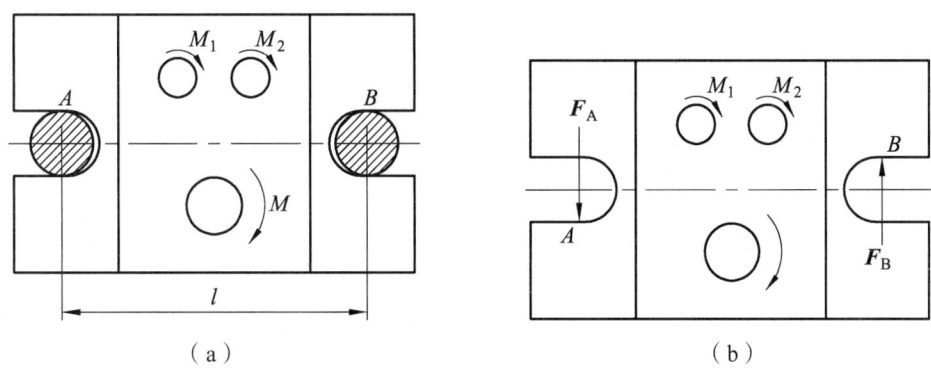

图 3-1-43　工件钻孔

【任务测评】

1. 水平梁 AB 左端为固定铰支座，右端为活动铰支座，如图 3-1-44 所示，假设不计构件的重量，AB 杆上作用主动力 Q、P，试画出其受力图。

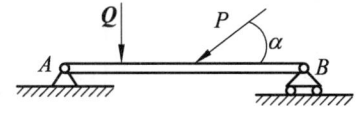

图 3-1-44　水平梁

2. 如图 3-1-45 所示的平面系统中，均质球 A 重为 P，借本身重量和摩擦不计的理想滑轮 C 和柔绳维持在仰角为 α 的光滑斜面上，绳的一端挂着重为 Q 的物体 B。试分析物体 B、球 A 和滑轮 C 的受力情况，并分别画出平衡时各物体的受力图。

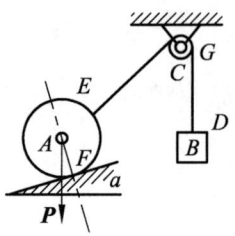

图 3-1-45　滑轮机构

3. 如图 3-1-46 所示，等腰三角形构架 ABC 的顶点 A、B、C 都用铰链连接，底边 AC 固定，而 AB 边的中点 D 作用有平行于固定边 AC 的力 **F**，如下图所示。不计各杆自重，试画出 AB 和 BC 的受力图。

4. 如图 3-1-47 所示，水平均质梁 AB 重为 P_1，电动机重为 P_2，不计杆 CD 的自重，画出杆 CD 和梁 AB 的受力图。

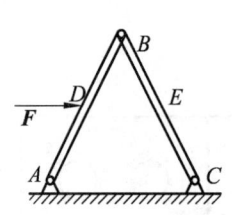

图 3-1-46　等腰三角形构架

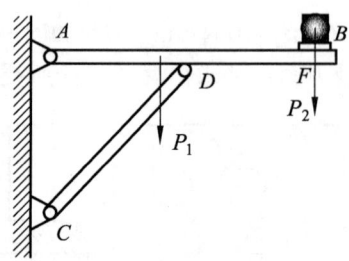

图 3-1-47　水平均质梁

5. 如图 3-1-48 所示，刚架上作用力 $F=100$ N，角 $\theta=60°$，$a=6$ m，$b=4$ m。试分别计算力 **F** 对点 A 和 B 的力矩。

6. 铁道机车车辆某铆接薄板在孔心 A、B 和 C 处受 3 个力作用，如图 3-1-49 所示。$F_1=100$ N，沿铅直方向；$F_3=50$ N，沿水平方向，并通过点 A；$F_2=50$ N，力的作用线也通过点 A，其他尺寸如图 3-1-49 所示。求此力系的合力。

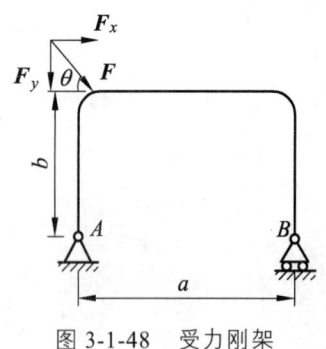

图 3-1-48　受力刚架

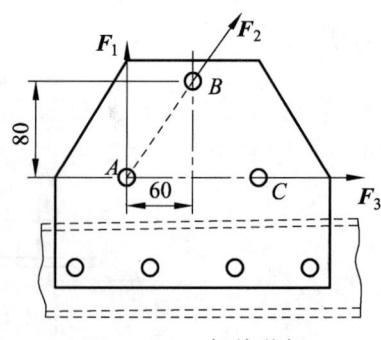

图 3-1-49　铆接薄板

7. 简易起重装置如图 3-1-50 所示，重物用钢丝绳挂在支架的滑轮 B 上，钢丝绳的另一端缠绕在绞车 C 上。杆 AB 与杆 BD 铰接，并且铰链 A、D 与墙连接。设重物重力 $G=50$ kN，两杆和滑轮的自重不计，并忽略摩擦和滑轮的大小，试求平衡时杆 AB 和杆

BD 所受的力。

8. AB 杆的 A 端为固定铰支座约束，B 端为活动铰支座约束，在杆的 C 处作用一集中力 $P=10$ N，$\alpha=45°$，杆的尺寸如图 3-1-51 所示，假设杆的自重忽略不计，试求各支座的约束力。

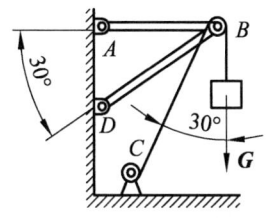

图 3-1-50　简易起重装置图

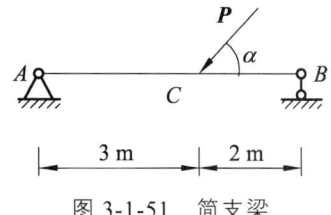

图 3-1-51　简支梁

9. 钢筋混凝土刚架的受力及支座情况如图 3-1-52 所示。已知 $F=50$ N，$M=90$ N·m，点 A、B 距离为 4 m，刚架高为 6 m，刚架自重不计，求支座约束力。

10. 求图 3-1-53 所示组合梁 A、B、C 处的约束反力。

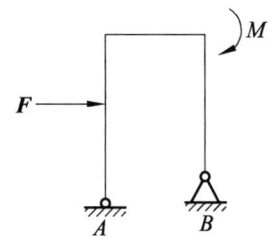

图 3-1-52　钢筋混凝土刚架

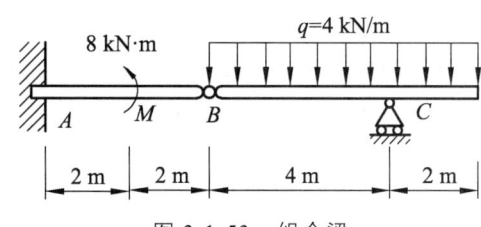

图 3-1-53　组合梁

任务二
构件的基本变形

【任务要求】

1. 理解拉伸和压缩的概念，掌握构件拉伸与压缩变形的特点、分析方法、强度条件及其应用。
2. 理解剪切与挤压的概念，掌握剪切及挤压变形的特点、分析方法、强度条件及其应用。
3. 理解圆轴扭转的概念，掌握圆轴扭转变形的特点、分析方法、强度条件及其应用。
4. 理解平面弯曲的概念，掌握平面弯曲变形的特点、分析方法、强度条件及其应用，了解提高梁强度的主要措施。
5. 通过四种基本变形强度计算公式的推理过程和强度条件的应用，培养理论联系实际、辩证处理问题的思维方式，以及树立"安全第一"的思想。

【任务引入】

图 3-2-1 所示为铁道机车车辆轮对的受力图，请问该轮轴在受到两个载荷 P 的作用下，会产生什么变形？为了避免该轮轴的变形影响到铁道机车车辆的运行安全，如何对该轮轴进行强度校核？

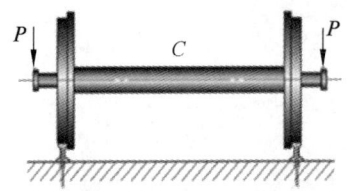

图 3-2-1　铁道机车车辆轮对的受力图

上述问题在铁路部门的生产和作业现场都可能碰到。通过对本任务的学习，我们将了解构件变形的类型，以及进行强度校核的方法。

【相关知识】

受力构件在某方向的尺寸远大于其他两个方向的尺寸时，可以用杆件表示，这样可以简化构件的受力分析。

杆件受力情况不同，相应的变形就不同。在工程结构中，杆件的基本变形有 4 种：轴向拉伸和压缩、剪切与挤压、扭转和弯曲，如图 3-2-2 所示。若杆件同时发生几种基本变形，则称为组合变形。铁道机车车辆轮轴的变形属于弯曲变形。

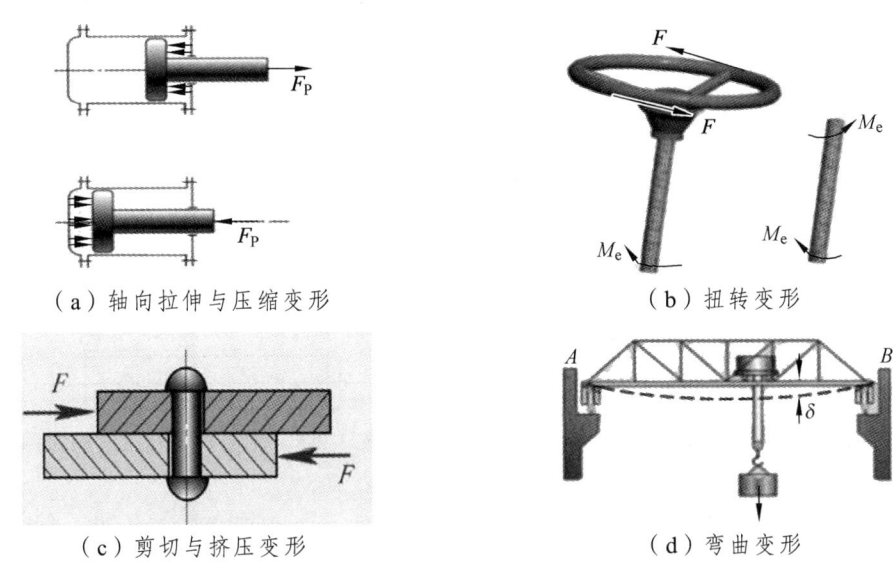

（a）轴向拉伸与压缩变形　　（b）扭转变形

（c）剪切与挤压变形　　（d）弯曲变形

图 3-2-2　构件的基本变形

一、轴向拉伸与压缩

（一）拉伸和压缩的概念

在工程实际中，有很多发生轴向拉伸和压缩变形的杆件，如图 3-2-3（a）所示；连接钢板的螺栓在外力作用下，沿其轴向伸长，受力如图 3-2-3（b）、（c）所示，这种变形称为轴向拉伸。

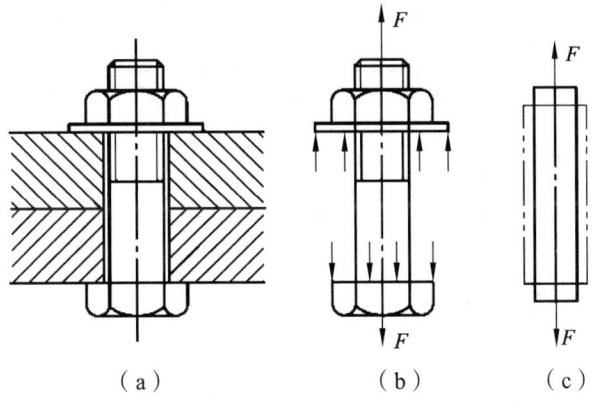

（a）　　（b）　　（c）

图 3-2-3　轴向拉伸

图 3-2-4（a）所示托架的撑杆 CD 在外力的作用下沿其轴向变短称为轴向压缩，受力如图 3-2-4（b）所示。产生轴向拉伸（或压缩）变形的杆，简称拉（压）杆。

（二）轴向拉伸、压缩受力和变形特点

轴向拉伸、压缩受力和变形如图 3-2-5 所示。

（1）受力特点：作用于直杆两端的两个外力等值、反向，作用线与杆的轴线重合。

（2）变形特点：杆件沿轴线方向伸长（或压缩）。

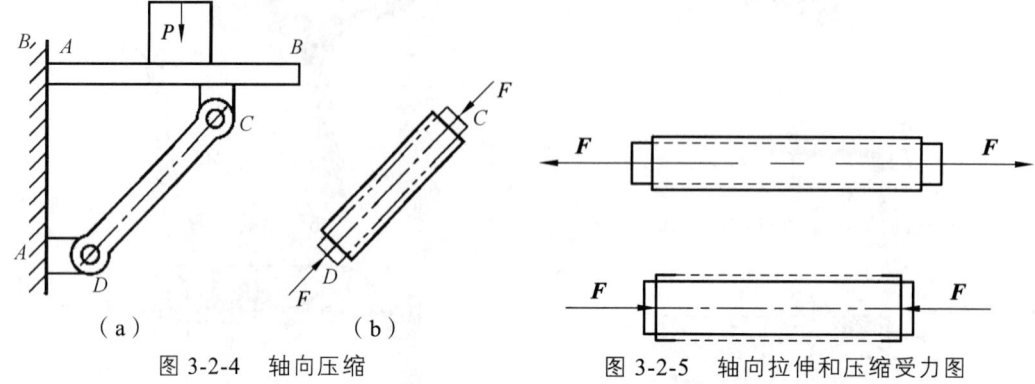

图 3-2-4　轴向压缩

图 3-2-5　轴向拉伸和压缩受力图

（三）轴力与轴力图

1. 内　力

杆件的内力指杆件受到外力作用时，其内部产生的保持其形状和大小不变的反作用力。该反作用力随外力的作用而产生，随外力的消失而消失。

2. 截面法

截面法是求杆件内力的基本方法。

利用截面法求内力的步骤如下：

（1）设一假想截面把杆件切开，分为两部分，如图 3-2-6（a）所示。

（2）留下其中一部分，并在切开处加上假设的内力，如图 3-2-6（b）、(c) 所示。

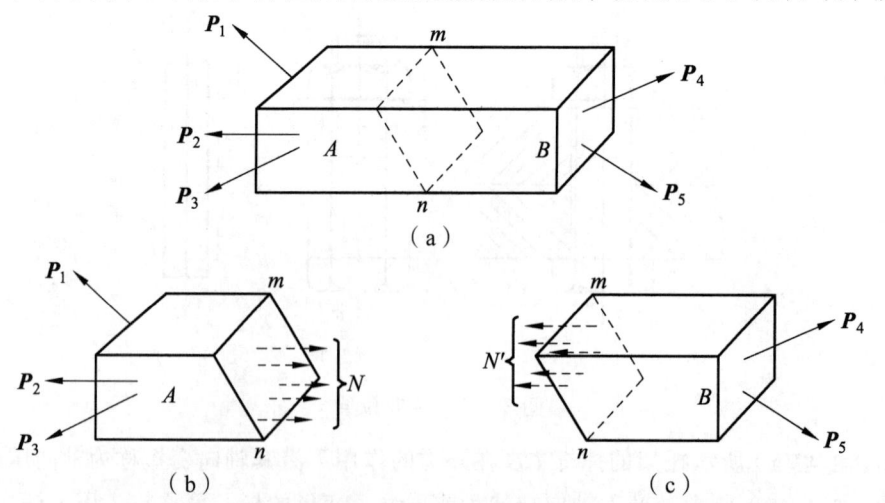

图 3-2-6　截面法求内力

（3）以该部分为研究对象列静力平衡方程，求解未知的内力。

3. 轴　力

对拉（压）杆进行强度计算，首先分析其内力。如图 3-2-7 所示，因拉（压）杆的外力均沿杆轴线方向，由共线力系平衡条件可知，其任一截面内力的作用线也必通过杆轴线，这种内力称为轴力，常用符号 F_N 表示。

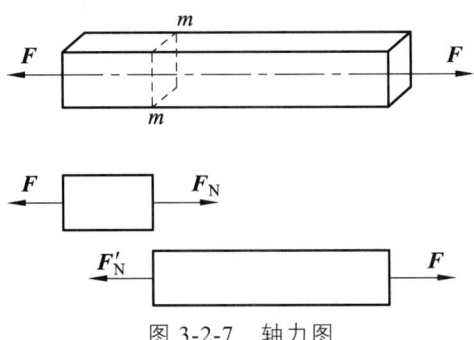

图 3-2-7　轴力图

用截面法可以求得任一横截面 $m—m$ 上的轴力 F_N、F_N'，且 F_N' 与 F_N 是一对作用力与反作用力。因此，无论研究截面左段求出的轴力 F_N，还是研究截面右段求出的轴力 F_N'，都是 $m—m$ 截面的内力。为了使取左段或取右段求得的同一截面上的轴力相一致，规定 F_N 离开截面的方向为正（受拉），指向截面的方向为负（受压），如图 3-2-8 所示。

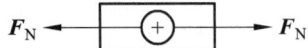

图 3-2-8　轴力的正负号

4. 轴力图

用平行于杆轴线 x 的坐标表示横截面位置，用垂直于 x 的坐标 F_N 表示横截面轴力的大小，按选定的比例把轴力表示在 x-F_N 坐标系中，描出轴力随截面位置变化的曲线，此曲线称为轴力图，如图 3-2-9 所示。

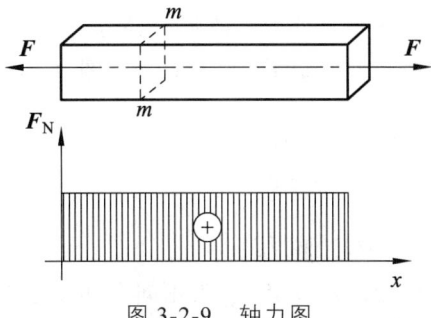

图 3-2-9　轴力图

例 3-2-1 直杆受力如图 3-2-10（a）所示，已知 F_1=16 kN，F_2=10 kN，F_3=20 kN，试画出其轴力图。

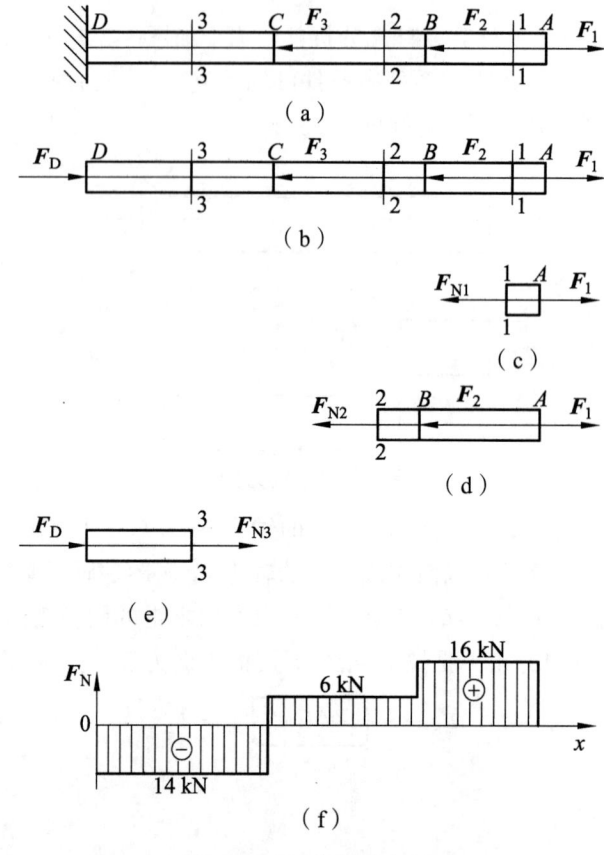

图 3-2-10　直杆受力图

解 （1）计算 D 端支座反力 F_D。

取整体为研究对象并画受力图，并标出 D 端支座反力 F_D，如图 3-2-10（b）所示。

由平衡方程 $\sum F_x = 0$ 得

$$F_D + F_1 - F_2 - F_3 = 0$$

即

$$F_D = -F_1 + F_2 + F_3 = -16 + 10 + 20 = 14 \text{（kN）}$$

（2）分段计算轴力。

由于在横截面 B 和 C 上作用有外力，故将杆件分为 3 段。

在 AB 段任取截面 1—1，并假定 F_{N1} 为正向，如图 3-2-10（c）所示，由右段平衡条件得

$$\sum F_x = 0, \quad F_1 - F_{N1} = 0$$

即

$$F_{N1} = F_1 = 16 \text{ kN（拉力）}$$

在 BC 段内任取截面 2—2，并假定 F_{N2} 为正向，如图 3-2-10（d）所示，由右段平

衡条件得

$$\sum F_x = 0, \quad -F_{N2} + F_1 - F_2 = 0$$

即
$$F_{N2} = F_1 - F_2 = 16 - 10 = 6 \text{ kN} \text{（拉力）}$$

在 CD 段内任取截面 3—3，并假定 F_{N3} 为正向，如图 3-2-10（e）所示，由左段的平衡条件得

$$\sum F_x = 0, \quad F_{N3} + F_D = 0$$

即
$$F_{N3} = -F_D = -14 \text{ kN} \text{（压力）}$$

（3）画轴力图。

根据求得的轴力值，按比例画出杆件的轴力图，如图 3-2-10（f）所示。由图可知，最大轴力 $F_{N\max} = 16$ kN，发生在 AB 段内。

由上例可知，**杆件上任一截面的轴力大小应等于该截面一侧所有外力的代数和**。利用这一结论就可以方便地求出任意截面的轴力。

（四）应　力

杆件的强度不仅与轴力的大小有关，而且还与杆件横截面的大小有关，即取决于内力在横截面上分布的密集程度。将内力在截面上某点处的密集程度称为该点的应力，如图 3-2-11 所示的应力 Q 是判断杆件是否破坏的依据。

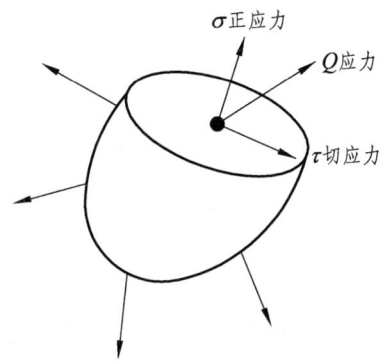

图 3-2-11　截面应力

一般情况下，应力 Q 既不与截面垂直，又不与截面相切。为了便于计算，常将其分解为两个分量，一个是垂直于截面的应力分量，称为正应力，用符号 σ 表示；另一个是与截面相切的应力分量，称为切应力（或剪应力），用符号 τ 表示。

根据材料均匀连续性假设轴力在横截面上的分布是均匀的，且方向垂直于横截面，即横截面上各点处的应力大小相等，方向沿杆轴线垂直于横截面，故轴向拉伸与压缩的应力为正应力。如图 3-2-12 所示，横截面的正应力 σ 的计算公式为

$$\sigma = \frac{F_N}{A} \tag{3-2-1}$$

式中　A——横截面面积（m^2）。

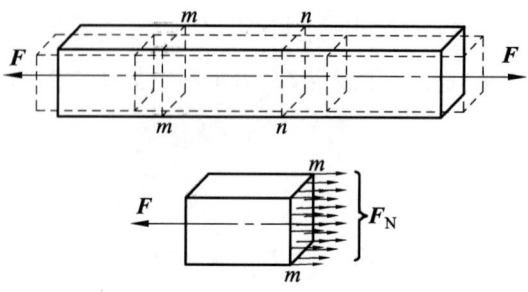

图 3-2-12　正应力

正应力的正负号含义与轴力相同，即拉应力为正，压应力为负。

在我国的法定计量单位中，应力的国际单位为帕斯卡（Pa），简称为帕，$1\text{ Pa}=1\text{ N/m}^2$。在工程实际应用中，这一单位太小，常用兆帕（MPa）和吉帕（GPa），其换算关系为

$$1\text{ MPa}=10^6\text{ Pa},\ 1\text{ GPa}=10^9\text{ Pa}$$

例 3-2-2　如图 3-2-13 所示的插销拉杆，插销孔处横截面尺寸 $b=50\text{ mm}$，$h=20\text{ mm}$，$H=60\text{ mm}$，$F=80\text{ kN}$，试求拉杆的最大应力。

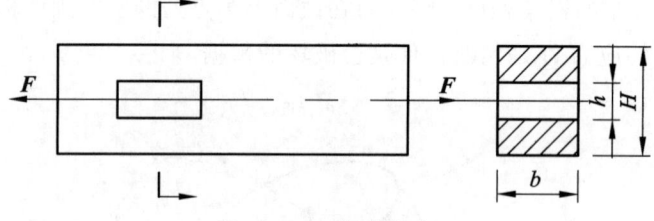

图 3-2-13　插销拉杆

解　（1）计算轴力。由截面法可求得杆内各横截面的轴力为

$$F_N = F = 80\text{ kN}$$

（2）计算最大应力。由于整个杆件轴力相同，面积最小的横截面应力最大，即

$$\sigma_{max} = \frac{F_N}{A} = \frac{80\times 10^3}{(H-h)b} = \frac{80\times 10^3}{(60-20)\times 50} = 40\text{（MPa）}$$

由计算结果得知，最大应力为拉应力。

（五）拉（压）杆的变形

1. 绝对变形

轴向变形和横向变形统称为绝对变形。设圆形等截面拉杆原长为 l，横向尺寸为 d

（图 3-2-14），在一对等值、反向的轴向拉力 F 作用下，杆件的纵向长度变为 l_1，横向尺寸变为 d_1，则纵向绝对变形为

$$\Delta l = l_1 - l \tag{3-2-2}$$

横向绝对变形为

$$\Delta d = d_1 - d \tag{3-2-3}$$

拉伸时杆件的轴向变形为正，横向变形为负；压缩时杆件的轴向变形为负，横向变形为正。

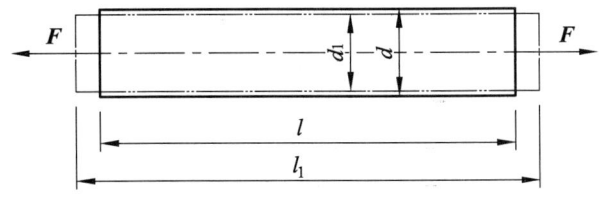

图 3-2-14 拉杆变形

2. 相对变形

绝对变形只表示杆件变形的大小，不能表示杆件变形的程度。为了消除原来尺寸对杆件变形的影响，以单位长度的变形来度量杆件变形的程度，称为相对变形或线应变。纵向线应变用 ε 表示，横向线应变用 ε' 表示，它们分别为

$$\varepsilon = \frac{\Delta l}{l} = \frac{l_1 - l}{l} \tag{3-2-4}$$

$$\varepsilon' = \frac{\Delta d}{d} = \frac{d_1 - d}{d} \tag{3-2-5}$$

线应变表示的是杆件的相对变形，是一个无量纲量。拉伸时 $\varepsilon>0$，$\varepsilon'<0$；压缩时则相反，$\varepsilon<0$，$\varepsilon'>0$。总之，ε 与 ε' 符号相反。

3. 泊松比

试验表明，当应力未超过某一限度时，横向线应变 ε' 与纵向线应变 ε 之间存在正比关系，且符号相反，计算公式为

$$\varepsilon' = -\mu\varepsilon \tag{3-2-6}$$

式中　μ——泊松系数或泊松比，其值与材料有关。

4. 胡克定律

英国科学家胡克通过实验，发现了力与变形的关系：当杆横截面上的正应力不超过某一限度时，杆的轴向变形量 Δl 与轴力 F_N、杆长 l 成正比，与杆的横截面面积 A 成反比，即

$$\Delta l = \sigma_{\max} = \frac{F_N l}{EA} \tag{3-2-7}$$

式中　E——弹性模量，表示材料抵抗拉压变形能力的一个系数。弹性模量 E 的量纲与应力相同，即为 Pa，但常用单位为 GPa。

　　　EA——抗拉（压）刚度，它表示杆件抵抗拉伸（压缩）变形的能力。在其他条件不变的情况下，杆件的 EA 值越大，杆件的变形越小；反之则变形越大。

若将 $\sigma=\dfrac{F_N}{A}$ 和 $\varepsilon=\dfrac{\Delta l}{l}$ 代入式（3-2-7）中，可以得到

$$\sigma = E\varepsilon \qquad (3\text{-}2\text{-}8)$$

上式是胡克定律的又一表达形式。由此，胡克定律又可表述为：当应力未超过某一限度时，应力与应变成正比，否则，应分段计算。

E 与 μ 都是表示材料弹性的常量，可由实验测得，几种常用材料的 E 和 μ 值见表 3-2-1。

表 3-2-1　几种常用材料的 E、μ 值

材料名称	E/GPa	μ
碳钢	206	0.3
合金钢	206	0.25~0.3
铸钢	202	0.3
灰铸铁	118~126	0.3
铸铝青铜	103	0.3
硬铝合金	70	0.3

（六）拉（压）杆的强度条件

1. 极限应力

为了使构件安全可靠地工作，必须要求构件在工作时不产生过大的塑性变形或断裂。引起材料产生过大的塑性变形或断裂的应力称为极限应力，用 σ_0 表示。

对于塑性材料，当应力达到屈服极限 σ_s（或 $\sigma_{0.2}$）时，将产生明显的塑性变形，影响其正常工作。一般认为这时材料已破坏，因而把屈服极限 σ_s（或 $\sigma_{0.2}$）作为塑性材料的极限应力。

对于脆性材料，直到断裂时，也无明显的塑性变形。断裂是脆性材料破坏的唯一标志，因而断裂时的强度极限 σ_b 是脆性材料的极限应力。几种常用材料的极限应力见表 3-2-2。

表 3-2-2　几种常用材料的极限应力

材料名称及牌号	屈服极限 σ_s/MPa	抗拉强度 σ_b/MPa
Q235A	235	370~500
35	315	530
45	355	600

续表

材料名称及牌号	屈服极限 σ_s/MPa	抗拉强度 σ_b/MPa
40Cr	785	980
QT600-3	370	600
HT150	—	拉 150 压 637

2. 许用应力和安全系数

考虑到载荷估计的准确程度，应力计算的精确程度，材料的均匀程度以及构件的重要性等因素，为了保证构件安全可靠地工作，应使它的工作应力小于材料的极限应力，并使构件留有适当的强度储备。一般用极限应力除以大于 1 的系数 n（安全系数），作为设计时应力的最大允许值，称为许用应力，用$[\sigma]$表示，即

$$[\sigma] = \frac{\sigma_0}{n} \qquad (3\text{-}2\text{-}9)$$

正确地选取安全系数，关系到构件的安全与经济这一对矛盾的问题。过大的安全系数会浪费材料，太小的安全系数则有可能使构件不能安全地工作。一般对于塑性材料，通常取 $n=1.3 \sim 2.0$；对于脆性材料，通常取 $n=2.0 \sim 3.5$。

3. 拉（压）杆的强度条件

为了保证拉（压）杆安全可靠地工作，必须使杆内的最大工作应力不超过材料的拉伸或压缩时的许用应力，即拉（压）杆的强度条件为

$$\sigma_{max} = \frac{F_N}{A} \leqslant [\sigma] \qquad (3\text{-}2\text{-}10)$$

式中　　σ_{max}——最大工作应力，对于等截面杆件，一般发生在最大轴力的截面上，称为危险截面；

　　　　F_N, A——危险截面上的轴力和横截面面积。

（七）拉（压）强度条件的应用

拉（压）杆的强度条件可解决工程上的 3 类问题。

（1）强度校核。若已知杆件的材料、截面尺寸、所受载荷，即可用式（3-2-10）验算杆件是否满足强度条件。若计算结果满足强度条件，则说明杆件的强度是足够的；反之，杆件的强度不够，需按具体条件增大截面尺寸或降低所受的载荷。

（2）设计截面。若已知杆件的材料和所承受的载荷，由强度条件可确定杆件所需的横截面面积 A，其值为

$$A \geqslant \frac{F_N}{[\sigma]}$$

然后，根据横截面面积 A 再确定横截面相应的尺寸。

（3）确定许用载荷。若已知杆件的材料和横截面尺寸，可由强度条件确定杆件所能承受的最大轴力，其值为

$$F_{N\max} \leqslant A[\sigma]$$

然后，根据静力平衡关系确定杆件的许用载荷。

须注意的是，在强度计算中，可能出现工作应力略大于材料许用应力的情况。当超过部分的应力不超出许用应力值的 5%时，仍可认为构件满足强度要求。

例 3-2-3 起重机吊钩的上端用螺母固定（图 3-2-15）。若吊钩螺栓部分的内径 $d=55$ mm，材料的许用应力$[\sigma]=80$ MPa，试校核螺栓部分的强度。

解 （1）求螺栓部分的轴力。由题中已知可得螺栓部分的轴力为 $F_N=170$ kN。

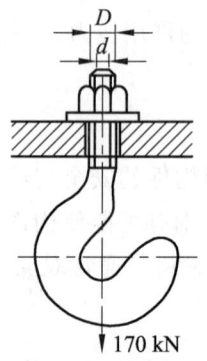

图 3-2-15　起重机吊钩

（2）校核强度。由强度条件可得

$$\sigma_{\max}=\frac{F_N}{A}=\frac{4F_N}{\pi d^2}=\frac{4\times170\times10^3}{3.14\times55^2}(\text{MPa})=71.6(\text{MPa})<80(\text{MPa})$$

所以，螺栓部分的强度是足够的。

例 3-2-4 图 3-2-16 所示为一气动夹具。已知气缸内径 $D=140$ mm，缸内气压 $P=0.6$ MPa，活塞杆材料为 20 钢，许用应力$[\sigma]=80$ MPa，试设计活塞杆直径 d。

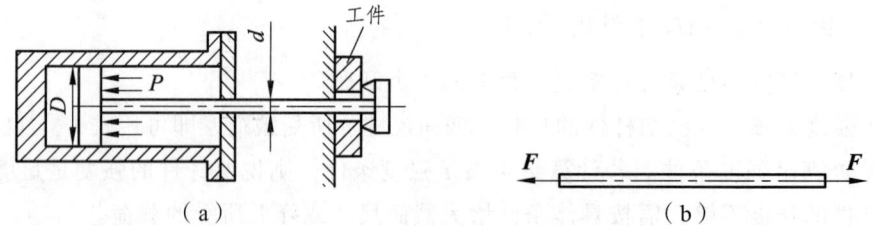

图 3-2-16　气动夹具示意

解 求活塞杆的轴力。左端承受活塞上气体的压力，右端承受工件的阻力，所以活塞杆受到轴向拉伸，如图 3-2-16（b）所示。拉力 F 的值可由气体压强乘以活塞的受压面积求得。在尚未确定活塞杆的横截面面积之前，当计算活塞的受压面积时，可暂

将活塞杆横截面面积略去不计，这样的处理是偏安全的。故有

$$F = P\frac{\pi}{4}D^2 = 0.6\times10^6\times\frac{\pi}{4}\times140^2\times10^{-6} \approx 9\,232\,(\text{N}) = 9.232\,(\text{kN})$$

活塞杆的轴力 $F_N = F = 9.232$ kN。

由式

$$A = \frac{\pi d^2}{4} \geqslant \frac{F_N}{[\sigma]}$$

$$d \geqslant \sqrt{\frac{4F_N}{\pi[\sigma]}} = \sqrt{\frac{4\times9.232\times10^3}{3.14\times80}} = 12.12\,(\text{mm})$$

可取活塞杆的直径为 13 mm。

二、剪切与挤压

（一）剪　切

1. 剪切的概念

机械和工程结构中的许多构件，尤其是连接件都承受剪切作用。工作时，连接件的两侧面上作用大小相等、方向相反、作用线平行的一对外力，两力作用线之间发生相对错动，这种变形称为剪切变形，如图 3-2-17 所示。产生相对错动的截面称为剪切面。

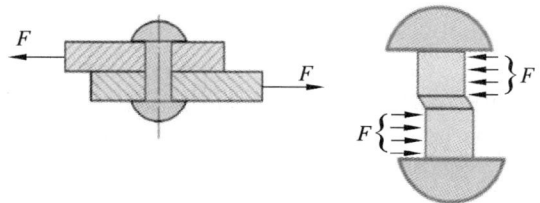

图 3-2-17　剪切变形

2. 剪切受力和变形的特点

（1）剪切变形的受力特点：杆件两侧作用有大小相等，方向相反，作用线相距很近的外力。

（2）变形特点：截面沿外力方向发生相对错动。

3. 剪　力

剪切面上内力的作用线与外力平行，沿截面作用。沿截面作用的内力，称为剪力，常用符号 F_Q 表示，如图 3-2-18 所示。

剪力 F_Q 的大小可由平衡方程求出。

由 $\sum F_x = 0$，$F - F_Q = 0$

得 $F_Q = F$

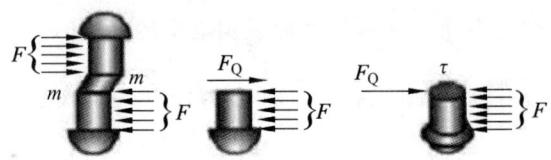

图 3-2-18 剪力和切应力

4. 剪应力

工程中，通常近似地认为剪切面上的切应力是均匀分布的，所以剪切面上的切应力 τ 的计算公式为

$$\tau = \frac{F_Q}{A} \qquad (3\text{-}2\text{-}11)$$

式中　F_Q——剪切面上的剪力（N）

　　　A——剪切面的面积（m^2）。

5. 剪切强度条件

剪切强度条件：剪切应力不超过材料的许用切应力$[\tau]$，即

$$\tau = \frac{F_Q}{A} \leqslant [\tau] \qquad (3\text{-}2\text{-}12)$$

（二）挤　压

1. 挤压的概念

构件在受到剪切作用的同时，往往还受到挤压作用。构件的接触面上产生较大的压力，致使接触处的局部区域产生塑性变形，这种现象称为挤压，如图 3-2-19 所示。

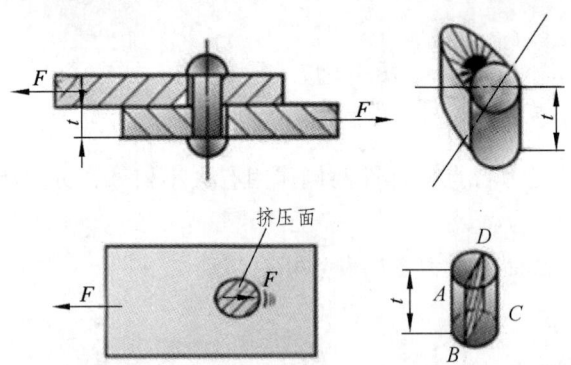

图 3-2-19　铆钉连接的挤压变形

2. 挤压面

两构件相互接触的局部受压面称为挤压面。

当挤压面为半圆柱侧面时，中点的挤压应力值最大，如果用挤压面的正投影面作为挤压面积，计算得到的挤压应力与理论分析所得到的最大挤压应力近似相等，因此，

在挤压的实用计算中，对于铆钉、销钉等圆柱形连接件的挤压面积用式（3-2-13）计算，如图 3-2-20 所示。

$$A_{jy} = dt \qquad (3\text{-}2\text{-}13)$$

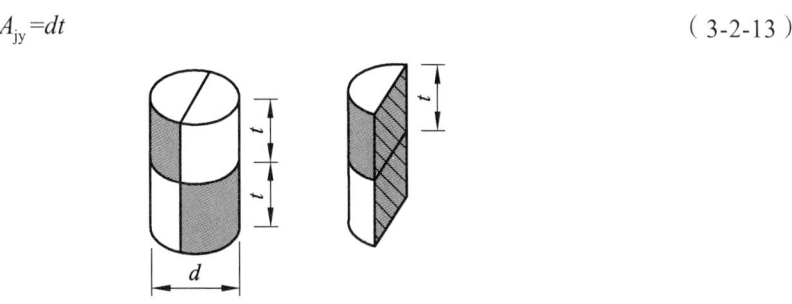

图 3-2-20　半圆柱挤压面

3. 挤压力

挤压面上的压力称为挤压力，用 $\boldsymbol{F}_{jy}$ 表示。

4. 挤压应力

挤压面上由挤压力引起的应力称为挤压应力，用符号 $\boldsymbol{\sigma}_{jy}$ 表示。

工程中近似地把挤压面上的挤压应力看成是均匀分布的。挤压应力 σ_{jy} 的计算公式为

$$\sigma_{jy} = \frac{F_{jy}}{A_{jy}} \qquad (3\text{-}2\text{-}14)$$

5. 挤压强度条件

挤压应力不超过材料的许用挤压应力 $[\sigma_{jy}]$，即

$$\sigma_{jy} = \frac{F_{jy}}{A_{jy}} \leqslant [\sigma_{jy}] \qquad (3\text{-}2\text{-}15)$$

（三）剪切和挤压强度条件的应用

当构件承受的挤压力过大而发生挤压破坏时，会使连接松动，构件不能正常工作。因此，对发生剪切变形的构件，除了进行剪切强度计算外，还要进行挤压强度计算。

例 3-2-5　如图 3-2-21 所示，齿轮与轴通过 B 型普通平键连接。已知轴径 $d=70$ mm，键的尺寸为 $b \times h \times l = 20$ mm $\times$ 12 mm $\times$ 100 mm，传递转矩 $T=2$ kN·m，材料许用挤压应力 $[\sigma_{jy}]=100$ MPa，许用剪切应力 $[\tau]=60$ MPa，试校核此键连接。

解　（1）校核键连接的剪切强度

$$F_S = \frac{T}{\dfrac{d}{2}} = \frac{2\,000}{\dfrac{0.07}{2}} \approx 57\,143\,(\text{N})$$

$$\tau = \frac{F_S}{A} = \frac{57\,143}{b \times l} = \frac{57\,143}{0.02 \times 0.1} \approx 28.57\,(\text{MPa}) < [\tau]$$

故剪切强度足够。

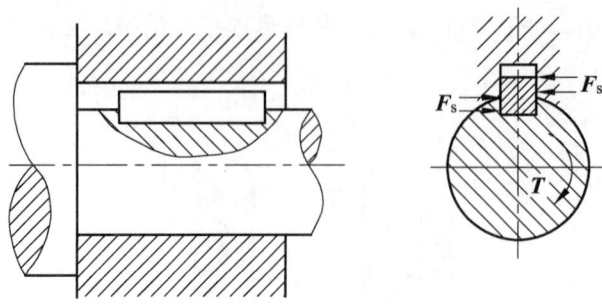

图 3-2-21 齿轮与轴键连接

（2）校核键连接的挤压强度。

$$\sigma_{jy} = \frac{F_{jy}}{A_{jy}} = \frac{F_{jy}}{\frac{h}{2} \times l} = \frac{57\,143}{0.006 \times 0.1} \approx 95.24\,(\text{MPa}) < [\sigma_{jy}]$$

故挤压强度足够。

综上结果，此键连接强度足够。

例 3-2-6 销钉连接如图 3-2-22 所示。已知钢板和销钉材料相同，它们的许用挤压应力均为 $[\sigma_{jy}]$ =240 MPa，许用切应力均为 $[\tau]$=80 MPa，钢板所受拉力 F=200 kN，钢板厚度分别为 t=20 mm 和 t_1=15 mm，试设计销钉的直径 d。

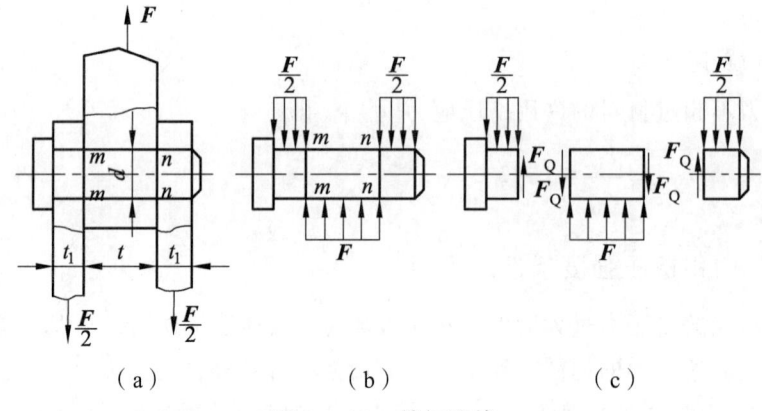

图 3-2-22 销钉连接

解 （1）按销钉剪切强度确定销钉直径。销钉受力如图 3-2-22（b）所示，剪切面 $m—m$ 和 $n—n$ 上的剪力如图 3-2-22（c）所示。

$$F_Q = \frac{F}{2} = \frac{200}{2} = 100\,(\text{kN})$$

由剪切强度条件，可得

$$\tau = \frac{F_Q}{A} = \frac{4F_Q}{\pi d^2} \leqslant [\tau]$$

则销钉直径为

$$d \geqslant \sqrt{\frac{4F_Q}{\pi[\tau]}} = \sqrt{\frac{4 \times 100 \times 10^3}{3.14 \times 80}} = 39.9 \text{(mm)}$$

（2）由挤压强度确定销钉直径。由于 $2t_1 \geqslant t$，即中段的挤压面积较小，挤压强度较低，故应对该段进行挤压强度计算

$$F_{jy} = F = 200 \text{ kN}$$

由挤压强度条件，可得

$$\sigma_{jy} = \frac{F_{jy}}{A_{jy}} = \frac{F}{dt} \leqslant [\sigma_{jy}]$$

故销钉直径

$$d \geqslant \frac{F}{t[\sigma_{jy}]} = \frac{200 \times 10^3}{20 \times 240} = 41.7 \text{(mm)}$$

为了同时满足剪切和挤压强度要求，应按剪切强度、挤压强度的较大计算结果来确认销钉直径，可取 $d=42$ mm。

三、圆轴扭转

（一）扭转的概念

在杆件两端作用两个大小相等、方向相反且垂直于杆件轴线的力偶，使杆件的任意两个横截面产生绕杆件轴线的相对转动，这种变形称扭转变形。以扭转变形为主要变形的构件称为轴。受扭转圆轴如图 3-2-23 所示。

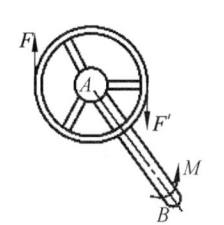

（a）汽车方向盘的转向轴

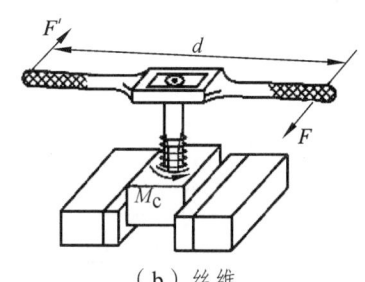

（b）丝锥

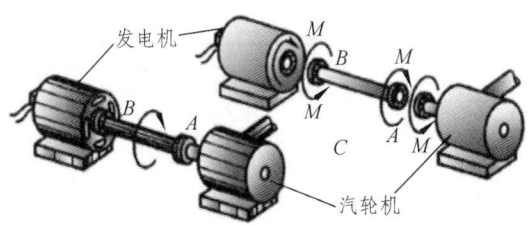

（c）传动轴

图 3-2-23 受扭轴实例

（二）圆轴扭转受力和变形的特点

圆轴扭转受到的外力偶矩为 M。

1. 扭转变形的受力特点

杆件受力偶系的作用，这些力偶的作用面都垂直于杆轴线。

2. 变形特点

两外力偶作用面之间的各横截面都绕轴线产生相对转动。

（三）外力偶矩

在工程中，作用于圆轴上的外力偶矩一般不是直接给出的，通常给出的是圆轴所需传递的功率和转速。外力偶矩计算公式为

$$M = 9\,550 \frac{P}{n} \tag{3-2-16}$$

式中　P ——轴所传递的功率（kW）；
　　　n ——轴的转速（r/min）。

（四）扭　矩

扭转时的内力偶矩称为扭矩。截面上的扭矩与作用在轴上的外力偶矩组成平衡力系，扭矩求解仍然使用截面法。如图 3-2-24 所示，由力偶平衡条件可知：m—m 截面上必须有一个内力偶矩 T 与外力偶矩 M_1 平衡。

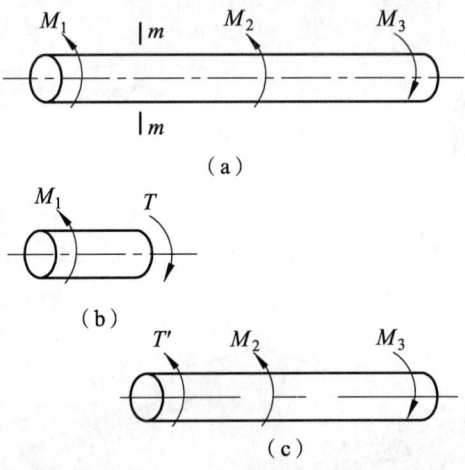

图 3-2-24　截面法求扭矩

由 $\sum M=0$

得 $M_1-T=0$，$T=M_1$。

若取 m—m 横截面的右端部分为研究对象画出受力图，如图 3-2-24（c）所示，可

求得 m—m 横截面上的扭矩 T'。显然，T' 与 T 大小相等，方向相反。

由 $\sum M=0$

得 $T'+M_2-M_3=0$，$T'=M_3-M_2$

扭矩符号用右手螺旋法则确定，指向截面外为正，指向截面内为负，右手螺旋法则如图 3-2-25 所示。

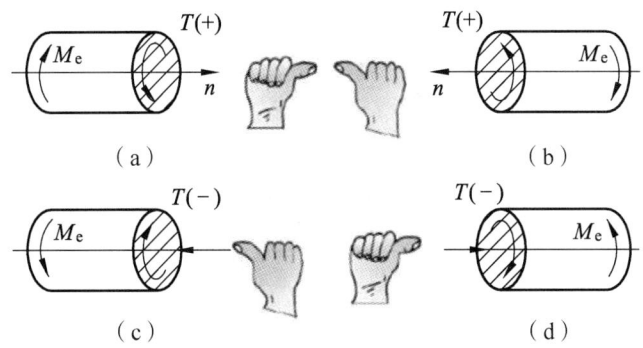

图 3-2-25　右手螺旋法则

（五）扭矩图

一般而言，轴各横截面上的扭矩是不相同的。当轴上同时作用两个以上的外力偶矩时，为了形象地表示各截面扭矩的大小和正负，以便分析危险截面，把轴线作为 x 轴（横坐标轴），以纵坐标轴表示扭矩 T，这种用来表示轴横截面上扭矩沿轴线方向变化情况的图形称为扭矩图，如图 3-2-26 所示。

（六）圆轴扭转时的应力

在小变形的情况下，圆轴扭转时的变形特点如下：

（1）各圆周线的形状大小及圆周线之间的距离均无变化。

（2）各圆周线绕轴线转动了不同的角度。

（3）所有纵向线仍近似为直线，只是同时倾斜了同一角度 γ。扭转变形如图 3-2-27 所示。

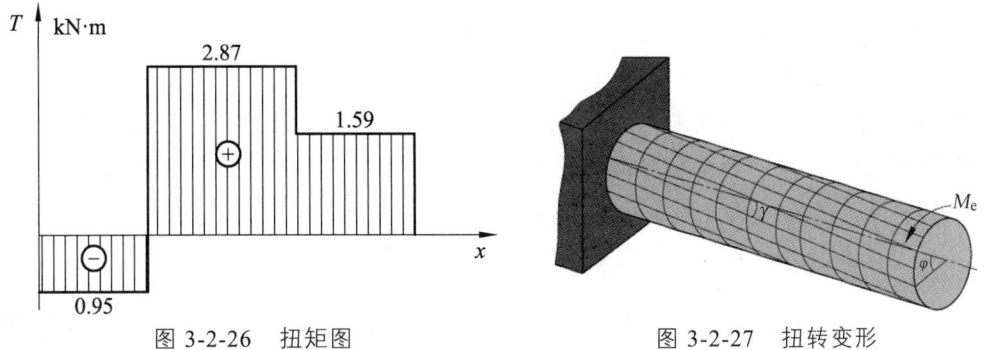

图 3-2-26　扭矩图　　　　图 3-2-27　扭转变形

由扭转变形的特点可以推出结论：

各点切应力的大小与该点到圆心的距离成正比，其分布规律如图 3-2-28 所示。根据横截面上切应力的分布规律，可由静力平衡条件推导出任意截面上的最大切应力，其计算公式为

$$\tau_{max} = \frac{T}{W_P} \tag{3-2-17}$$

式中　W_P——抗扭截面系数（m^3）。

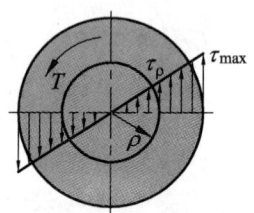

图 3-2-28　轴扭转时横截面上的切应力

工程上经常采用的轴有实心圆轴和空心圆轴两种，实心圆轴的抗扭截面系数 W_P 的计算公式为

$$W_P = \frac{\pi d^3}{16} \tag{3-2-18}$$

空心圆轴的抗扭系数 W_P 的计算公式为

$$W_P = \frac{\pi D_1^3}{16}(1-\alpha^4) \tag{3-2-19}$$

式中　d——实心轴的直径（m）；
　　　D_1——空心轴的外径（m）；
　　　D_2——空心轴的内径，$\alpha=D_2/D_1$。

（七）圆轴扭转时的强度条件和应用

为保证圆轴扭转时具有足够的强度而不被破坏，必须限制轴的最大剪应力不得超过材料的许用扭转剪应力。对于等截面圆轴，其最大剪应力发生在扭矩值最大的横截面（危险截面）的外缘处，故圆轴扭转的强度条件为切应力 τ 不超过材料的许用切应力 $[\tau]$，即 $\tau_{max} \leq [\tau]$。应用扭转强度条件，可以解决圆轴强度计算中的三类问题：校核强度、设计截面和确定许可载荷。

对于阶梯轴，由于抗扭截面系数 W_P 不是常量，最大工作应力不一定发生在最大扭矩所在的截面上。因此要综合考虑扭矩和抗扭截面系数 W_P，由这两个因素来确定最大切应力。

对于等截面圆轴，圆轴扭转的强度条件计算公式为

$$\tau_{max} = \frac{T_{max}}{W_P} \leq [\tau] \tag{3-2-20}$$

式中　T_{max}——最大扭矩（N·m）。

例 3-2-7 一阶梯圆轴如图 3-2-29（a）所示，轴在 A、B、C 处受到的外力偶矩 M_1=6 kN·m，M_2=4 kN·m，M_3=2 kN·m，轴材料的许用切应力 $[\tau]$=60 MPa，试校核此轴的强度。

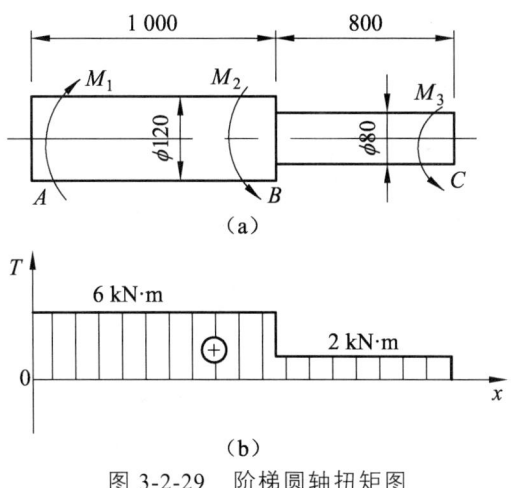

图 3-2-29　阶梯圆轴扭矩图

解　（1）绘制扭矩图，如图 3-2-29（b）所示。

（2）校核 AB 段的强度。

$$\tau_{max} = \frac{T_{AB}}{\frac{\pi d^3}{16}} = \frac{6\,000}{\frac{\pi \times 0.12^3}{16}} \approx 17.69\,(\mathrm{MPa}) < [\tau]$$

（3）校核 BC 段的强度。

$$\tau_{max} = \frac{T_{BC}}{\frac{\pi d^3}{16}} = \frac{2\,000}{\frac{\pi \times 0.08^3}{16}} \approx 19.90\,(\mathrm{MPa}) < [\tau]$$

综合（2）、（3）可知，该轴强度足够。

四、直梁的弯曲

（一）直梁平面弯曲的概念

作用于杆件上的外力垂直于杆件的轴线，使杆的轴线由直线变为曲线，这种变形称为弯曲变形。如图 3-2-30 所示，铁路机车车辆轮轴受力变形。以弯曲变形为主的直杆称为直梁，简称梁。在受力简图中，通常以梁的轴线表示梁。

由梁的轴线和横截面的对称轴构成的平面称为纵向对称面，如图 3-2-31 所示。梁的外载荷都作用在纵向对称面时，则梁的轴线在纵向对称面弯曲成一条平面曲线，这种变形称为平面弯曲。平面弯曲是最常见、最基本的弯曲变形。本书主要讨论直梁的平面弯曲变形。

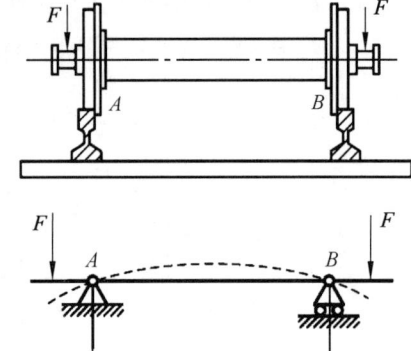

图 3-2-30　铁路机车车辆轮轴受力

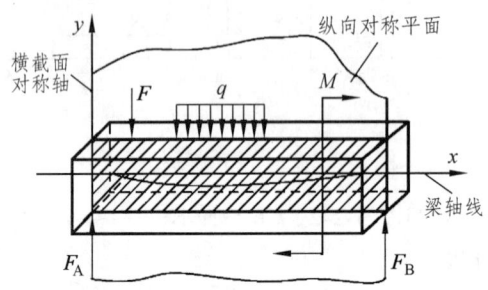

图 3-2-31　直梁的纵向对称平面

(二) 剪力和弯矩

1. 剪力与弯矩的概念

剪力是指作用线位于所切截面的内力；弯矩是指矢量位于所切截面的内力偶矩。与截面相切的内力 F_Q 称为截面上的剪力，它是与截面相切的分布内力系的合力；内力偶矩 M 称为截面上的弯矩，它是与截面垂直的分布内力系的合力偶矩。

2. 剪力与弯矩的正负号规定

梁某截面剪力与弯矩的正负号由该截面附近的变形情况确定。

(1) 剪力的正负号规定。如图 3-2-32 所示，当截面发生变形时，使梁绕研究对象顺时针转动的为正剪力，逆时针转动的为负剪力。

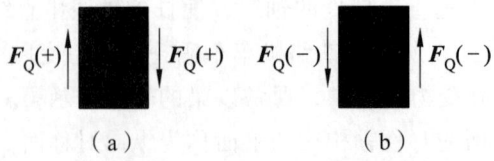

图 3-2-32　剪力的正负号规定

(2) 弯矩的正负号规定。如图 3-2-33 所示，当截面发生变形时，使梁变成凹形的为正弯矩，使梁变成凸形的为负弯矩。

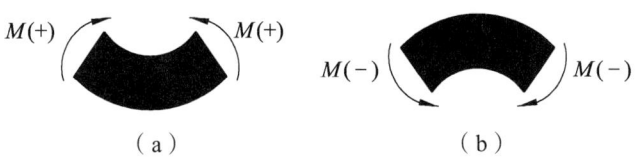

图 3-2-33 弯矩的正负号规定

3. 剪力与弯矩的计算方法

根据截面法以及剪力与弯矩的符号规定，可建立复杂载荷作用下梁在任意截面的剪力和弯矩计算公式，举例说明如下。

例 3-2-8 如图 3-2-34（a）所示，简支梁 $AB=4$ m，已知 $P_1=20$ kN，$P_2=40$ kN，F_A、F_B 为两端的支座反力，线段 $a=0.8$ m，$b=1.0$ m，$l=1.2$ m，求距 A 端 l 处 $I—I$ 截面的剪力和弯矩。

解 用截面法把梁分成两段，并标出剪力和弯矩，如图 3-2-34（b）、（c）所示。

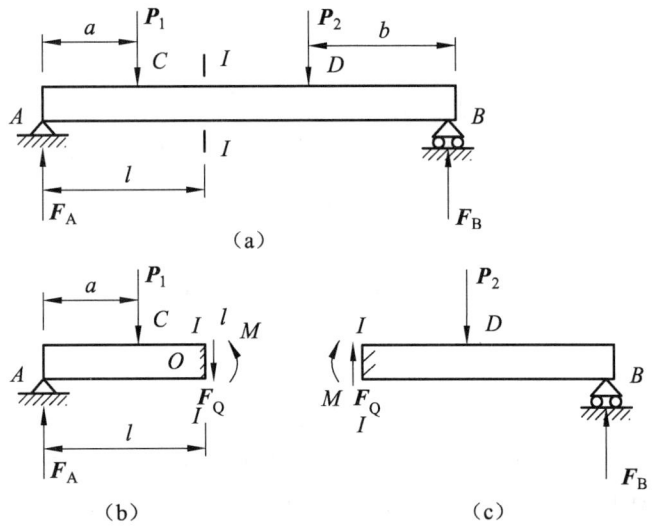

图 3-2-34 截面法计算简支梁弯曲内力

（1）求支座反力 F_A 和 F_B。

在（a）图中，对 B 点取矩，即 $\sum M_B(F)=0$，则

$$P_1(AB-a)+P_2\times b-F_A\times AB=0$$

$$F_A\times 4=20\times 3.2+40\times 1.0$$

得

$$F_A=26\text{ kN}$$

由平衡方程 $\sum F_y=0$，在图 3-2-34（b）中，得 $F_A-P_1-P_2+F_B=0$，得 $F_B=34$ kN。F_A 和 F_B 的方向如图所示。

(2) 求剪力 P_Q。

在图 3-2-34(b)中,由平衡方程 $\sum F_y = 0$,得 $F_A - P_1 - P_Q = 0$,即

$$P_Q = F_A - P_1 = 26 - 20 = 6 \text{ (kN)}$$

P_Q 的方向如图所示。

(3) 求弯矩 M。

根据平衡条件,若把左段上的所有外力和内力对截面 I—I 的形心 O 点取矩,其力矩总和应为零,即 $\sum M_O(F) = 0$,则 $M + P_1(l-a) - F_A l = 0$,即

$$M = F_A l - P_1(l-a) = 26 \times 1.2 - 20 \times (1.2 - 0.8) = 23.2 \text{ (kN·m)}$$

(三)剪力图和弯矩图

一般情况下,梁横截面上的剪力、弯矩随截面位置的变化而变化。若以梁的轴线为 x 轴,坐标 x 表示横截面的位置,则剪力和弯矩可表示为 x 的函数,即

$$P_Q = F_Q(x), \quad M = M(x)$$

这种内力随截面位置变化的函数关系式,分别称为梁的剪力方程和弯矩方程。梁的内力随截面位置变化的图线,称为梁的内力图,包括剪力图和弯矩图。由内力图可以确定梁的最大剪力和最大弯矩及其所在截面(危险截面)的位置,以便进行梁的强度计算。

在工程上,用列方程的方法来绘制剪力图和弯矩图是一种最基本的作图方法,其作图步骤如下:

(1) 求支座反力。根据静力平衡方程,求出梁的支座反力。

(2) 列剪力方程和弯矩方程。根据梁的受载情况,分段列出剪力方程和弯矩方程。

(3) 画剪力图和弯矩图。根据剪力方程或弯矩方程的函数关系式,分别判断剪力图和弯矩图的大致形状,然后描点连线,分别画出剪力图和弯矩图。

下面通过实例来说明剪力图和弯矩图的画法。

例 3-2-9 一悬臂梁 AB(图 3-2-35),右端 B 受集中载荷 F 作用,左端 A 为固定端约束,约束反力为 F_A,约束反力偶矩为 M_A,已知 F、l。试作该梁的剪力图和弯矩图,并求最大剪力和最大弯矩。

解 (1) 列剪力方程和弯矩方程。以 A 端为坐标原点,在距 A 点 x 处任取一横截面,如图 3-2-35(a)所示。由简便法可求得该截面上的剪力和弯矩分别为

$$P_Q = F \quad (0 < x \leqslant l)$$

$$M = -F(l-x) \quad (0 < x \leqslant l)$$

(2) 画剪力图和弯矩图。根据上述剪力方程和弯矩方程,及截面剪力与弯矩的正

负号规定，画出剪力图和弯矩图，如图 3-2-35（b）、（c）所示。

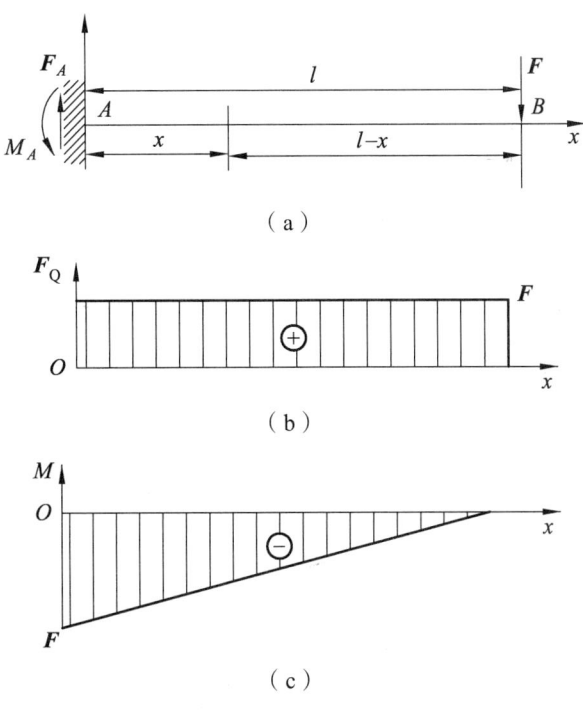

图 3-2-35　悬臂梁

（四）弯曲时的强度条件和应用

一般情况下，梁的横截面上不仅有正应力 σ，还有切应力 τ。当梁比较细长时，弯曲正应力是进行梁强度计算的主要因素。

1. 弯曲正应力强度条件

求出梁横截面上的剪力和弯矩后，为了解决梁的强度问题，必须进一步研究横截面上各点的应力分布情况。若梁横截面上只有弯矩而无剪力，则所产生的弯曲称为纯弯曲。

梁弯曲时的强度条件为梁内危险截面上的最大弯曲正应力不超过材料的许用弯曲应力，即

$$\sigma_{max} = \frac{M_{max}}{W_Z} \leqslant [\sigma] \tag{3-2-21}$$

式中　M_{max}——梁的最大弯矩（N·m）；
　　　W_Z——梁的抗弯截面模量（m³）；
　　　$[\sigma]$——材料的许用应力（Pa）。

矩形截面的抗弯截面模量计算公式为

$$W_Z = \frac{1}{6}bh^2 \qquad (3\text{-}2\text{-}22)$$

式中　b——矩形截面的宽（m）；

　　　h——矩形截面的高（m）。

圆形截面的抗弯截面模量计算公式为

$$W_Z = \frac{1}{32}\pi d^3 \approx 0.1d^3 \qquad (3\text{-}2\text{-}23)$$

式中　d——圆形截面直径（m）。

2. 弯曲切应力强度条件

一般情况下，梁满足了正应力强度条件，就可以满足切应力强度条件。但在某些情况下，如一些跨长较短，载荷靠近支座的梁以及腹板较薄的组合截面梁，它们的切应力就可能相当大，这时就有必要进行切应力的强度校核，即

$$\tau_{\max} \leqslant [\tau]$$

一般最大切应力发生在最大剪力所在截面的中性轴处，其值根据截面的形状选择相应的公式来计算。

3. 强度条件的应用

在进行梁的设计时，先依据正应力强度条件计算，必要时再进行切应力强度校核。根据强度条件可以解决下述3类问题：

（1）强度校核：验算梁的强度是否满足强度条件，判断梁的工作是否安全。

（2）设计截面：根据梁的最大载荷和材料的许用弯曲应力，确定梁截面的形状和尺寸，或选用合适的标准型钢。

（3）确定许用载荷：根据梁截面的形状、尺寸及材料的许用弯曲应力，确定梁可承受的最大弯矩，再由弯矩和载荷的关系确定梁的许用载荷。

例 3-2-10　某铁道机车车辆轮轴受力如图 3-2-36（a）所示。已知 d_1=160 mm，d_2=130 mm，L=1.58 m，a=0.267 m，b=0.16 m，P=62.5 kN，$[\sigma]$=100 MPa，试校核该轴的强度。

解　画出轴的受力简图，如图 3-2-36（b）所示。

（1）求支座反力。由于受力情况对称，两支座反力必然相等，即

$$F_A = F_B = 62.5 \text{ kN}$$

（2）作弯矩图。列方程求解得

$$M_C = 0, \quad M_D = 0$$

$$M_A = -Pa = -62.5 \times 10^3 \times 0.267 = -16.7 \text{ (kN·m)}$$

$$M_B = -Pa = -16.7 \text{ (kN·m)}$$

弯矩在 CA、BD 段均为斜直线,而在 AB 段为一水平线,作弯矩图如图 3-2-36(c)所示。

(3)强度校核。AB 段有最大弯矩,则

$$\sigma_{max1} = \frac{M_{max}}{W_{Z1}} = \frac{16.7 \times 10^3}{0.1 \times 0.16^3} \approx 40.8 \text{(MPa)} < [\sigma]$$

另外,在车轴外伸端与车轮接触处,因车轴直径较小(d_2=130 mm),也可能是危险截面,必须校核。此处弯矩为 $M=Pb=62.5 \times 10^3 \times 0.16 = 10$(kN·m),则

$$\sigma_{max2} = \frac{M_{max}}{W_{Z2}} = \frac{10 \times 10^3}{0.1 \times 0.13^3} \approx 45.5 \text{(MPa)} < [\sigma]$$

故此车轴是安全的。

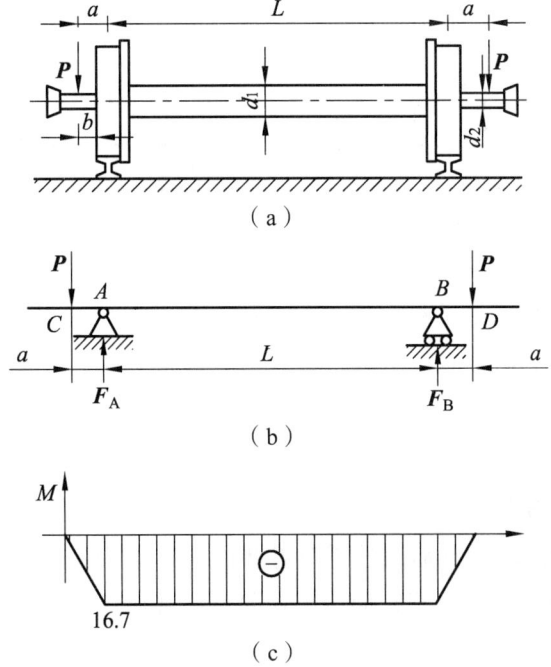

图 3-2-36 某铁道机车车辆轮轴受力图

(五)提高梁强度的主要措施

1. 降低最大弯矩 M_{max} 数值

(1)合理安排梁的支承。如图 3-2-37 所示,在所受载荷相同的情况下,图 3-2-37(b)产生的弯矩是图 3-2-37(a)弯矩最大值的 1/5。因此集中力靠近简支梁的中点,可以提高梁的承载能力。

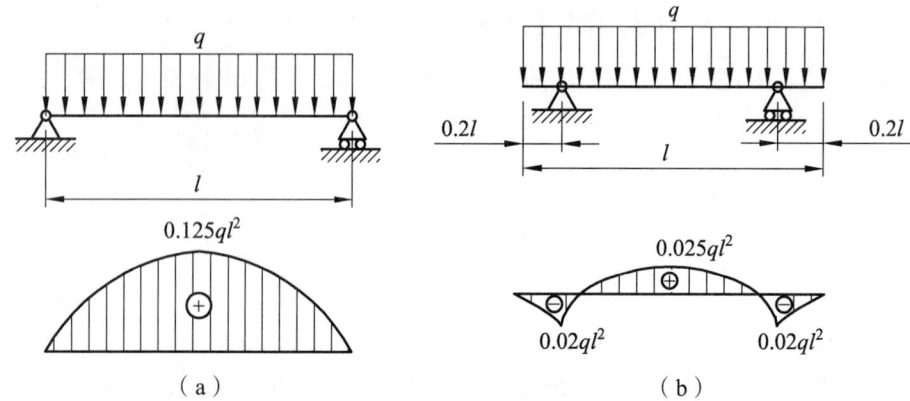

图 3-2-37 合理安排梁的支承

（2）合理安排载荷。如图 3-2-38 所示，当简支梁 AB 在中点受集中力 F 作用时，其弯矩如图 3-2-38（a）所示。弯矩的最大值出现在中点，且 $M_{max}=Fl/4$。当变成受两个集中力 $F/2$ 作用后，如图 3-2-38（b）所示，所受的载荷相同，但产生的弯矩最大值减小了一半。因此合理地安排载荷也可以提高梁的承载能力。

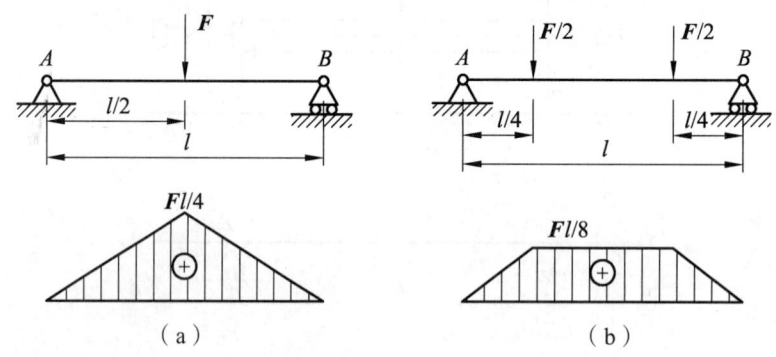

图 3-2-38 合理安排载荷

2. 合理选择梁的截面

合理的截面即用较小的截面面积（即用材料少）得到较大的抗弯截面模量 W_z。例如，工字形截面比矩形截面合理，而矩形截面又比圆形截面合理，所以铁路轨道常采用工字形钢轨。

形状和面积相同的截面，采用不同的放置方式，则 W_z 值可能不相同，如矩形截面梁 $W_z = \dfrac{bh^2}{6}$（$h>b$），竖放时如图 3-2-39（a）所示，其抗弯截面模量大，承载能力强，不易弯曲；横放时如图 3-2-39（b）所示，其抗弯截面模量小，承载能力差，易弯曲。

3. 采用变截面梁

为了节省材料，减轻结构的重量，可在弯矩较小处采用较小的截面，这种截面尺寸沿梁轴线变化的梁称为变截面梁。

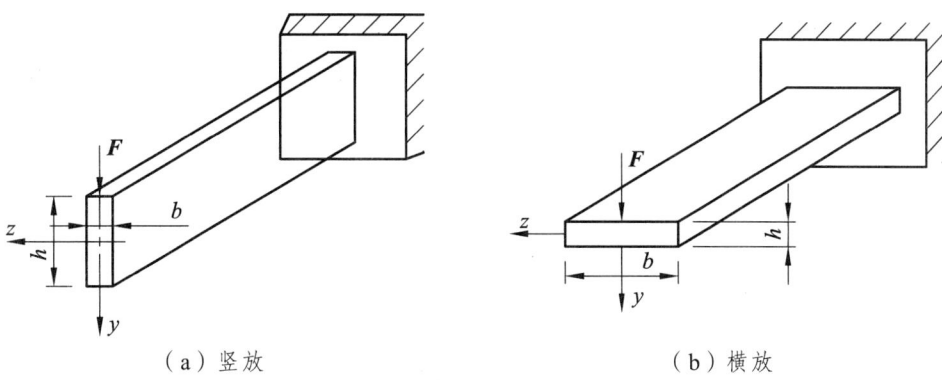

（a）竖放　　　　　　　　　　　（b）横放

图 3-2-39　梁的放置方式

若变截面梁每个截面上的最大正应力都等于材料的许用应力，则这种梁称为等强度梁，如图 3-2-40 所示的阶梯轴。

图 3-2-40　阶梯轴

【思考】

提高梁强度的主要措施有哪些？这些科学合理的措施对你处理生活实践中的问题会有什么启示？

【任务测试】

1. 如图 3-2-41 所示，已知 $F_1=-20$ kN、$F_2=8$ kN、$F_3=10$ kN，试用截面法求图示杆件指定截面 1、2、3 的轴力，并画出轴力图。

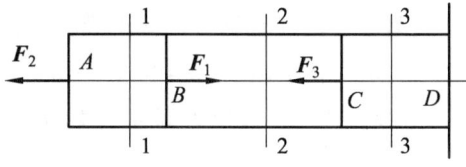

图 3-2-41　杆件受力图

2. 如图 3-2-42 所示，阶梯轴受轴向力 $F_1=25$ kN、$F_2=40$ kN、$F_3=15$ kN，截面积 $A_1=A_3=400$ mm^2，$A_2=250$ mm^2，请问哪一段截面最先出现断裂失效。

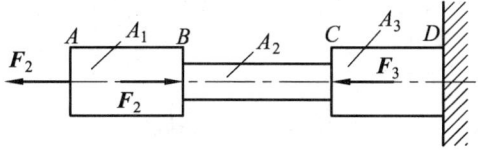

图 3-2-42　阶梯轴

3. 某铁路部门检修车间要自制一台简易吊车，如图 3-2-43（a）所示，已知在铰接点 B 处吊起重物的最大值为 F_P=20 kN，杆 AB 和 BC 杆均用圆钢制作，且 d_{BC}=20 mm，材料的许用应力 $[\sigma]$ = 58 MPa。试校核 BC 杆的强度，并确定 AB 杆的直径 d（不计杆自重）。

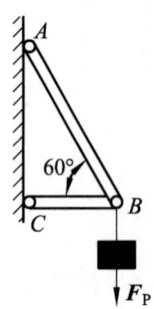

图 3-2-43　简易吊车

4. 如图 3-2-44 所示的直角三角架，AB 为圆形截面钢杆，直径 d=30 mm，BC 为矩形截面木杆，尺寸 b=60 mm，h=120 mm。若钢的许用应力为 $[\sigma]_1$ = 170 MPa，木材的许用应力为 $[\sigma]_2$ = 10 MPa，试求该结构的许用载荷 F。

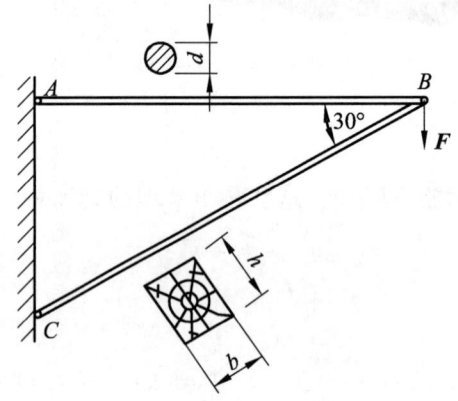

图 3-2-44　直角三角架

5. 图 3-2-45 所示为某铁路设备用联轴器，用 4 个螺栓连接，螺栓对称地安排在直径 D=480 mm 的圆轴上。已知这个联轴器 M=24 kN·m，螺栓材料的许用切应力 $[\tau]$=80 MPa。试求螺栓的直径 d（其中，假设各螺栓所受的剪力相等）。

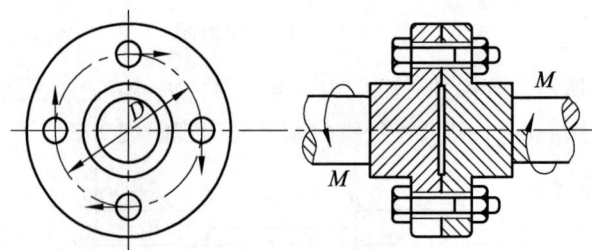

图 3-2-45　联轴器

6. 一螺栓连接如图 3-2-46 所示，已知 $P=200$ kN，$\delta = 20$ mm，螺栓材料的许用应力 $[\tau]=80$ MPa，试求螺栓的直径。

7. 已知一齿轮轴如图 3-2-47 所示，主动轮 A 上输入功率为 15 kW，B、C 轮为输出轮，输出轮 B 上输出功率为 10 kW，轴的转速为 $n=1\,000$ r/min。试求各段轴横截面上的扭矩，并绘出扭矩图。

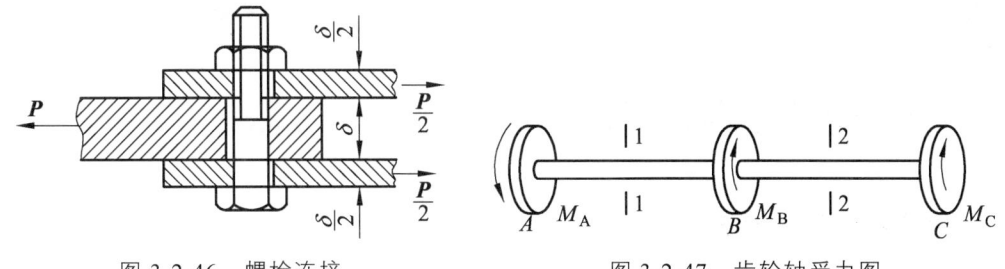

图 3-2-46　螺栓连接　　　　　图 3-2-47　齿轮轴受力图

8. 如图 3-2-48 所示，某电机传动轴由 45 钢制成，已知材料的 $[\tau]=60$ MPa，轴传递的功率 $P=16$ kW，转速 $n=100$ r/min，试确定其直径。

9. 简支梁受载荷如图 3-2-49 所示，试作出该梁的剪力图和弯矩图。

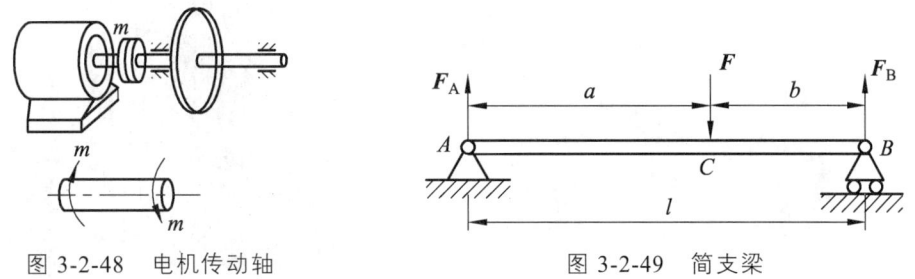

图 3-2-48　电机传动轴　　　　　图 3-2-49　简支梁

10. 图 3-2-50 所示的吊车梁由 32b 工字钢梁制成，梁的跨度 $l=10$ m，梁的材料为 A_3 钢，许用应力 $[\sigma]=140$ MPa，电葫芦自重 $G=15$ kN，梁自重不计，求该梁能够承担的起重量 Q。（32b 工字钢的抗弯截面系数 $W_Z = 726.3×10^3$ mm³）

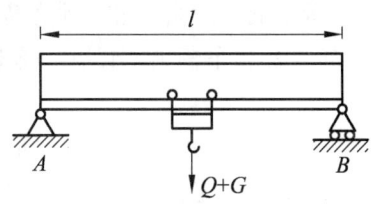

图 3-2-50　吊车梁

项目四
机械连接

项目导入

你知道图 4-0-1 所示齿轮泵中的零件是如何相互连接的呢？图 4-0-2 城轨车辆这个大机器又是由哪些零部件连接而成的呢？

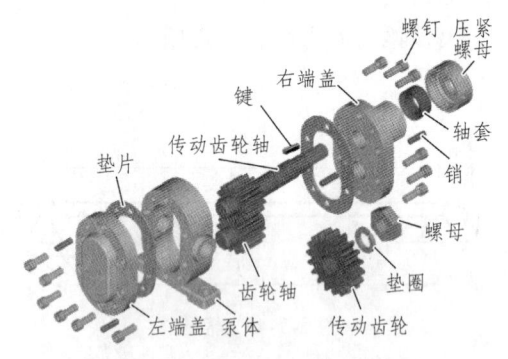

图 4-0-1 齿轮泵结构分解图

图 4-0-2 城轨车辆

从图 4-0-1 中可以看到齿轮泵由螺钉、螺母、销、传动齿轮、齿轮轴、端盖、垫圈等零件组成，涉及的连接方式有键连接、销连接、螺纹连接等。

图 4-0-2 所示的城市轨道交通车辆一般由车体、动力转向架和非动力转向架、牵引缓冲连接装置、制动装置、受流装置、车辆内部设备、车辆电气系统等七大部分通过不同形式的连接组合而成的。

通过图 4-0-1 和图 4-0-2 可知一台完整的装置或机器都是由无数零件通过不同形式的连接组成的，将两个或两个以上的零件通过一定的方式结合在一起的形式称为连接。在机器制造中采用了大量的连接，以组成构件或运动副，实现一定的性能。连接分为可拆连接和不可拆连接，可拆连接是指通过一般的装拆方法可以拆卸的连接，比如键连接、销连接和螺纹连接等；不可拆连接是指只能通过破坏的方式才能拆卸的连接，如焊接、黏接等。连接类型如图 4-0-3 所示，本项目将主要介绍键连接、销连接和螺纹连接的相关知识。

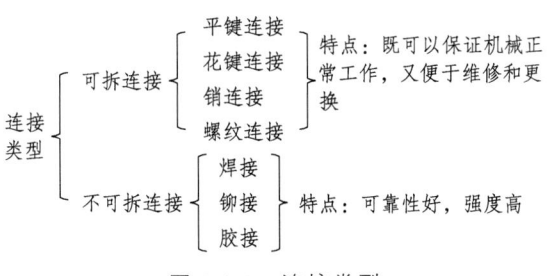

图 4-0-3 连接类型

> 学习目标

1. 了解键连接的种类和作用。
2. 掌握螺纹连接的种类和作用。

任务一 键连接

【学习任务】

1. 了解键的作用。
2. 了解键的类型。
3. 掌握键连接的种类和应用特点。
4. 理解键的种类繁多，特点各异，作用不尽相同，以树立正确的人生价值观，找准定位，发挥所长。

【任务引入】

图 4-1-1 为发动机带传动，你知道皮带轮和轴是采用什么形式连接在一起来传递动力的吗？

图 4-1-1 发动机带传动

皮带轮与轴采用的是键连接，键连接在机械行业中应用非常广泛，主要用于轴和轴上零件的周向固定以传递运动和扭矩。本节任务将介绍键连接的相关知识。

【相关知识】

键是一种标准件，通常用于连接轴与轴上的旋转零件与摆动零件，起周向固定作用，以传递旋转运动和扭矩，而导向键、滑键、花键还可用作轴上移动的导向装置。

键连接的主要类型：松键连接、紧键连接和花键连接。其中松键连接有普通平键连接、导向平键连接和半圆键连接；紧键连接有楔键连接和切向键连接。

一、松键连接

（一）普通平键连接

如图 4-1-2 所示，普通平键的外形为长方形，一半嵌入轴槽、一半插入轮毂槽，键的顶面与轮毂槽底面有间隙，平键两侧面与轴键槽和轮毂键槽的侧面相互配合。

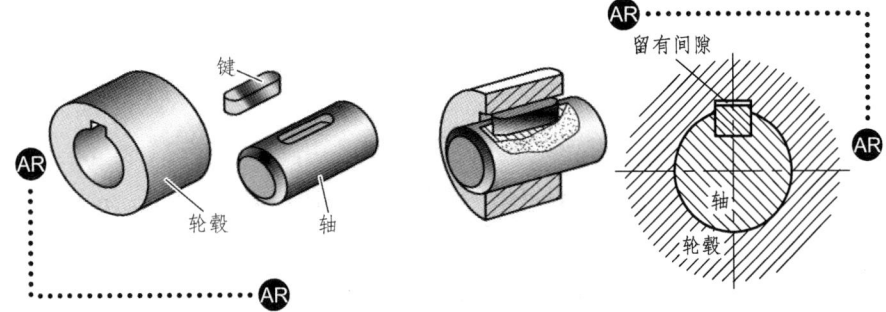

图 4-1-2　普通平键连接分解、装配

（键的安装见 AR）

（1）平键的构造特点。平键的两侧面为工作面，其对中性好，装拆方便。

（2）普通平键分类。

圆头——A 型：键顶上面与轮毂不接触有间隙，定位可靠，应用最广泛，如图 4-1-3（a）所示。

方头——B 型：在使用时常用螺钉固定，以免松动，如图 4-1-3（b）所示。

半圆头——C 型：用于轴端与轮毂连接，如图 4-1-3（c）所示。

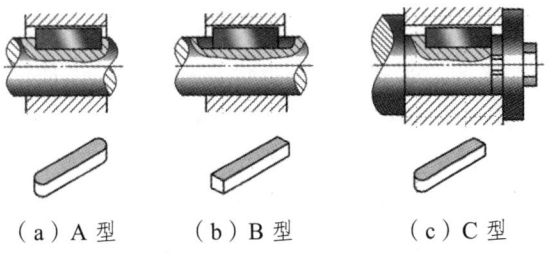

（a）A 型　　（b）B 型　　（c）C 型

图 4-1-3　普通平键类型

（3）普通平键的标记和型号。

平键是标准件（图 4-1-4），尺寸为 $b×h×L$，b 为键宽，h 为键高，L 为键长。

规格常采用 $b×L$ 标记，标记实例如下。

键 A16×100　GB/T 1096—2003：表示键宽为 16 mm，键长为 100 mm 的 A 型普

通平键（A 在标记中可以省略）；

键 B18×100　GB/T 1096—2003：表示键宽为 18 mm，键长为 100 mm 的 B 型普通平键；

键 C18×100　GB/T 1096—2003：表示键宽为 18 mm，键长为 100 mm 的 C 型普通平键。

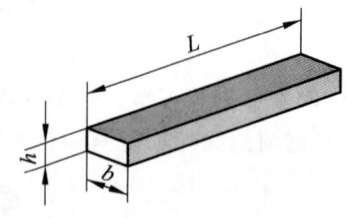

图 4-1-4　平键标记

（4）普通平键的选用。

选用步骤：根据键的工作情况，确定平键类型；由轴的直径 d（表 4-1-1）确定键的剖面尺寸 $b×h$；由轮毂宽度 B 确定键的长度 L，一般 $L=B-$（5～10）mm，并须符合标准规定的长度。

表 4-1-1　普通平键尺寸的选取（GB/T 1096—2003 摘录）　　单位：mm

名　称	尺　寸								
轴（d）	>10～12	>12～17	>17～22	>22～30	>30～38	>38～44	>44～50	>50～58	>58～65
键（$b×h$）	4×4	5×5	6×6	8×7	10×8	12×8	14×9	16×10	18×11

（5）应用场合。

平键适用于高速、高精度和承受变载、冲击的场合，能实现轴上零件的周向定位。

（二）导向平键与滑键

导向平键和滑键主要用于动连接，即轴与轮毂之间有相对轴向移动的连接。

（1）导向键。

导向键（图 4-1-5）比普通平键长，键上设有起键螺孔，使用时用紧定螺钉固定在键槽中，键与轮毂槽的配合为间隙配合。在使用中，键不动，轮毂沿轴向移动。

（2）滑键。

滑键（图 4-1-6）固定在轮毂上，轮毂带动滑键做轴向移动，键长不受滑动距离限制，其特点是轮毂可在轴上沿轴向移动，键随轮毂移动。

（三）半圆键连接

如图 4-1-7 所示，半圆键的上表面为一平面，下表面为半圆弧，两侧面平行，常用于锥形的轴端连接。

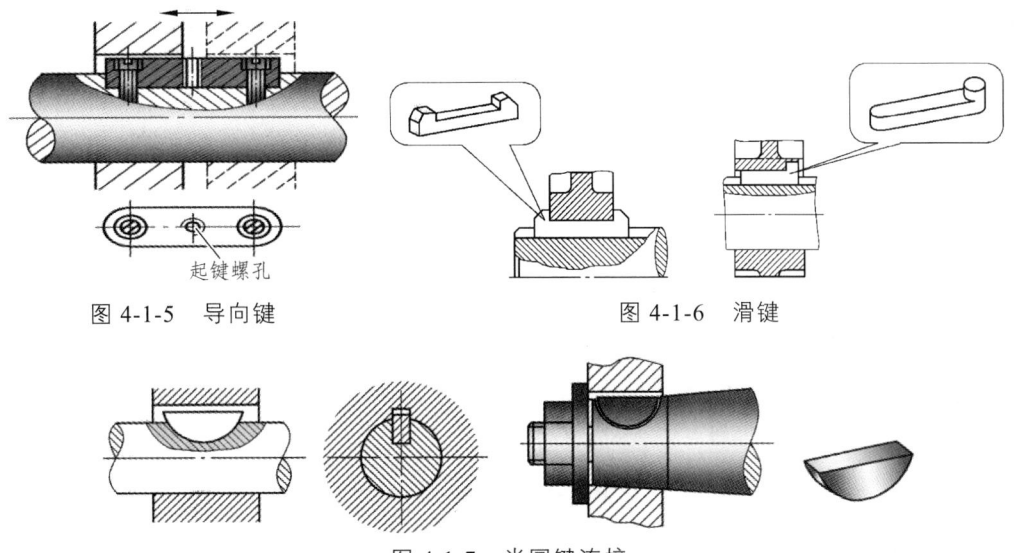

图 4-1-5 导向键　　图 4-1-6 滑键

图 4-1-7 半圆键连接

键能在槽中绕几何中心摆动,键的侧面为工作面,工作时靠其侧面的挤压来传递扭矩。其工艺性好,装配方便,适用于锥形轴与轮毂的连接;缺点为由于轴上键槽较深,轴槽对轴的强度削弱较大,只适宜轻载连接。

二、紧键连接

(一) 楔键连接

楔键分为普通楔键(图 4-1-8)和钩头楔键(图 4-1-9)。普通楔键有圆头(A 型)、方头(B 型)和单圆头(C 型)三种。钩头楔键的钩头是为了方便拆键使用。

普通楔键上下面为工作面,上表面有 1∶100 斜度(侧面有间隙),工作时打紧,靠上下面摩擦传递扭矩,并可传递小部分单向轴向力。

楔键连接的特点:适用于低速轻载、精度要求不高的场合,对中性较差,力有偏心;不宜用于高速和精度要求高的连接,且在变载下易松动。钩头楔键只用于轴端连接。

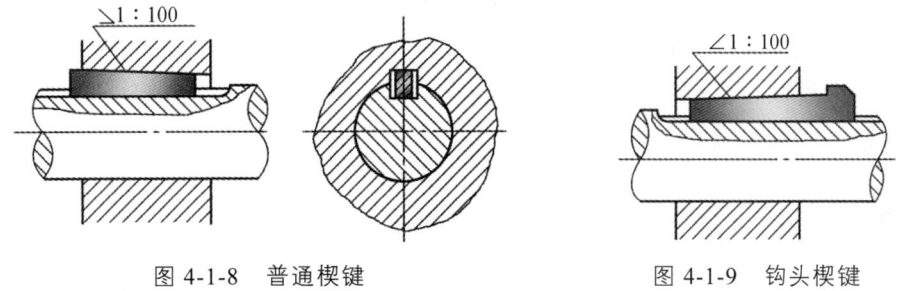

图 4-1-8 普通楔键　　图 4-1-9 钩头楔键

(二) 切向键

切向键(图 4-1-10)是由两个斜度为 1∶100 的楔键沿斜面相互拼合而成,上下两面为工作面（打入），上下两工作面互相平行，轴和轮毂上的键槽底面没有斜度。其工作原理是靠工作面与轴及轮毂相互挤压来传递扭矩。它的特点是能传递很大的转矩。当双向传递转矩时，需用两对切向键并分布成 120°～130°。

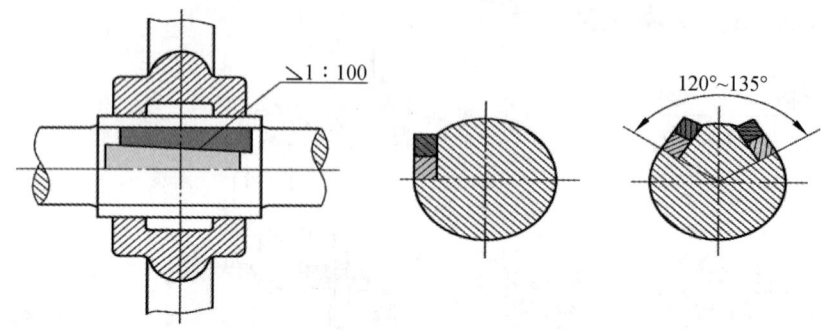

图 4-1-10　切向键

三、花键连接

轴和轮毂孔周向均布多个凸齿和凹槽，其所构成的连接称为花键连接。齿的侧面是工作面，适用于动、静连接。花键形状如图 4-1-11 所示。

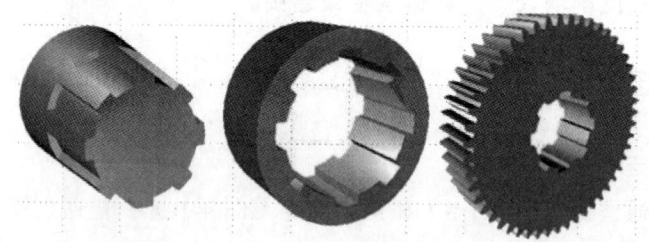

图 4-1-11　花键

花键连接的特点有如下几个方面：
（1）齿较多、工作面积大、承载能力较高。
（2）键均匀分布，各键齿受力较均匀。
（3）齿槽线、齿根应力集中小，对轴的强度削弱较少。
（4）轴上零件对中性好。
（5）导向性较好。
（6）加工需专用设备、制造成本高。

【思考】

键是机器连接中常用的一种标准件，种类很多，有平键、半圆键，楔键、切向键、导向键、滑键和花键，它们都有各自的作用及使用场合，各种键的应用特点对你有何启示？

【实践操作】

1. 钢轴与铸铁带轮采用键连接,已知轴径 d=45 mm,带轮轮毂宽度 B=80 mm,试选择键连接的类型和键的尺寸。

2. 请判断图 4-1-12 所示的各种键的类型。

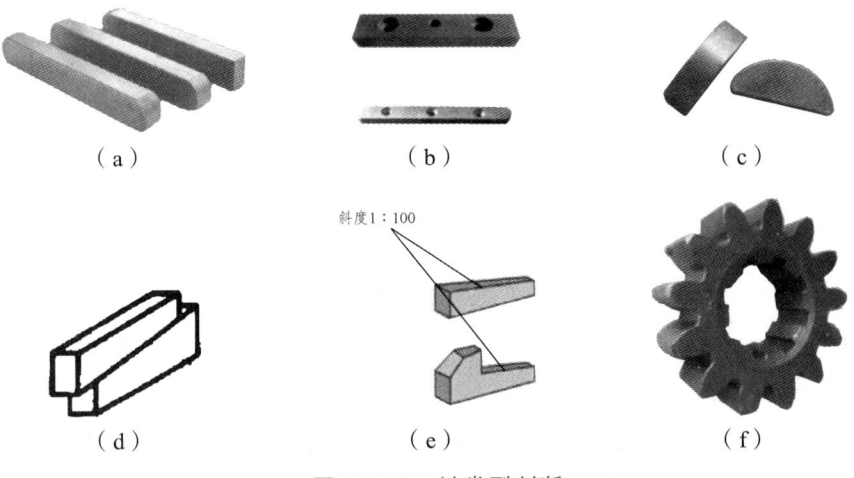

图 4-1-12　键类型判断

【任务测评】

1. 键的类型哪几种?
2. 各种键连接有什么优缺点?

任务二 螺纹连接

【学习任务】

1. 认识螺纹的种类及主要参数。
2. 熟悉螺纹连接种类及运用特点。
3. 掌握螺纹连接的防松方法。
4. 螺纹种类繁多,参数复杂,特点各异,螺纹连接形式多样,提高归纳和分析能力。

【任务引入】

图 4-2-1 所示为铁路车辆转向架,从图中可以看到其运用了大量的螺纹连接。螺纹连接是机械传动中必不可少的组成部分。螺纹紧固件起到连接、定位以及密封等作用,螺纹连接是最常用的可拆卸连接,其中螺栓的用量最大。本任务将介绍螺纹连接及其防松的相关知识。

图 4-2-1 铁路车辆转向架及螺纹连接

【相关知识】

由内螺纹和外螺纹相互配合组成的运动副称为螺旋运动副,它是一种空间运动副。螺纹的功能主要有两种:连接和传动。

一、螺纹类型

（一）螺纹的形成

螺旋线:如图 4-2-2 所示,一动点 A 在一圆柱体的表面上,一边绕轴线等速旋转,一边沿轴向作等速移动的轨迹即为螺旋线。或者将一个直角三角形绕在一个圆柱体上，使得三角形底边与圆柱体底面重合，则此三角形斜边在圆柱体表面所形成的空间线就是螺旋线。

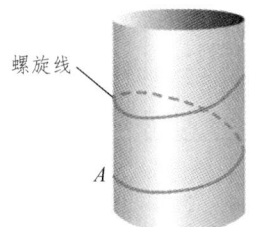

图 4-2-2　螺旋线

螺纹：一平面图形沿螺旋线运动，运动时保持该图形通过圆柱体的轴线，就得到螺纹。

（二）螺纹的分类

螺纹的分类见表 4-2-1。

表 4-2-1　螺纹的分类

标准	类型和结构特点		应用	示例
按螺纹的牙型分	三角形螺纹	普通螺纹：牙型为等边三角形，牙型角 $\alpha=60°$，$\beta=30°$，可分为粗牙螺纹、细牙螺纹	主要用于连接，其中粗牙螺纹运用最广泛，细牙螺自锁性好，但不耐磨、易滑扣，主要用于薄壁零件、受动载荷的连接和微调机构	
		管螺纹：牙型为等腰三角形，牙型角 $\alpha=55°$，$\beta=27.5°$，公称直径近似为管子孔径	多用于有紧密性要求的管件连接	
	矩形螺纹	牙型为正方形，牙厚是螺距的一半，牙型角 $\alpha=0°$，$\beta=0°$	牙根强度低，多用于传动	
按螺纹的牙型分	梯形螺纹	牙型为等腰梯形，牙型角 $\alpha=30°$，$\beta=15°$	比矩形螺纹牙根强度高，承载能力高，加工容易，综合传动性能好，是常用的传动螺纹	

续表

标准	类型和结构特点		应用	示例
按螺纹的牙型分	锯齿形螺纹	牙型为不等腰梯形，牙型角 $\alpha=33°$，$\beta=3°$	具有传动效率高和牙根强度高的特点，但是只能用于单向受力的传动	
按螺纹的旋向分	右旋螺纹（标记中右旋螺纹可以不标）	旋向判定方法1：将螺纹竖起来看，螺纹可见部分向右上升的为右旋螺纹，向左上升的为左旋螺纹。旋向判定方法2：顺时针旋入的为右旋螺纹，逆时针旋入的为左旋螺纹		
	左旋螺纹（标记中左旋螺纹标"L"）			
按螺旋线的根数分	单线螺纹	自锁性好，多用于连接		
	多线螺纹	传动效率高，多用于传动。一般为了便于制造，头数应不大于4		
按回转体的表面分	内螺纹	回转体内表面螺纹	和外螺纹配合实现连接	
	外螺纹	回转体外表面螺纹	和内螺纹配合实现连接	
按母体形状分	圆柱螺纹	圆柱表面上加工螺纹	用于圆柱回转表面连接	

续表

标准	类型和结构特点		应用	示例
按母体形状分	圆锥螺纹	具有一定锥度的螺纹	主要靠牙的变形来保证螺纹副的紧密性,多用于管件连接	
按作用分	连接螺纹	一般用三角形螺纹	用于紧固件的连接	—
	传动螺纹	一般用矩形螺纹、梯形螺纹和锯齿形螺纹	用于传动	—

二、螺纹的主要几何参数

螺纹的主要参数有大径、小径、中径、螺距、导程、螺纹升角、牙型角、牙侧角和头数等,如图 4-2-3 所示。

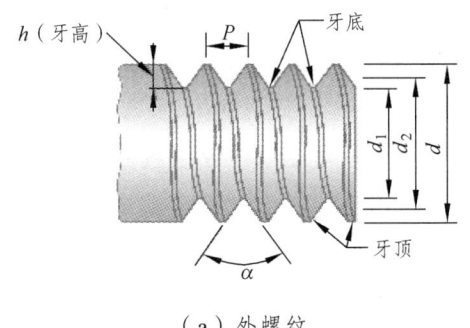
（a）外螺纹

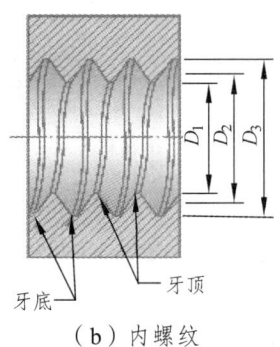
（b）内螺纹

图 4-2-3　螺纹参数

（1）大径 $d(D)$：与外螺纹牙顶（或内螺纹牙底）相重合的假想圆柱体的直径,即外螺纹是最大轴径,内螺纹是最大孔径,为公称直径。

（2）小径 $d_1(D_1)$：与外螺纹牙底（或内螺纹牙顶）相重合的假想圆柱体的直径,即外螺纹是最小轴径,内螺纹是最小孔径,为强度计算直径。

（3）中径 $d_2(D_2)$：也是一个假想圆柱的直径,该圆柱的母线上螺纹牙的厚度和螺纹牙槽宽度相等,为几何和受力计算直径。

（4）螺距 P：相邻两牙在中径线上对应两点间的轴向距离。

（5）导程 S：同一条螺旋线上的相邻两牙在对应两点间的轴向距离 $S=nP$。

（6）牙型角 α：轴向截面内螺纹牙型相邻两侧边的夹角。

（7）牙侧角 β：牙型侧边与螺纹轴线的垂线间的夹角。

（8）头数 n：螺旋线的根数。

内外螺纹能够组成螺旋副的条件：必须是旋向相同、牙型一致、参数相等。

三、螺纹连接类型

螺纹连接由螺纹连接件和被连接件构成,螺纹连接的主要类型包括螺栓连接、双头螺柱连接、螺钉连接和紧定螺钉连接等。螺纹连接类型见表 4-2-2。

表 4-2-2　螺栓连接结构特点和应用

类型	结构	特点和应用
螺栓连接		螺栓穿过被连接件的通孔,与螺母组合使用,结构简单、装拆方便,适用于被连接件厚度不大且能够从两面进行装配的场合
双头螺柱连接		将螺柱上螺纹较短的一端旋入并紧固在被连接件之一的螺纹孔中,不再拆下,适用于被连接件之一较厚不宜制作通孔及需经常拆卸,连接紧固或紧密程度要求较高的场合
螺钉连接		螺钉穿过较薄被连接件的通孔,直接旋入较厚被连接件的螺纹孔中,不用螺母,结构紧凑,适用于被连接件之一较厚,受力不大,且不经常装拆,连接紧固或紧密程度要求不太高的场合
紧定螺钉连接		紧定螺钉旋入被连接件之一的螺纹孔中,其末端顶住另一被连接件的表面或相应的凹坑中,以固定两零件的相对位置,并可传递不大的力或转矩

四、螺纹连接的防松

(一)螺纹连接的预紧

1. 预紧力

在实际安装使用时,大多数螺纹连接都需要拧紧。拧紧就是在连接件未受工作载荷前,给螺母施加足够大的拧紧力矩,使连接件产生一定的压缩弹性变形,这样在连接件接触表面会产生很大的相互挤压力,进而可以产生很大的摩擦力以克服外载;拧紧也使螺栓产生相应的拉伸弹性变形,螺栓受到与挤压力相等的反作用拉力。这个在螺栓工作前由于拧紧使螺栓产生的拉伸作用力称为预紧力。

2. 拧紧的意义

螺纹拧紧的目的是保证连接件有足够大的摩擦力，克服外载，增强连接的紧密性，防止受载后连接件之间出现间隙；保证连接件之间的相互位置，防止发生相对滑动、移动或松脱。

（二）螺纹连接的防松

1. 螺纹连接松脱的原因

连接用的螺纹都具有自锁性。在静载荷下，螺纹连接件不会自行松脱。但螺纹连接在冲击振动的变载荷作用下，螺纹的自锁性会失效，螺栓与螺母之间会产生相对转动，使螺栓连接松脱。这是由于在变动载荷作用下，螺纹副之间的摩擦力会出现瞬时消失或减小的现象；或是在温度变化比较大的场合，材料会发生蠕变和应力松弛，也会使摩擦力减小。在多次这些作用后螺纹连接就会松脱，造成很大危害。

2. 螺纹连接的防松

螺纹连接防止松脱是必须考虑的问题。螺纹防松的本质就是防止螺杆与螺母产生相对转动。常见的防松方法有摩擦防松、机械防松和其他防松。

摩擦防松就是在拧紧的螺纹连接中，加大螺旋副的正压力，这样螺杆和螺母之间摩擦力增大，使它们之间不容易产生相对转动而防松；机械防松是在拧紧的螺纹连接中，采用一定的方法使螺杆与螺母周向固定，使其不能产生相对转动而防松。螺纹连接防松方法见表 4-2-3。

表 4-2-3 螺纹连接常用的防松方法

防松方法		图例	说明
摩擦力防松	对顶螺母防松		利用两螺母的对顶作用使螺栓始终受到附加的拉力和附加的摩擦力，以达到锁紧防松的目的
	弹簧垫圈防松		弹簧垫圈材料为弹簧钢，装配后垫圈被压平，其反弹力使螺纹间保持摩擦力而锁紧
机械防松	槽型螺母和开口销防松		槽形螺母拧紧后，用开口销穿过螺栓尾部小孔和螺母的槽紧固，也可用普通螺母拧紧后再配钻开口销孔紧固
	圆螺母用带翅垫片防松		使垫片内舌嵌入螺栓槽内，拧紧螺母后将垫片外舌之一嵌于螺母槽内

续表

防松方法		图例	说明
机械防松	止动垫片防松		将垫圈折边以固定螺母和被连接件的相对位置
其他防松	冲点法防松		用冲头冲2~3点，使连接件不可拆
其他防松	黏结防松		一般采用厌氧黏结剂涂于螺纹旋合表面，拧紧螺母后黏结剂能自行固化，使螺纹连接不可拆

【思考】

螺丝钉是螺纹标准件，是我们生活中常见的一种螺纹载体，其可以起到连接紧固作用，螺丝钉虽小却可使整台机器无法正常运转，但螺丝钉离开了整台机器，可能就变成了一件废物，请思考由此给你带来的启示。

【实践操作】

见项目九任务二：螺纹连接的测量和拧紧实训。

【任务自测】

1. 连接螺纹和传动螺纹分别采用什么样的牙型螺纹？
2. 螺纹连接的种类有哪些？
3. 螺纹的防松方法有哪些？
4. 试找出几例生活中螺纹连接的实例。

项目五
轴系零部件

项目导入

机器中作旋转运动的零件，如齿轮、带轮等，都安装在轴上，依靠轴与轴承的支承作用来传递运动和动力。轴及与它直接关联的一系列零部件，如轴承、联轴器、离合器等，统称为轴系零部件。如图 5-0-1 和 5-0-2 所示为减速器中的轴系，包含了轴、轴承、联轴器等轴系零部件。

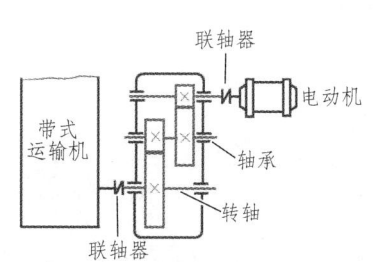

图 5-0-1　减速器轴系零件示意图

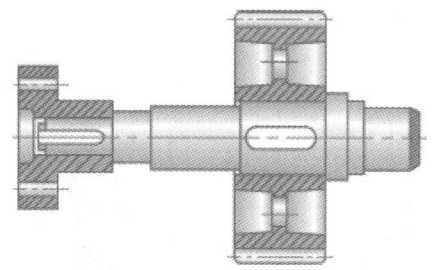

图 5-0-2　齿轮轴及轴系零件

学习目标

1. 掌握轴的功用、分类及轴上零件的定位，了解轴的常用材料和结构工艺性。
2. 掌握轴承的功用、分类、结构，熟悉滚动轴承代号的含义和选用。
3. 了解联轴器、离合器、制动器的功用、类型及结构。

任务一 轴

【任务要求】

1. 掌握轴的功用和类型。
2. 了解轴上零件固定的方法。
3. 了解轴的结构工艺性。
4. 通过学习轴结构工艺的相关规定,培养实事求是、精益求精的工匠精神。

【任务引入】

轴是机器中常见而又重要的零部件,轴的性能直接影响机器的工作状况和寿命。

图 5-1-1(a)所示为减速器中的转轴,该轴在减速器中要和齿轮、轴承、带轮等零件进行配合,主要起到支承回转零件和传递动力的作用。

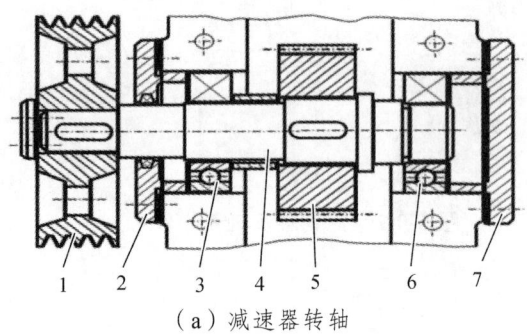 

(a)减速器转轴　　　　　　　　　　(b)DF₄ 型内燃机车风泵轴

1—带轮;2—轴承盖;3—轴承;4—轴;5—齿轮;6—轴承;7—端盖。

图 5-1-1　轴

图 5-1-1(b)所示为 DF₄ 型内燃机车风泵轴。原动机通过风泵轴把旋转运动转换成压缩机活塞的往复运动,并产生高压空气。请观察减速器转轴和 DF₄ 型内燃机车风泵轴的结构有什么不同?

图 5-1-1(a)所示的减速器转轴为阶梯轴,材料一般会选用中碳钢(45 钢使用最多);图 5-1-1(b)所示的 DF₄ 型内燃机车风泵轴为曲轴,由于在高温环境下工作,材料一般会选用合金结构钢,如 VF-3/9 型风泵曲轴的材料为 42CrMo 合金钢。这两种轴结构的区别和材料的选用都是为了满足它们相应的工作要求。本任务将对各种轴的功用、结构特点、轴上零件的固定、结构工艺性等方面进行介绍。

【相关知识】

一、轴的功用和分类

轴的功用为支承回转零件（如齿轮、带轮、链轮、凸轮等），传递运动和动力。轴的分类见表 5-1-1。

表 5-1-1　轴的分类

分类标准	类型		性能特点	示例图
按所受载荷分	心轴	转动心轴	只承受弯矩，不承受扭矩的轴，只用于支承零件	铁道车辆轮轴
		固定心轴		自行车前轮轴
	传动轴		只承受扭矩，不承受弯矩的轴称为传动轴	汽车变速器与后桥之间的传动轴
	转轴		既承受弯矩又承受扭矩的轴	减速器的齿轮转轴
按轴线几何形状分	直轴	光轴	各截面直径相同，加工方便，但轴上零件不易定位	
		阶梯轴	各截面直径不同，轴上零件容易定位，便于装拆，应用较多	

续表

分类标准	类型	性能特点	示例图
按轴线几何形状分	曲轴	轴线不是直线的轴，多用于重复式机械	内燃机曲轴
	挠性轴	刚度很小、可自由弯曲的轴，多用于高转速和小转矩的传动	主轴加工花键轴

二、轴的结构

（一）轴的基本形状

为满足轴的结构设计要求，轴通常被设计成两头细、中间粗，由不同直径和长度的轴段组成的阶梯轴（图 5-1-2）。阶梯轴有利于轴上零件的拆装，并符合等强度原则。

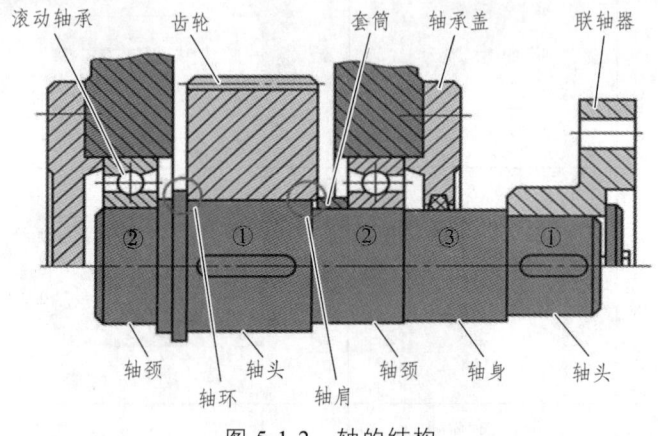

图 5-1-2　轴的结构

（二）轴的各部分名称

1. 轴　头

轴上安装旋转传动零件（如曲柄、凸轮、链轮、齿轮、蜗轮、联轴器及离合器等）的轴段称为轴头，如图 5-1-2 中的①轴段。轴头的直径应与相配合的零件轮毂内径一致，并尽量采用标准直径系列。

2. 轴　颈

安装轴承的轴段称为轴颈，如图 5-1-2 中的②轴段，轴颈的直径取决于轴承的内径；轴颈的长度一般与轴承的长度相等或依据具体结构确定。

3. 轴　身

连接轴头和轴颈部分的非配合轴段称为轴身，如图 5-1-2 中的③轴段。轴身部分的直径可为自由尺寸，为了便于加工及尽量减少应力集中，轴的各段直径的变化应尽可能小。轴身的长度由轴上零件的宽度和零件的相互位置而定。

三、轴上零件的定位与固定

（一）轴向定位与固定

零件的轴向固定是保证轴上零件有准确的相对位置，防止零件做轴向移动，并将作用在零件上的轴向力通过轴传递给轴承。常用的轴向固定方法有以下几种：

1. 轴肩和轴环

阶梯轴各轴段不同直径变化的部位称为轴肩，其中尺寸变化最大的轴肩称为轴环。轴肩和轴环固定是一种常用的轴向固定方法，同时轴肩和轴环也是零件在轴上进行轴向定位的基准，常用于轴承、齿轮、带轮、链轮、联轴器等回转零件的轴向定位。如图 5-1-2 所示齿轮左端的定位、联轴器左端的定位均为轴肩定位；同样装在轴段左侧的滚动轴承的右端定位也为轴肩定位。轴肩和轴环定位具有结构简单，定位可靠和能够承受较大轴向力的特点。

2. 套　筒

套筒用作轴向固定，一般在两个零件间距较小的场合，主要是依靠位置已定的零件来固定，如图 5-1-2 和图 5-1-3 所示。这种固定方法能承受较大的轴向力，减小应力集中，且定位可靠、结构简单、装拆方便。套筒定位还可以减少轴的阶梯数量和避免切制螺纹而削弱轴的强度，但由于套筒与轴之间存在间隙，轴的转速很高时不宜采用，且定位套筒不宜过长。

3. 圆螺母

在无法采用套筒或套筒太长时，常在轴的中部或端部选用圆螺母固定，如图 5-1-4 所示。圆螺母固定的特点是工作可靠，装拆方便，可承受较大轴向力，能调整轴上零件的间隙；其缺点是由于在轴上切制螺纹，对轴的疲劳强度有较大的削弱。为了减小对轴强度的削弱，并提高连接的自锁性，一般切制细牙螺纹。为了防松，需加止动垫片或者使用双螺母。

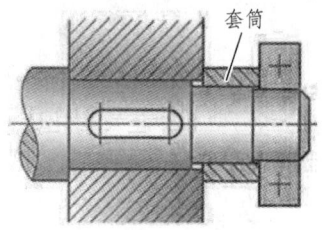
图 5-1-3 套筒固定

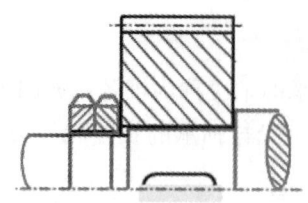
图 5-1-4 圆螺母固定

4. 轴端挡圈

轴端挡圈适用于轴端零件的固定且承受轴向力不大的部位,如图 5-1-5 所示。轴端挡圈可以承受剧烈振动和冲击载荷,工作可靠,应用广泛。为了防止轴端挡圈的松动,一般采用带有锁紧装置的固定形式。

5. 圆锥形轴头

圆锥形轴头适用于轴端零件的轴向固定,如图 5-1-6 所示。圆锥形轴头与轴端挡圈联合使用,使零件获得双向轴向固定。圆锥形轴头能消除轴与齿轮间的径向间隙,装拆方便,可兼作周向固定,能承受冲击载荷。

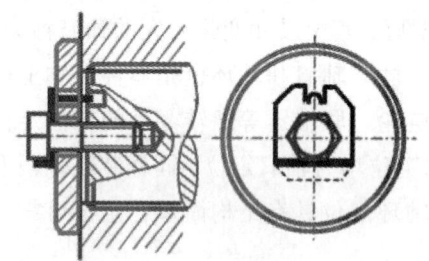
图 5-1-5 轴端挡圈定位

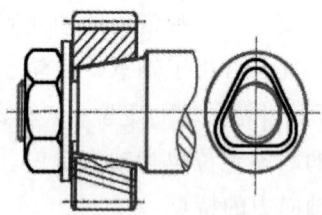
图 5-1-6 圆锥形轴头定位

6. 弹性挡圈

弹性挡圈适用于载荷不大,或仅仅为了防止零件偶然沿轴向窜动的场合,如图 5-1-7 所示。弹性挡圈常与轴肩联合使用,对轴上零件(常用于滚动轴承)实现双向固定。弹性挡圈固定结构紧凑、简单、装拆方便,但受力较小,且在轴上切槽会引起应力集中。

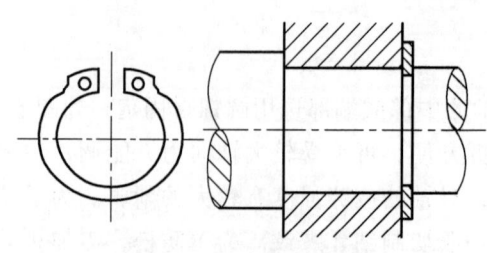
图 5-1-7 弹性挡圈定位

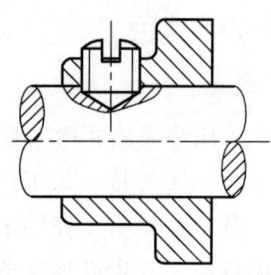
图 5-1-8 紧定螺钉定位

7. 紧定螺钉

紧定螺钉适用于轴向力很小,转速很低或防止零件偶然沿轴向滑移的场合,如图 5-1-8 所示。紧定螺钉多用于光轴上零件的轴向固定,还可兼作周向固定。

(二)轴上零件的周向固定

轴上零件的周向固定是为了防止零件与轴产生相对转动。常用的周向固定方式主要有键连接、花键连接、销连接、紧定螺钉连接及过盈配合,如图 5-1-9 所示。

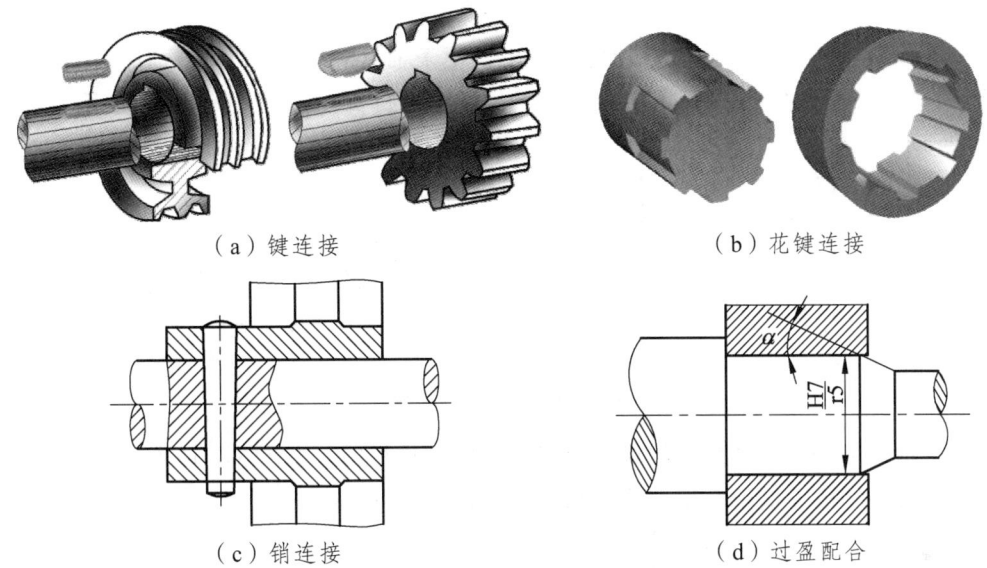

(a)键连接　　(b)花键连接

(c)销连接　　(d)过盈配合

图 5-1-9　轴上零件周向固定方法

采用键连接进行轴上零件的周向固定的范围最广,花键连接和销连接等也都有应用。键连接、花键连接详见项目四机械连接部分。

过盈配合会使轴与轮毂之间产生正压力,工作时依靠此压力所产生的摩擦力来传递扭矩。这种连接结构简单、对轴的强度削弱小、对中性好,但对配合面的加工精度要求较高。

过盈配合时,若过盈量不大一般可用压入法;当过盈量较大时,常用温差法装配。当传递转矩较小时可采用紧定螺钉连接来实现周向固定。

四、轴的结构工艺性

轴的结构形状和尺寸应尽量满足加工装配和维修的要求,所以轴的结构工艺性具有以下要求。

(1)轴的形状尽量简单,阶梯数尽可能少,这样可使加工更为方便。

(2)为保证阶梯轴上的零件能顺利装拆,轴径应从中间向两端依次减小,形成中间大两头小的阶梯形轴。

（3）为了便于切削加工，同一轴上的圆角、倒角、键槽、中心孔等尺寸应尽可能一致。如果轴上有多处键槽时，一般应使各键槽位于同一中心线上，尽量采用同一规格尺寸，以减少换刀次数，如图5-1-10所示。

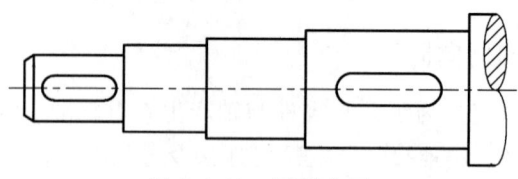

图5-1-10　键槽布置

（4）安装轴承的地方一般有轴肩或孔肩，便于轴承的轴向定位。轴肩或孔肩的径向尺寸应小于轴承内圈或外圈的径向厚度，便于用拆卸工具将滚动轴承拆下，如图5-1-11所示。

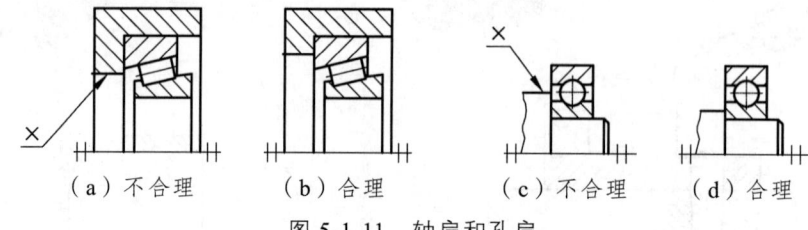

（a）不合理　　　（b）合理　　　（c）不合理　　　（d）合理

图5-1-11　轴肩和孔肩

（5）轴颈部分需要磨削的轴段，应该留有砂轮越程槽，如图5-1-12（a）所示；需要切制螺纹的轴段，应留有退刀槽，如图5-1-12（b）所示。

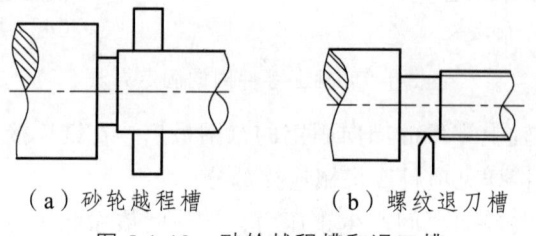

（a）砂轮越程槽　　　（b）螺纹退刀槽

图5-1-12　砂轮越程槽和退刀槽

（6）为了便于装配，轴端应加工出倒角（一般为45°），去掉毛刺，便于导向装配，以免装配时擦伤轴上零件的孔壁，如图5-1-13（a）所示。过盈配合零件的装入端应加工出导向锥面以便零件能顺利地压入，如图5-1-13（b）所示。

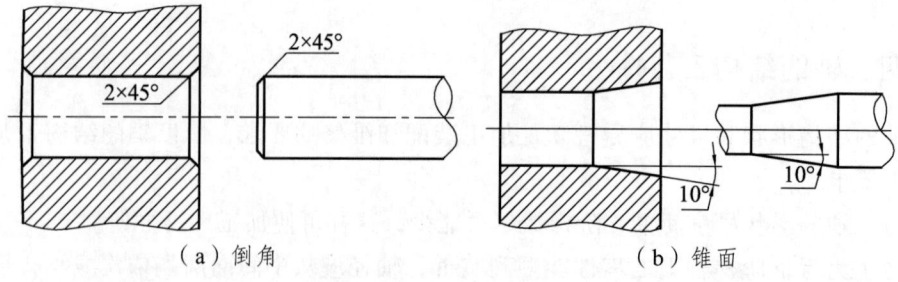

（a）倒角　　　　　　　　　（b）锥面

图5-1-13　倒角和锥面

（7）与零件相配合部分的轴段长度，应比轮毂长度略短 2~3 mm，以保证零件轴向定位可靠，如图 5-1-14 中圆圈标示处的齿轮与轴的配合。

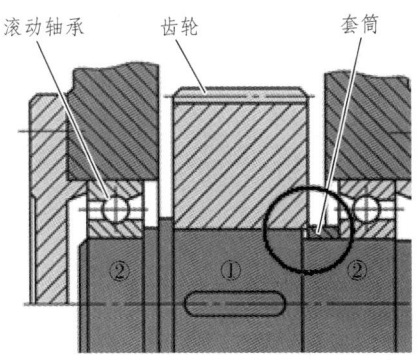

图 5-1-14　轴与轴上零件

【思考】

某铁路机车轮轴轴颈部位出现疲劳裂纹后引发断轴事故，造成重大经济损失。你知道怎样避免此类事故的发生吗？该事故的预防处理对你有什么启示？

【实践操作】

请说明图 5-1-15 中的轴采用了哪些结构工艺，轴的轴向固定和周向固定是如何实现的。

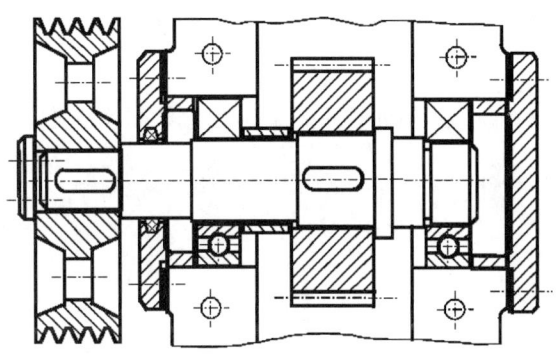

图 5-1-15　轴的结构工艺

【任务测评】

1. 根据所受载荷不同，轴可分为哪几类？
2. 在轴上实现轴向固定和周向固定分别有哪些方法？
3. 轴的结构工艺性有哪些要求？

任务二 轴承

【任务要求】

1. 了解滑动轴承的功用、类型和结构。
2. 掌握滚动轴承的功用、类型和结构。
3. 理解滚动轴承代号的含义,熟悉其类型的选择方法。
4. 通过本任务的学习,养成实事求是、理论联系实际的工作作风。

【任务引入】

请问图 5-2-1 中的轴承是什么类型的滚动轴承?你知道在城轨车辆中哪个部件用到了这种轴承?

图 5-2-1 所示的轴承为双排滚柱轴承,城轨车辆轴箱装置(图 5-2-2)采用的就是这种双排滚柱轴承。

轴承是支撑轴的部件,用来引导轴做转动运动,保证轴的旋转精度,且承受由轴传给机架的载荷。按轴与轴承间的摩擦性质,轴承可分为滑动轴承和滚动轴承。

图 5-2-1 滚动轴承

本任务将介绍滑动轴承和滚动轴承的结构和性能特点,润滑和密封,滚动轴承的选用。

【相关知识】

一、滑动轴承

轴颈相对支座孔做滑动摩擦转动的轴承,称为滑动轴承。为减小摩擦与磨损,在轴承内常加有润滑剂。

(一)滑动轴承的分类

按照滑动轴承承受载荷的方向可以分为两种:

(1)径向滑动轴承,承受径向载荷 F,载荷方向沿半径方向与轴的轴线垂直,如图 5-2-3(a)所示。

（a）轴箱装置

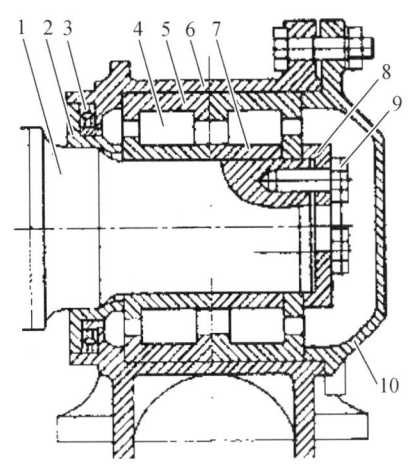
（b）轴箱装置结构图

1—车轴；2—防尘挡圈；3—密封；4—圆柱滚子；5—轴承外圈；6—轴箱；7—轴承内圈；
8—内圈压板；9—螺栓；10—轴箱盖。

图 5-2-2　城轨车辆轴箱装置

（2）止推滑动轴承，承受轴向载荷 F，载荷方向与轴的轴线重合，如图 5-2-3（b）所示。

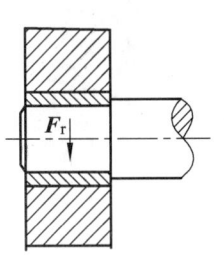

（a）径向滑动轴承

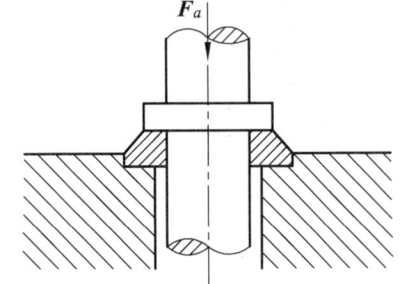

（b）止推滑动轴承

图 5-2-3　滑动轴承类型

（二）滑动轴承的结构

滑动轴承一般由轴承座、轴瓦（或轴套）、润滑装置和密封装置等部分组成。根据结构不同，滑动轴承可分为整体式、对开式和调心式三种形式。

1. 整体式径向滑动轴承

将轴直接穿入机架上的轴承孔，即构成了最简单的整体式滑动轴承。图 5-2-4 所示的整体式滑动轴承，由轴承座和轴套组成；轴承套压装在轴承座孔中，轴套上开有油孔，并在其内表面开油沟以输送润滑油；轴承座用螺栓与机座连接；这种轴承已标准化。

滑动轴承结构简单，制造容易，成本低。它的缺点是在安装轴时，只能做轴向移动从轴承的端部装入，有些粗重的轴和中间具有轴颈的轴（如内燃机的曲轴）就不便或无法安装。轴瓦磨损后，轴与孔之间的间隙无法修整。这种轴承常用于低速、轻载且不需要经常装拆的场合,如小型绞车、手摇起重机械、农业机械等。

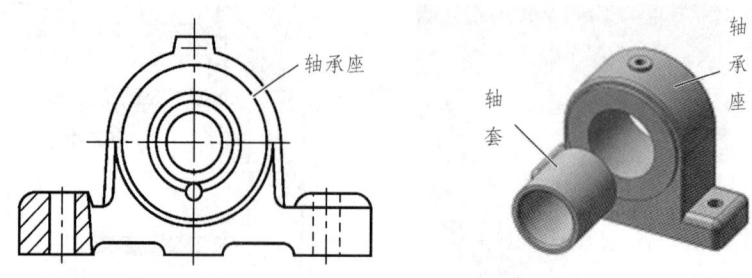

图 5-2-4 整体式滑动轴承

2. 对开式径向滑动轴承

图 5-2-5(a)所示的对开式径向滑动轴承,由轴承座、轴承盖、剖分的上下轴瓦、和双头螺柱等组成。

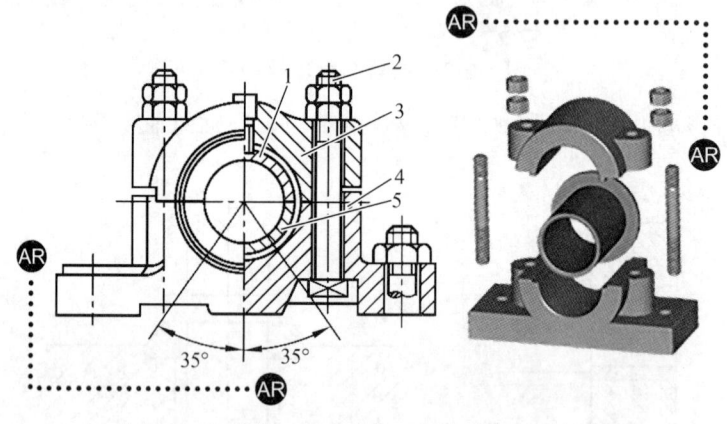

1—上轴瓦;2—螺柱;3—轴承盖;4—轴承座;5—下轴瓦。

图 5-2-5 对开式滑动轴承

(对开式滑动轴承装拆动画见 AR)

为了防止轴承盖和轴承座横向错动和便于装配时对中,轴承盖和轴承座的剖分面做成阶梯状。为使润滑油能均匀地分布在整个工作表面上,一般在不承受载荷的轴瓦表面开出油沟和油孔。对开式滑动轴承的轴瓦在装配后,上下轴瓦要适当压紧,使其不随轴转动。

对开式滑动轴承的类型很多,现已标准化。使用对开式滑动轴承在装拆轴时,轴颈不需要轴向移动,装拆方便。另外,适当增减轴瓦剖分面间的调整垫片,可以调节磨损后轴颈与轴承之间的间隙。对开式滑动轴承应用广泛,但加工复杂,成本高。

3. 调心式径向滑动轴承

对于滑动轴承,当轴承宽度 B、轴承直径 d 之比大于 1.5($\frac{B}{d}>1.5$)时,如果轴的刚度较小、同心度较难保证或由于两轴承安装机架刚性不同,都会造成轴与轴瓦端部的局部接触，使轴瓦局部严重磨损从而导致轴承过早破坏，如图 5-2-6（a）所示。为防止这种情况发生，将轴瓦与轴承应配合的表面做成球面，能自动适应因轴或机架工作时的变形造成轴颈与轴瓦不同轴线的情况，避免出现局部接触，称为调心轴承，如图 5-2-6（b）所示。调心式轴承能适应轴在弯曲变形时产生的倾斜。

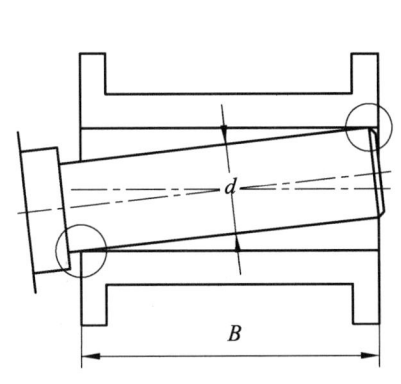

（a）轴变形后造成的"边缘接触"　　　　（b）调心轴承

图 5-2-6　调心式滑动轴承

（三）滑动轴承的应用特点

滑动轴承工作时为滑动摩擦，摩擦系数较大，但滑动轴承也有如下优点：

（1）承载能力高。

（2）结构简单，易于制造。对开式滑动轴承可以剖分，便于拆装。

（3）工作平稳可靠，噪声小。

（4）流体润滑后具有良好的耐冲击性和良好的吸振性能。

在高速、重载、高精度结构要求剖分的场合，滑动轴承显示出比滚动轴承更大的优越性。因而，滑动轴承多应用于大型汽轮机、发电机、压缩机、轧钢机及高速磨床上。

此外，在低速且带有冲击的机械中（如水泥搅拌机破碎机、滚筒清砂机等）和许多低要求场合也常用滑动轴承。

二、滚动轴承

轴颈相对于支座孔做滚动摩擦转动的轴承称为滚动轴承。滚动轴承与滑动轴承相比摩擦与磨损较小。滚动轴承已标准化，在机械中应用非常广泛。

（一）滚动轴承的应用特点

滚动轴承是机器上重要的通用部件。它依靠主要元件间的滚动摩擦接触来支承转动零件，与滑动轴承有着不同的摩擦性质，如图 5-2-7 所示。

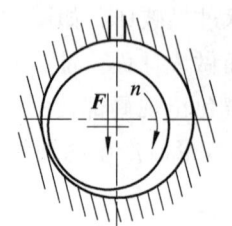 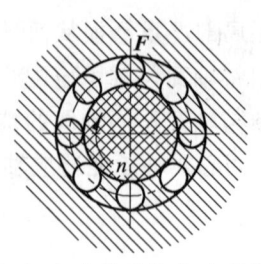

（a）滑动轴承的滑动摩擦　　（b）滚动轴承的滚动摩擦

图 5-2-7　轴承的摩擦

滚动轴承的优点如下：

（1）摩擦阻力小，传动效率高、发热量小，并且润滑简单，耗油量少，维护保养方便。

（2）轴承径向间隙小，并且可用预紧的方法调整间隙，以提高旋转精度。

（3）轴向尺寸小，某些滚动轴承可同时承受径向载荷与轴向载荷，故可使机器结构简单、紧凑。

（4）滚动轴承是标准件，可由专门工厂大批量生产供应，使用、更换方便。

滚动轴承的主要缺点：抗冲击性能差，高速时噪声大，工作寿命较短。

（二）滚动轴承的结构

滚动轴承是一个组合标准件。如图 5-2-8 所示，它由外圈 1、内圈 2、滚动体 3 和保持架 4 组成。外圈装在支座孔内，并与支座孔周向固定在一起转动；内圈装在轴颈上，并与轴颈周向固定在一起转动。内圈外表面和外圈内表面都有凹槽式的滚道，滚动体位于内外圈的滚道上。当内圈与外圈相对转动时，滚动体将沿滚道滚动，做自转和公转运动，滚动体把内、外圈的相对滑动摩擦变成相对滚动摩擦。保持架使滚动体均匀隔开分布在滚道上，避免相邻滚动体之间的接触。滚动体的形状有球形、圆柱形、圆锥形、鼓形、滚针形等多种，如图 5-2-9 所示。

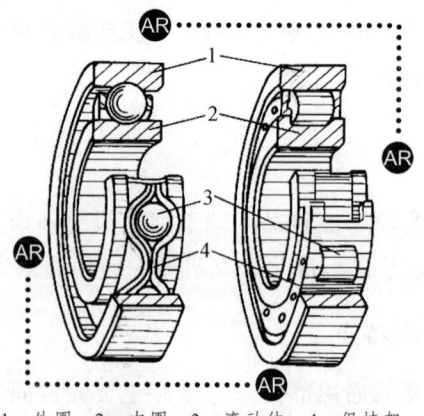

1—外圈；2—内圈；3—滚动体；4—保持架。

图 5-2-8　滚动轴承结构

（滚动轴承的组成动画见 AR）

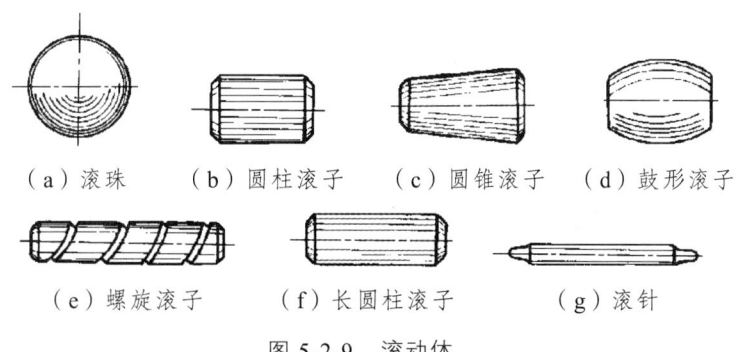

(a) 滚珠　　(b) 圆柱滚子　　(c) 圆锥滚子　　(d) 鼓形滚子

(e) 螺旋滚子　　(f) 长圆柱滚子　　(g) 滚针

图 5-2-9　滚动体

(三) 滚动轴承的类型

滚动轴承中，滚动体与外圈接触处的法线与垂直于轴承轴心线的径向平面之间的夹角 α 称为接触角，如图 5-2-10 所示，它是滚动轴承的一个重要参数。

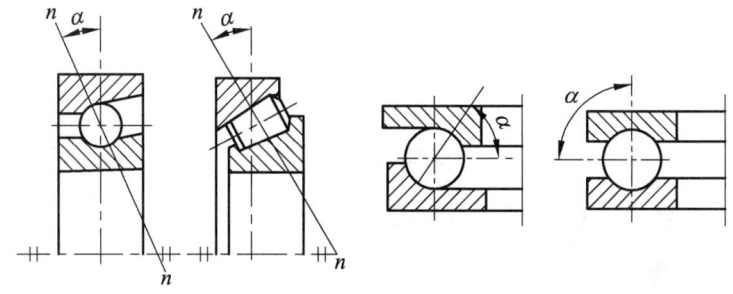

(a) 向心滚动轴承的接触角　　(b) 推力滚动轴承的接触角

图 5-2-10　滚动轴承的接触角

（1）按滚动轴承承载方向，滚动轴承可分为向心轴承和推力轴承。

① 向心轴承，主要承受或只承受径向载荷，其接触角 α 为 0°~45°。

② 推力轴承，主要承受或只承受轴向载荷，其接触角 α 为 45°~90°。

（2）按滚动轴承滚动体形状，滚动轴承可分为球轴承和滚子轴承，其中滚子轴承又分为圆锥滚子轴承、圆柱滚子轴承等。

（3）按滚动轴承工作时能否调心，滚动轴承可分为刚性轴承和调心轴承。

常用滚动轴承类型、结构简图和性能特点见表 5-2-1。

表 5-2-1　常用滚动轴承类型、结构简图和性能特点

轴承名称 类型及代号	结构	简图	承载 方向	主要特性和应用
双列角接触 球轴承 00000				可同时承受径向和轴向载荷；承载能力较大。适用于刚性大、跨距大的轴

续表

轴承名称类型及代号	结构	简图	承载方向	主要特性和应用
调心球轴承 10000				外圈滚道为球面，极限转速低于深沟球轴承；可承受径向载荷及较小的双向轴向载荷；能自动调心。适用于轴变形较大及不能精确对中的场合
调心滚子轴承 20000				主要承受径向载荷及一定的双向轴向载荷；承载能力比调心球轴承大；能自动调心；价格较高；极限转速低。适用于重载和冲击载荷的场合
圆锥滚子轴承 30000				可以承受较大的径向和轴向载荷；性能同角接触球轴承，但承载能力大于角接触球轴承；内、外圈可分离，装拆方便，且便于调整游隙，常成对使用
双列深沟球轴承 4200A				主要承受径向载荷，其径向载荷承载能力为单列深沟球轴承的1.62倍，也能承受一定的双向轴向载荷
推力球轴承 51000				只能承受轴向载荷，不能承受径向载荷，极限转速较低。推力轴承的套圈不分内圈、外圈，称轴圈和座圈，轴圈和座圈与滚动体是分离的
深沟球轴承 60000				主要承受径向载荷，也能承受一定的双向轴向载荷，摩擦阻力小，极限转速高，结构简单，价格便宜，应用最广泛

续表

轴承名称类型及代号	结构	简图	承载方向	主要特性和应用
角接触球轴承 7000C （α=15°） 7000AC （α=25°） 7000C （α=40°）			↑↓	可同时承受径向和轴向载荷。承受轴向载荷的能力由接触角大小决定，接触角越大，承受的轴向载荷能力越强，但因为有轴向力，一般成对使用
推力圆柱滚子轴承 80000			↓	能承受很大的单向轴向载荷，承载能力比推力球轴承大得多，不允许有角偏差
圆柱滚子轴承 N			↑	能承受较大的径向载荷，其径向承载能力是深沟球轴承的2倍左右，不能承受轴向载荷；当内圈或外圈无挡边时，轴可作轴向游动。适用于刚度较高，对中性好的场合
滚针轴承 NA			↑	只能承受径向载荷，不能承受轴向载荷；不允许有角度偏斜，极限转速较低；结构紧凑，在内径相同的条件下，与其他轴承比较，其外径最小。适用于径向尺寸受限制的场合

（四）滚动轴承的代号

滚动轴承的类型和尺寸繁多，为了方便生产、设计和使用，对滚动轴承的类型、结构、精度和技术要求等采用代号进行表示。滚动轴承的代号通常印在该轴承的端面上，由数字和字母组成，表示其类型、结构和内径等。滚动轴承代号由前置代号、基本代号和后置代号组成，见表5-2-2。

（1）前置代号。前置代号表示成套轴承的分部件，在基本代号前面用字母表示。

（2）基本代号由轴承类型代号、尺寸系列代号和内径代号构成。

表 5-2-2　滚动轴承代号的构成

前置代号	基本代号					后置代号						
	五	四	三	二	一							
轴承的分部件代号	类型代号	尺寸系列代号		内径代号		内部结构代号	密封与防尘结构代号	保持架及其材料代号	特殊轴承材料代号	公差等级代号	游隙代号	多轴承配置代号	其他代号
		宽度系列代号	直径系列代号										

①类型代号。轴承的类型代号见表 5-2-3。

②尺寸系列代号。尺寸系列代号包括宽度系列代号和直径系列代号。宽度系列表示轴承的内径外径相同，宽度不同，常用代号有 0（窄）、1（正常）、2（宽）、3、4、5、6（特宽）等。若宽度系列代号为零的时候，可以省略不写，调心滚子轴承和圆锥滚子轴承不能省略。直径系列表示同一内径不同的外径，常用代号有 0、1（特轻）、2（轻）、3（中）、4（重）等。

表 5-2-3　轴承的类型代号

代号	轴承类型	代号	轴承类型
0	双列角接触球轴承	6	深沟球轴承
1	调心球轴承	7	角接触球轴承
2	调心滚子轴承和推力调心滚子轴承	8	推力圆柱滚子轴承
3	圆锥滚子轴承	N	圆柱滚子轴承
4	双列深沟球轴承	NN	双列或多列的圆柱滚子轴承
5	推力球轴承	NA	滚针轴承

③内径代号。轴承内径代号表示轴承公称内径，一般由两位数字表示，并紧接在尺寸系列代号之后标写，其表示方法见表 5-2-4。

表 5-2-4　轴承内径代号

轴承公称内径/mm		内径代号	示例
0.6~10（非整数）		用公称内径直接表示，在其与尺寸系列代号之间用"/"分开	深沟球轴承 618/2.5 $d=2.5$ mm
1~9（整数）		用公称内径直接表示，在其与尺寸系列代号之间用"/"分开	深沟球轴承 618/5 $d=5$ mm
10~17	10	00	深沟球轴承 61800 $d=10$ mm
	12	01	
	15	02	
	17	03	

续表

轴承公称内径/mm	内径代号	示例
20~480 （22，28，32 除外）	公称内径除以 5 的商数	深沟球轴承 61808 $d=40$ mm
≥500 以及 22，28，32	用公称内径直接表示，在其与尺寸系列代号之间用"/"分开	深沟球轴承 618/22 $d=22$ mm

（3）后置代号。后置代号表示轴承在结构形状、尺寸公差、技术要求等方面的改变，在基本代号的后面用字母或字母加数字表示，为补充说明代号。

轴承内部结构：如 C、AC、B 分别表示内部接触角 $\alpha=15°$、$25°$、$40°$。

轴承公差等级：其精度顺序为/P0、/P6、/P6X、/P5、/P4、/P2。其中，/P2 级为高精度，/P0 级为普通级，不标出。

轴承游隙：/C1、/C2、/C0、/C3、/C4、/C5，依次递增。/C0 为常用的基本组，不标出。

滚动轴承代号示例如图 5-2-11 和图 5-2-12 所示。

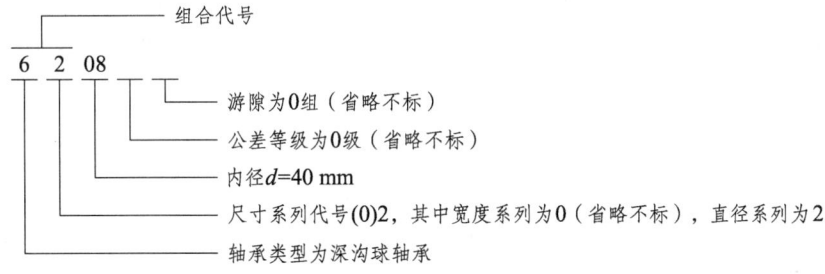

图 5-2-11　深沟球轴承代号

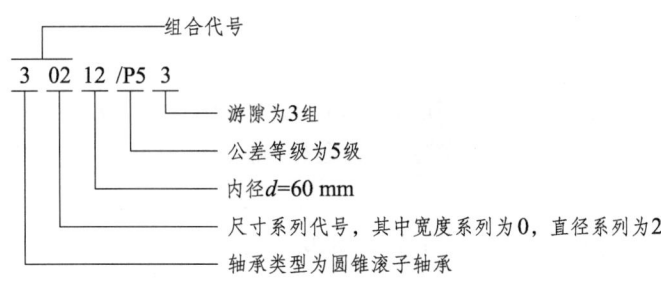

图 5-2-12　圆锥滚子轴承代号

（五）滚动轴承类型的选择

正确选择滚动轴承的类型应考虑以下因素。

1. 按载荷的大小、方向

（1）载荷大小。轴承所受载荷的大小、方向是选择轴承类型的主要依据。通常，球轴承主要元件间的接触是点接触，适合中小载荷及载荷波动较小的场合；滚子轴承主要元件的接触是线接触，宜用于承受较大的载荷。

（2）载荷方向。若轴承承受纯轴向载荷，一般选推力轴承；若轴承承受纯径向载荷，一般选深沟球轴承、圆柱滚子轴承或滚针轴承；同时承受径向载荷和轴向载荷时，选用角接触球轴承或圆锥滚子轴承；当轴向载荷比径向载荷大得多时，使用深沟球轴承和推力轴承的组合。

2. 按轴承的转速

轴承转速较高、载荷较小或旋转精度要求较高时，宜选用球轴承；转速较低、载荷较大或有冲击载荷时，宜选用滚子轴承。

3. 按轴承的调心性能

当轴的中心线与轴承座中心线不重合而有角度误差时，或因轴受力弯曲或倾斜时，会造成轴承的内外圈轴线发生偏斜。这时，应采用有一定调心性能的调心球轴承或调心滚子轴承。

4. 按轴承的装调性能

当轴承没有剖分面而必须沿轴向安装或拆卸轴承部件时应优先选用内圈、外圈可分离的轴承（如圆柱滚子轴承、滚针轴承、圆锥滚子轴承等）。当轴承在长轴上安装时，为便于拆装，可选用其内圈孔为圆锥孔的轴承。

5. 按经济性

在满足使用要求情况下，尽量选用价格低廉的轴承，以降低成本。

一般普通结构的轴承比特殊结构的轴承便宜，球轴承比滚子轴承便宜，精度低的轴承比精度高的轴承便宜。

【思考】

滚动轴承利用滚动体和内外圈的相对运动，实现了轴承的滑动摩擦向滚动摩擦的转变，大大降低了磨损，从重载车轮轴和机床主轴到精密的钟表零件，滚动轴承都得到了广泛的应用。滚动轴承的这种特殊结构是不是很奇妙呢？那你知道滚动轴承是谁发明的吗？请查一下资料来感受一下科学家勇于探索的钻研精神。

【实践操作】

你能识别轴承代号 6206、7312AC、51410/P6 及 71908/P5 的含义吗？如果让你给城轨车辆牵引电动机轴选轴承，你会怎么选？

【任务测评】

1. 滑动轴承按结构分有哪几种类型？各有什么特点？

2. 滚动轴承相对于滑动轴承有哪些优缺点？

3. 滚动轴承代号由哪几部分组成？其中基本代号用来表示轴承的哪些特征？

4. 滚动轴承的选择应考虑哪些因素？如果只承受径向载荷，且载荷较大时一般选用什么轴承？

任务三
联轴器、离合器和制动器

【任务要求】

1. 了解联轴器的功用、类型及结构。
2. 了解离合器的功用、类型及结构。
3. 了解制动器的功用、类型及结构。
4. 了解联轴器、离合器和制动器在轨道交通运输中的应用,增强对铁路专业的自豪感。

【任务引入】

图 5-3-1 所示为铁路 DF_{4B} 型内燃机车变速箱联轴器。你知道这种联轴器有什么性能特点吗?它和离合器有什么区别?图 5-3-2 所示为铁路车辆制动器,你知道这种制动器是怎么工作的吗?

图 5-3-1　铁路 DF_{4B} 型内燃机车变速箱联轴器　　图 5-3-2　铁路车辆制动器

将两轴的轴端直接连接起来以传递运动和动力的连接形式称为轴间连接,通常采用联轴器和离合器来实现。联轴器和离合器都能把不同部件的两根轴连接成一体,两者之间的区别是联轴器是一种固定连接装置,在机器运转过程中被连接的两根轴始终一起转动而不能脱开,只有在机器停止运转并把联轴器拆开的情况下,才能把两轴分开;而离合器则是一种能随时将两轴接合或分离的可动连接装置。

制动器能使机车实现减速和制动,以保证行车安全。联轴器、离合器、制动器都和轴的运动有关,属于轴系零部件。本任务将介绍联轴器、离合器、制动器的结构和应用。

【相关知识】

一、联轴器

根据联轴器有无弹性元件，可以将联轴器分为两大类，即刚性联轴器和弹性联轴器。

（一）刚性联轴器

刚性联轴器又根据其是否具有补偿两轴位移能力，分为刚性固定式联轴器和刚性可移动式联轴器两类。

1. 刚性固定式联轴器

由于刚性固定式联轴器没有补偿两轴位移和偏斜的能力，故适用于两轴严格对中并在工作中不发生相对位移的场合。

刚性固定式联轴器包括套筒联轴器、凸缘联轴器和夹壳联轴器等，其中凸缘联轴器应用最为广泛。

（1）套筒联轴器。

套筒联轴器是最简单的联轴器（图 5-3-3），这种联轴器是一个圆柱形套筒，用两个圆锥销键或螺钉与轴相连接并传递扭矩，仅适用于传递转矩较小的场合，被连接轴的直径一般不大于 60～70 mm。若需要传递更大的动力，可改由键来连接。

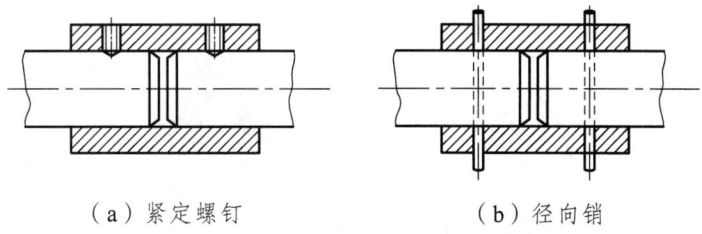

（a）紧定螺钉　　　　　（b）径向销

图 5-3-3　套筒联轴器

（2）凸缘联轴器。

凸缘联轴器是由两个半联轴器（凸缘盘）和连接螺栓组成的，半联轴器与轴用键连接。凸缘联轴器有两种对中方法：一种是用铰制孔螺栓来实现对中，螺栓与孔为略有过盈的紧配合，工作时靠螺栓受剪力与挤压来传递转矩，装拆时不需要做轴向移动，但要配铰制螺栓孔，如图 5-3-4（a）所示。另一种是利用凸肩与凹槽配合来实现对中，并用螺栓连接，工作时靠两半联轴器接触面间的摩擦力传递转矩，装拆时需要做轴向移动，如图 5-3-4（b）所示。凸缘式联轴器结构简单、价格低廉、使用方便、传递转矩的能力较强，适用于两轴对中性好、工作平稳的一般传动。

由于刚性固定式联轴器是使两轴刚性地连接在一起，所以在传递载荷时不能缓和冲击和吸收振动。此外要求对中精确，否则由于两轴偏斜或不同心将会引起附加载荷和严重磨损。

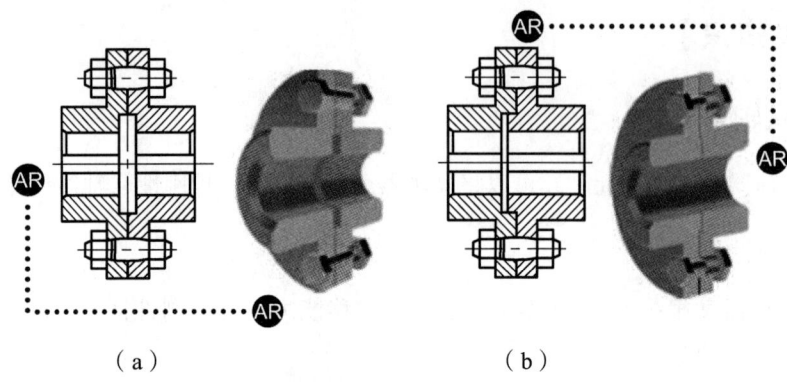

(a)   (b)

图 5-3-4 凸缘联轴器

（凸缘联轴器结构演示动画见 AR）

2. 刚性可移式联轴器

刚性可移式联轴器是依靠联轴器中刚性零件之间的活动度，来补偿两轴之间产生的各种位移。用于两轴线有一定限度的偏斜并在工作时可能发生位移的场合，应用广泛。

（1）齿式联轴器。

齿式联轴器如图 5-3-5 所示，由两个带有外齿的内套筒与两个带有内齿的外套筒相啮合，两个外套筒用螺栓连接成一体。内外套筒的齿轮为齿数、模数相同，压力角为 $20°$ 的渐开线齿轮。

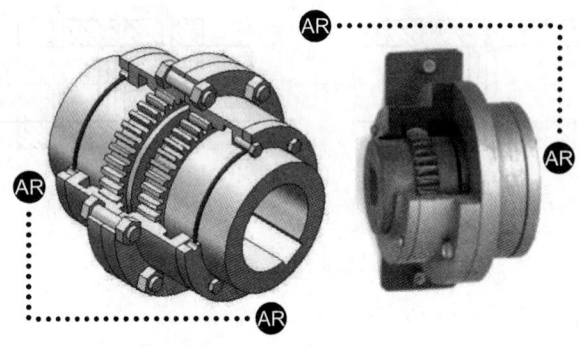

图 5-3-5 齿式联轴器

（齿式联轴器结构演示动画见 AR）

这种联轴器转速高，传递扭矩大，补偿的偏斜位移大，外廓尺寸较紧凑，可靠性高；但结构复杂，制造成本高，质量大，适用于高速、重载、启动频繁的场合。

（2）十字滑块联轴器。

十字滑块联轴器如图 5-3-6 所示，是由两个端面开有凹槽的套筒与两端面具有互相垂直十字凸块的浮动滑块组成的。十字滑块分别嵌入两套筒凹槽中，将两轴联为一体，并可在套筒的凹槽中滑动，故允许一定的径向位移和角位移。

十字滑块联轴器结构简单、浮动性大，但转速高时，十字滑块离心力较大，会增大动载荷及磨损，适用于低、中速轴连接。这种联轴器一般用于转速 $n<250$ r/min，轴

的刚度较大，且无剧烈冲击的场合。

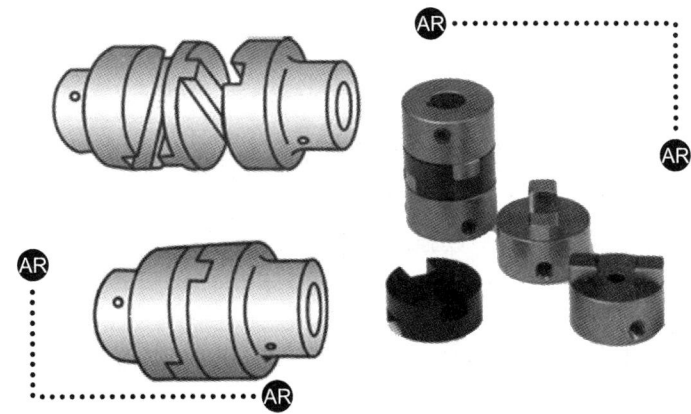

图 5-3-6　十字滑块联轴器

（十字滑块联轴器结构演示动画见 AR）

（3）万向联轴器。

万向联轴器又称万向铰链机构，如图 5-3-7（a）所示，是由两个叉形接头和一个十字销组成，用以传递两轴间夹角可以变化的运动。这种机构广泛地应用于汽车、机床等机械设备中。万向接头与轴用销连接，两轴角位移可达 35°～45°。万向联轴器的主动轴转动一周，从动轴也将随之转一周，两轴的平均传动比不变。但是，两轴的瞬时传动比却是周期性变化的，这种特性称作瞬时传动比的不均匀性，这将增大联轴器的动载荷，产生冲击和振动。为了避免从动轴与主动轴瞬时角速度的变化，万向联轴器一般成对使用，中间加装一副轴（或称中间轴），如图 5-3-7（b）所示。

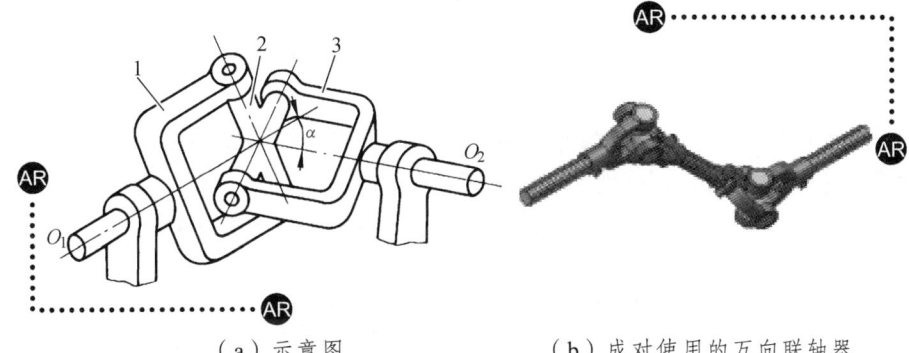

（a）示意图　　　　　（b）成对使用的万向联轴器

1，3—叉形接头；2—十字体。

图 5-3-7　万向联轴器

（万向联轴器结构拆解演示动画见 AR）

（二）弹性联轴器

弹性联轴器是一种可移式联轴器，依靠联轴器中弹性零件的变形来补偿两轴之间产生的位移和偏斜。弹性联轴器按其所具有弹性元件材料的不同，又可以分为金属弹簧式和非金属弹性元件式两类,弹性联轴器不仅能在一定范围内补偿两轴线间的位移,还具有缓冲减振的作用。

故此,弹性联轴器适用于频繁启动、经常正反转变载荷及高速运转的场合。

制造弹性元件的材料有金属和非金属两种。非金属材料有橡胶尼龙和塑料等,其特点为质量轻、价格便宜,有良好的弹性滞后性能,因而减振能力强,但橡胶的使用寿命较短。常用的非金属弹性联轴器有弹性圈柱销联轴器和尼龙柱销联轴器。金属材料制造的弹性元件,主要是各种弹簧,其强度高、尺寸小、寿命长,主要用于大功率的场合。

1. 弹性柱销联轴器

如图 5-3-8 所示的弹性柱销联轴器与凸缘联轴器相似,但用弹性柱销代替铰制孔螺栓。弹性柱销联轴器结构简单、制造容易、装拆方便。它适用于高速运转,经常正、反转,频繁启动的场合。

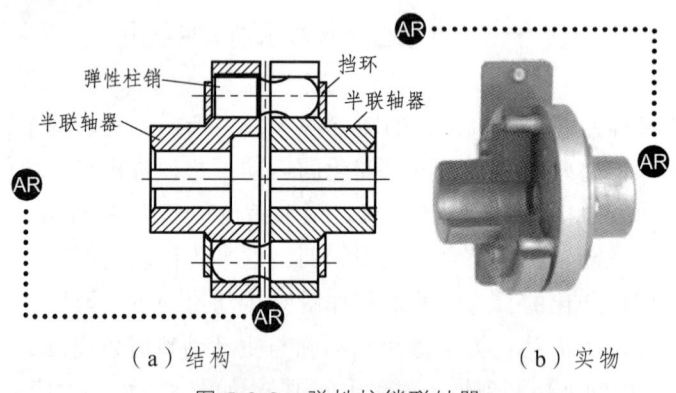

(a) 结构　　　　　　　(b) 实物

图 5-3-8　弹性柱销联轴器

(弹性柱销联轴器结构演示动画见 AR)

2. 弹性套柱销联轴器

如图 5-3-9 所示,弹性套柱销联轴器是柱销上装有弹性套圈的弹性联轴器。其结构更加紧凑,造价更加便宜,性能与弹性柱销联轴器相似。

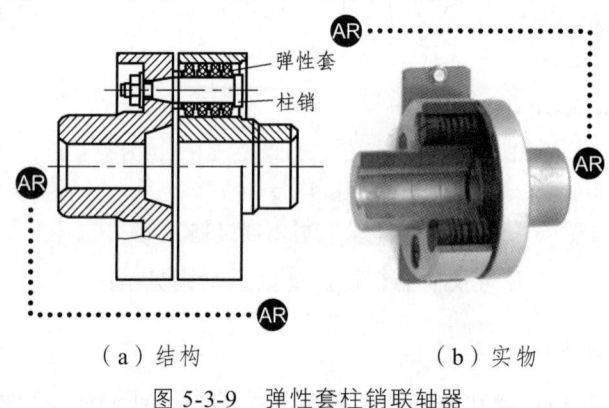

(a) 结构　　　　　　　(b) 实物

图 5-3-9　弹性套柱销联轴器

(弹性套柱销联轴器结构演示动画见 AR)

(三) 常用联轴器的选用

联轴器的类型应根据机器的工作特点和要求，结合各类联轴器的性能，并参照同类机器的使用来选择。

如两轴的对中要求高、轴的刚度大、传递的转矩较大，一般可选用套筒联轴器或凸缘联轴器；当安装调整后，难以保持两轴严格精确对中，工作过程中两轴将会产生较大的位移时，应选用有补偿作用的联轴器。例如，当径向位移较大时，可选用十字滑块联轴器，角位移较大或相交两轴的连接可用万向联轴器等。

两轴对中困难、轴的刚度较小、轴的转速较高且有振动时，则应选用对轴的偏移具有补偿能力的弹性联轴器。特别是非金属弹性元件联轴器，由于具有良好的综合性能，广泛适用于一般中小功率传动。

大功率的重载传动，可选用齿式联轴器；受严重冲击载荷或要求消除轴系扭转振动的传动，可选用具有较高弹性的联轴器。

在满足使用性能的前提下，应选用拆装方便、维护简单、成本低的联轴器。例如，刚性联轴器不但简单，而且拆装方便，可用于低速、刚性大的传动轴。

二、离合器

使用离合器是为了按需要随时分离和接合机器的两轴，其功能是用来操纵机器传动系统的断续，以便进行变速及换向等。

对离合器的基本要求：接合平稳、分离迅速；操纵省力方便；质量和外廓尺寸小；维护和调节方便；耐磨性好等。

常用离合器有齿形离合器、摩擦离合器和超越离合器三种。

(一) 齿形离合器

齿形离合器是由两个端面带牙的半离合器组成，如图 5-3-10 所示。用两个可以互相啮合的端面侧齿的接合与分离来实现两轴离合，其固定套筒半离合器与主动轴用键连接，滑动套筒半离合器与从动轴用导向平键连接。通过操纵机构可使滑动套筒上的滑环沿导向平键向左做轴向移动，使两套筒齿相接合，从而使主从动轴连成一体一起转动；拨动滑环向右可以使两轴分离。两套筒之间有对中环来保证轴的同轴度。从动轴可以在对中环中自由地转动。

齿形离合器结构简单，外廓尺寸小，制造容易，接合后所连接的两轴不会发生相对转动；但传递扭矩不大，并有振动，且必须在低速或停车时进行啮合，以免打牙；宜用于主、从动轴要求完全同步的两轴连接。

(二) 摩擦离合器

摩擦离合器是靠主、从动半离合器接触表面之间的摩擦力来传递转矩的离合器，它可以在任意速度下平稳接合，冲击振动小；而且过载打滑，能保护其他零件不致损坏，比较安全；但不能严格保持传动比，而且结构也较复杂。

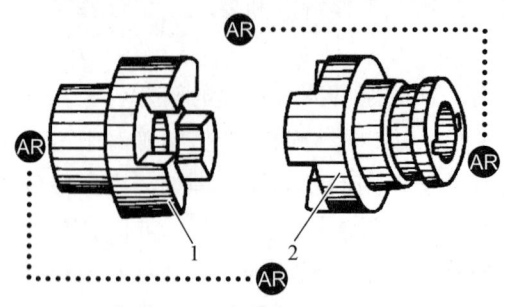

1—主动件；2—从动件。

图 5-3-10 齿形离合器

（齿形离合器结构演示动画见 AR）

摩擦离合器有单片摩擦离合器（图 5-3-11）和多片摩擦离合器两种。多片摩擦离合器（图 5-3-12）是靠插入外鼓轮的外摩擦片连接主动轴与插入套筒的内摩擦片连接从动轴组成的。拨动滑环通过杠杆使内外摩擦片靠紧或分离。靠紧时，外摩擦片带动内摩擦片，从而主动轴带动从动轴运转；反之摩擦片分离，主动轴与从动轴互不相关。

（三）超越离合器

超越离合器是通过主、从动部分的速度变化或旋转方向的变化而具有自由离合功能的离合器。如图 5-3-13 所示，超越离合器主要由星轮、外圈、弹簧顶杆和滚柱组成。弹簧将滚柱压向星轮的楔形槽内，使滚柱与星轮、外圈相接触。当主机启动后，低速时星轮（连接主机轴）与外圈直接接触，一起转动，星轮和外圈转速相同。随着主机轴转速提高，滚柱离心力迅速增加，滚柱离心力增加到大于弹簧施加的力时，外圈和星轮脱离接触，只有相对滑动，星轮的转速就超越了外圈的转速，故称为超越离合器。

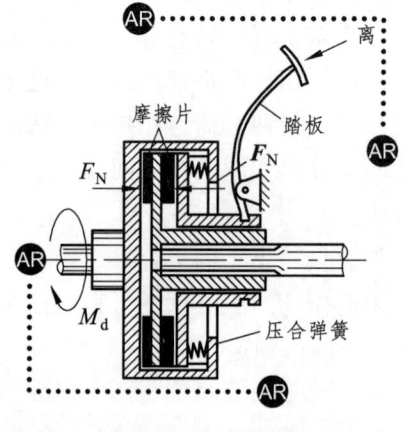

图 5-3-11 单片摩擦离合器

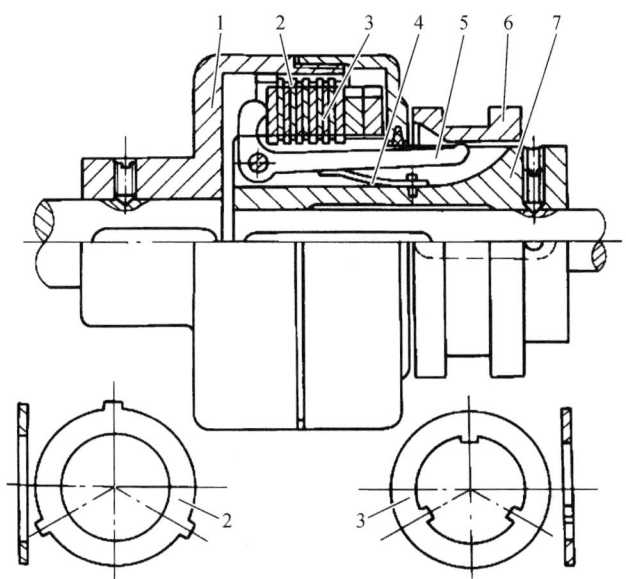

1—外套;2—外摩擦片;3—内摩擦片;4—弹簧片;5—角形杠杆;6—滑环;7—内套。

图 5-3-12　多片摩擦离合器

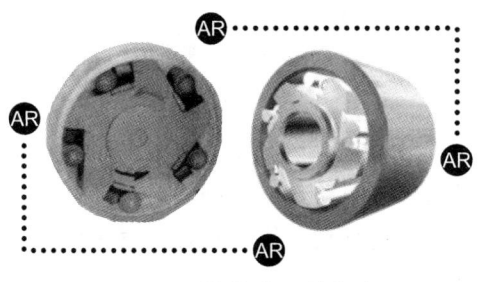

图 5-3-13　滚柱式超越离合器

三、制动器

制动器俗称刹车,一般是利用摩擦力矩来降低机器运动部件的转速或使其停止回转的装置,是各种运转机械中控制机械零件速度不可缺少的装置,广泛应用于各种车辆、起重机械、工程机械等。

制动器应满足的基本要求:能产生足够大的制动力矩,制动平稳、可靠,操纵灵活、方便,散热效果好,体积小,有较高的耐磨性等。

按制动零件的结构特征,制动器一般可分为带式制动器、块式制动器、盘式制动器、鼓式制动器等。

(一) 带式制动器

带式制动器由制动轮、钢制制动带及杠杆连件等部分组成。钢制制动带的内周上衬有一层橡胶、石棉、皮革等非金属材料。如图 5-3-14 所示,当杠杆受外力作用时,钢制制动带收紧而紧裹在制动轮上,通过两者间产生的摩擦力而实施制动。这种制动器结构简单、径向尺寸小，但制动力不大。

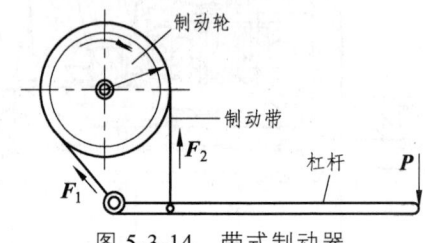

图 5-3-14　带式制动器

（二）块式制动器

块式制动器是利用一个或多个刹车块，依靠杠杆作用，加压于刹车鼓轮上，靠制动块与轮间的摩擦力产生制动作用，如图 5-3-15 所示。这种制动器结构简单，制动力大，广泛应用于各种车辆以及机械中。

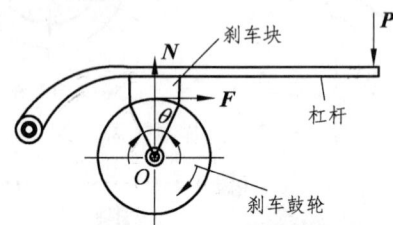

图 5-3-15　块式制动器

图 5-3-16 所示为铁道车辆制动器，它属于块式制动器，又称为闸瓦制动器或踏面制动器，是铁道车辆常用的一种制动方式。制动时，在制动缸活塞的带动下，基础制动装置推动闸瓦（刹车块）压紧车轮，轮和瓦之间发生摩擦，将列车的运动能通过轮和瓦间的摩擦转变为热能，逸散于空气中实现制动。

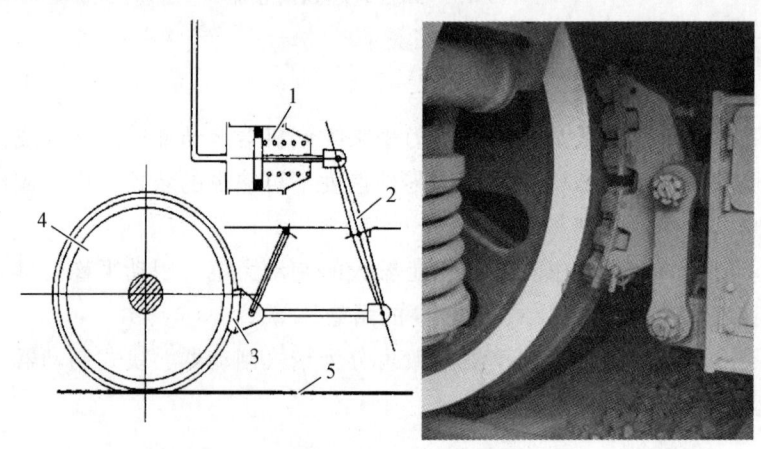

（a）铁路车辆基础制动装置结构　　（b）闸瓦

1—制动器；2—基础制动装置；3—闸瓦；4—车轮；5—钢轨。

图 5-3-16　铁路车辆踏面制动器

(三) 盘式制动器

盘式制动器又称圆盘制动器,主要由刹车圆盘、卡钳、刹车底板及摩擦衬片等组成,如图 5-3-17 所示。这种制动器有轴盘式和轮盘式之分,铁路车辆轴盘式和轮盘式制动器结构如图 5-3-18 所示。铁路车辆非动力转向架一般采用轴盘式,当动力转向架轮对由于牵引电机等设备使制动盘安装发生困难时,可采用轮盘式,如图 5-3-19 所示。制动时,制动缸通过制动卡钳使闸片夹紧制动盘,闸片与制动盘间产生摩擦实现制动。

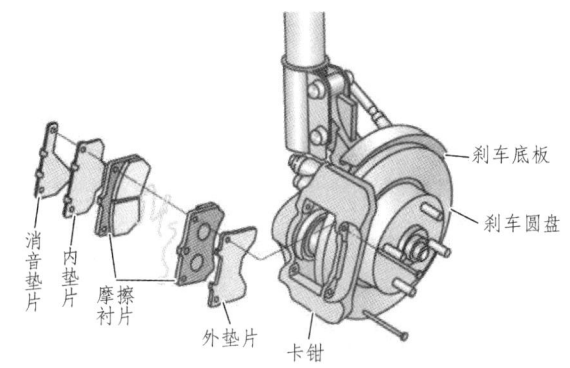

图 5-3-17 盘式制动器的组成

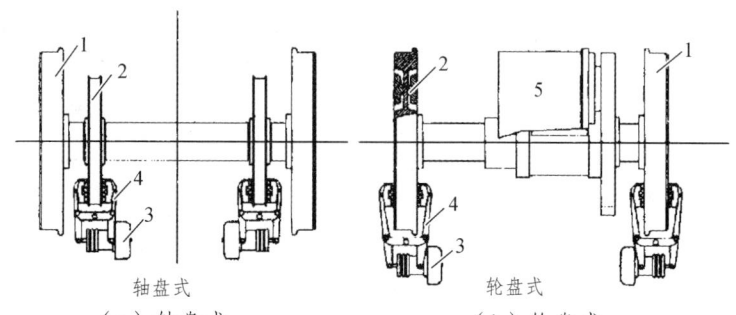

（a）轴盘式　　　　　（b）轮盘式

1—轮对；2—制动盘；3—单元制动缸；4—制动卡钳；5—牵引电机。

图 5-3-18 铁路车辆轴盘式和轮盘式制动器结构示意

图 5-3-19 铁路车辆轮盘式制动器
（轮盘式制动器制动过程见 AR）

盘式制动器能选择高性能的摩擦副材料和良好的散热结构，可以获得比块式制动器大得多的制动功率。

【思考】

制动器是铁道车辆最关键的部件之一，制动器故障会引发严重的安全事故。铁路运输是最安全的运输方式，铁路运输的安全性值得每个铁路人自豪。作为铁路专业的学生，你知道现在铁路运输部门在制动系统上采取了哪些安全保护措施吗？

【实践操作】

请根据图 5-3-18（a）说明铁路车辆制动器的工作过程。

【任务测评】

1. 联轴器和离合器的功用有什么区别？
2. 联轴器一般如何选用？
3. 按制动零件的结构特征，制动器一般可分为哪几种类型？各有何特点？

项目六

常用机构

项目导入

图 6-0-1 所示为内燃机气缸工作机构,你知道内燃机气缸由哪些机构组成吗?其中属于平面连杆机构的是哪个机构?你还知道哪些铁路设备中运用了平面连杆机构吗?

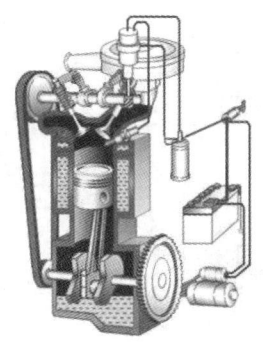

图 6-0-1　内燃机气缸结构

内燃机气缸由凸轮机构、齿轮机构和曲柄滑块机构组成,其中曲柄滑块机构属于平面连杆机构。平面连杆机构在其他铁路设备也有应用。图 6-0-2 为铁路机车车轮联动机构,是铰链四杆机构的应用。图 6-0-3 为 Scharfenberg 密接式车钩钩头,常用于铁路车辆的连接。挂钩链环与车钩锁钩板、中心枢轴、挂钩链环滑槽组成了曲柄滑块结构。图 6-0-4 为铁路电力机车受电弓,也是平面四杆机构的应用。

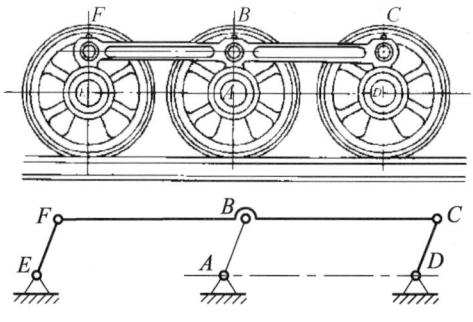

图 6-0-2　铁路机车车轮联动机构

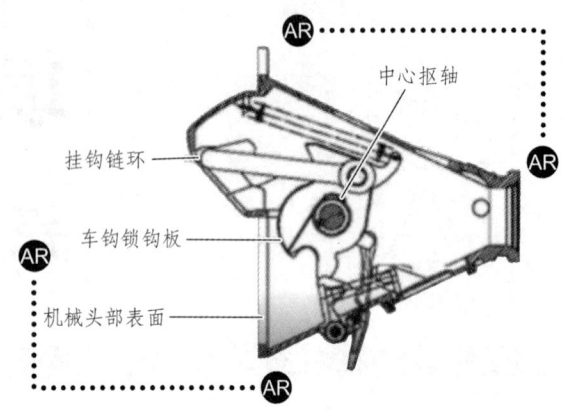

图 6-0-3　Scharfenberg 密接式车钩钩头

（Scharfenberg 密接式车钩钩头连挂和解锁过程见 AR）

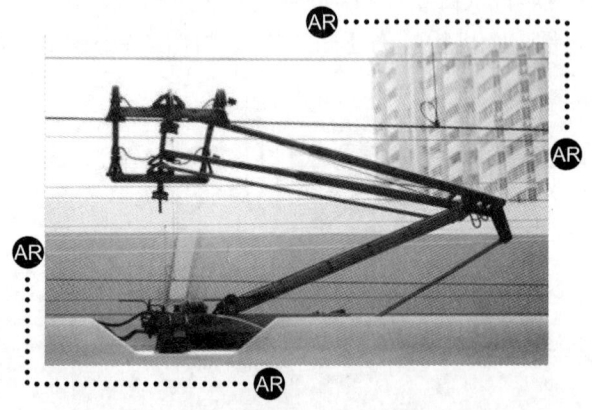

图 6-0-4　铁路电力机车受电弓

（铁路电力机车受电弓升降弓动画见 AR）

本项目主要介绍常见的平面四杆机构和凸轮机构。

学习目标

1. 熟悉铰链四杆机构的类型、特点和应用。
2. 了解铰链四杆机构演化的机构类型、特点和应用。
3. 了解平面四杆机构的传动特性。
4. 了解凸轮机构的组成、类型和应用。

任 务 一
平面连杆机构

【学习任务】

1. 熟悉铰链四杆机构中各构件的名称。
2. 了解铰链四杆机构的类型、特点和应用。
3. 会判别铰链四杆机构的类型。
4. 了解四杆机构演化的机构类型、特点和应用。
5. 了解平面四杆机构的传动特性。
6. 通过平面连杆机构应用案例分析和分组制作平面连杆机构的实践操作,培养理论联系实际的思维方式和团结协作的精神。

【任务引入】

一般平面连杆机构构件数目越多,机构设计越难,机构运动越复杂。最简单的平面连杆机构是四杆机构,它是由四个构件用四个低副依次连接组成的平面连杆机构。

平面四杆机构虽然运动简单,但其应用却极为广泛。用四个转动副依次连接的平面四杆机构,称为铰链四杆机构,如图 6-1-1 所示。图 6-0-2 所示的内燃机车内燃机气缸和图 6-0-3 所示 Scharfenberg 密接式车钩钩头的曲柄滑块机构都是由铰链四杆机构演化的机构类型。

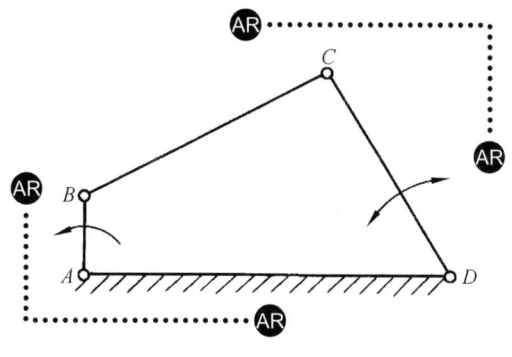

图 6-1-1 铰链四杆机构

(铰链四杆机构的组成见 AR)

【相关知识】

一、铰链四杆机构

（一）铰链四杆机构中各构件的名称

如图 6-1-2 所示各构件的名称如下：

（1）机架：固定不动的构件，AD 杆是机架。

（2）连架杆：与机架组成转动副 A 和 D 的 AB 杆和 CD 杆称为连架杆，其运动是绕转动副 A 和 D 做定轴转动。两个连架杆都可以作原动件。

（3）连杆：与连架杆组成转动副的 BC 杆称为连杆，它做复杂的平面运动。

（4）曲柄：能绕与机架组成转动副的回转中心做整周转动的连架杆称为曲柄，机构简图上一般用单向旋转箭头标注，如图 6-1-2 中 AB 杆的整周回转标注。

（5）摇杆：只能做往复摆动（摆动角小于 360°）的连架杆称为摇杆，机构简图上一般用双向回转箭头标注，如图 6-1-2 中 CD 杆的左右摆动标注。

其中，连架杆、连杆反映的是位置关系，机架、曲柄、摇杆反映的是构件的运动特性。

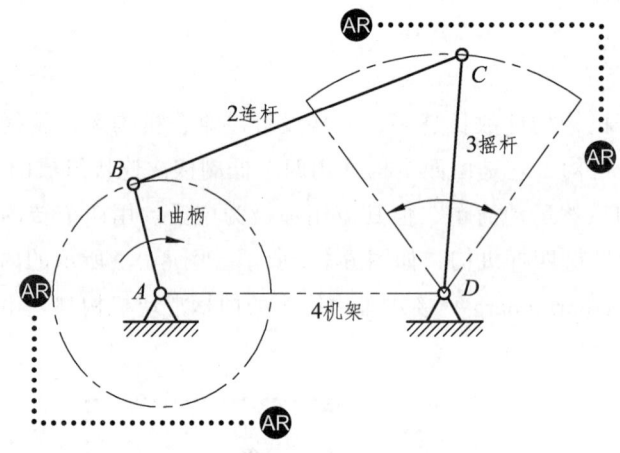

图 6-1-2　铰链四杆机构的构件

（曲柄摇杆机构、双曲柄机构、双摇杆机构的运动演示见 AR）

（二）铰链四杆机构类型和应用

根据铰链四杆机构中有几个曲柄，可将其进行分类。

1. 曲柄摇杆机构

在铰链四杆机构中，若有一个连架杆为曲柄，另一个连架杆为摇杆，则称该机构为曲柄摇杆机构。曲柄摇杆可实现曲柄的整周转动与摇杆往复摆动的转换。常见的是曲柄的主动整周转动转换为摇杆的从动往复摆动。

图 6-1-3 所示的汽车前窗刮雨器机构，在曲柄摇杆机构中，曲柄转动一周，摇杆往复摆动一次，和连杆连在一起的刮雨器就能实现刮雨动作。

（a）汽车前窗刮雨器

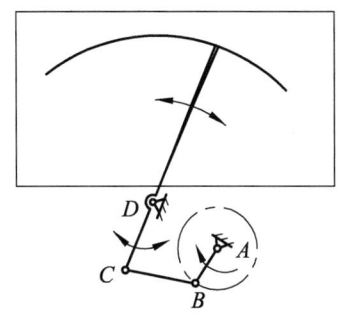
（b）汽车前窗刮雨器机构简图

图 6-1-3　汽车前窗刮雨器机构

图 6-1-4 所示的颚式碎矿机，当原动件曲柄 AB 整周转动时，通过连杆 BC，使摇杆 CD 和固定斜板之间的夹角产生变化，达到破碎矿石的目的。

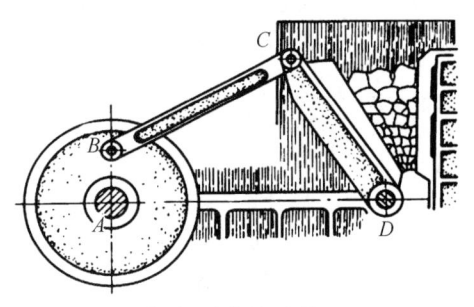
（a）颚式碎矿机

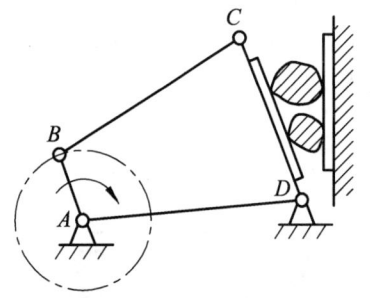
（b）颚式碎矿机机构简图

图 6-1-4　颚式碎矿机机构

图 6-1-5 所示的雷达天线机构，当原动件曲柄 1 转动时，通过连杆 2，使与摇杆 3 固结的抛物面天线做一定角度的摆动，以调整天线的俯仰角度。

（a）雷达天线

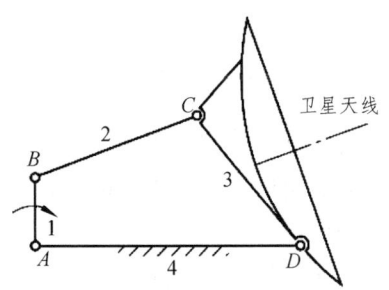
（b）雷达天线机构示意图

图 6-1-5　雷达天线机构

图 6-1-6 为搅拌机机构，当主动曲柄 AB 回转时，从动杆 CD 作往复摆动，利用和

连杆 BC 相连的搅拌杆实现复杂的上下左右平面运动，以达到搅拌的目的。

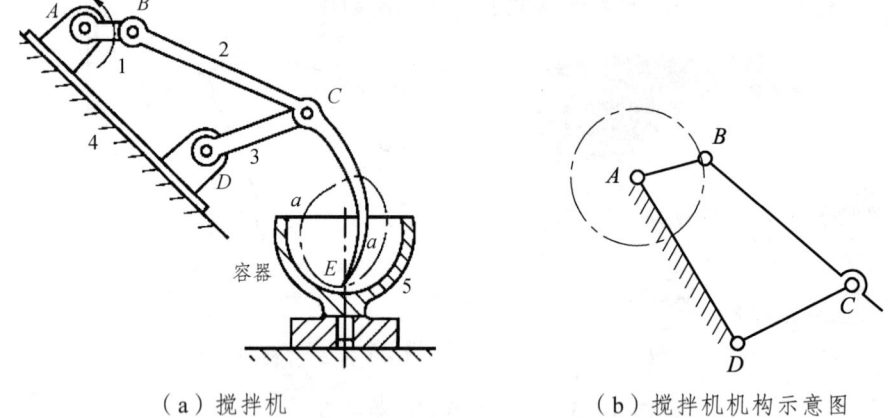

（a）搅拌机　　　　　　　　　（b）搅拌机机构示意图

图 6-1-6　搅拌机机构

曲柄摇杆机构也可以将摇杆为主动件的往复摆动，转换为以曲柄为从动件的整周转动。如图 6-1-7 所示的缝纫机踏板机构，就是将脚踏板 CD 的往复摆动转换为带轮 AB 的整周转动。

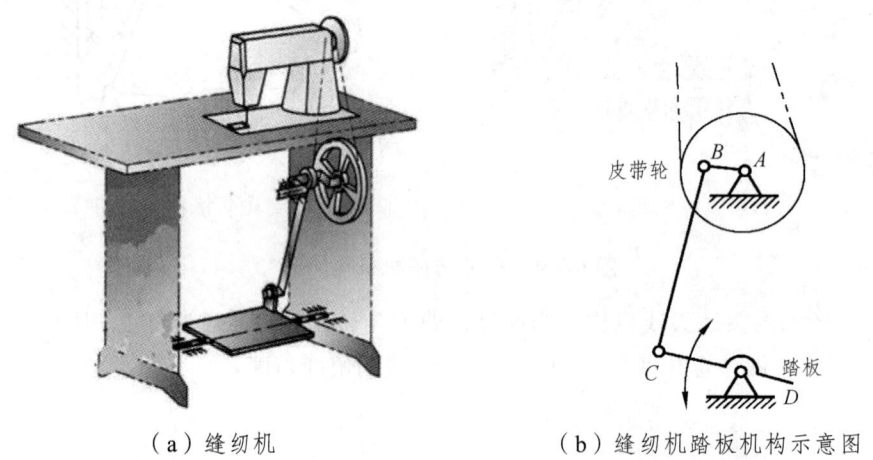

（a）缝纫机　　　　　　　　　（b）缝纫机踏板机构示意图

图 6-1-7　缝纫机踏板机构

2. 双曲柄机构

在铰链四杆机构中，若两个连架杆都能做整周转动，即两连架杆均为曲柄，则称该机构为双曲柄机构。双曲柄机构有三种类型：不等长双曲柄机构、平行双曲柄机构、反向双曲柄机构。

（1）不等长双曲柄机构。不等长双曲柄机构，如图 6-1-8 所示。当主动曲柄以等角速度转动一周时，从动曲柄忽快忽慢地转动一周，即两曲柄转动的角速度不相等。如图 6-1-9 所示的惯性筛机构就是利用从动曲柄变速产生的惯性，使物料来回抖动，从而提高了筛选效率。

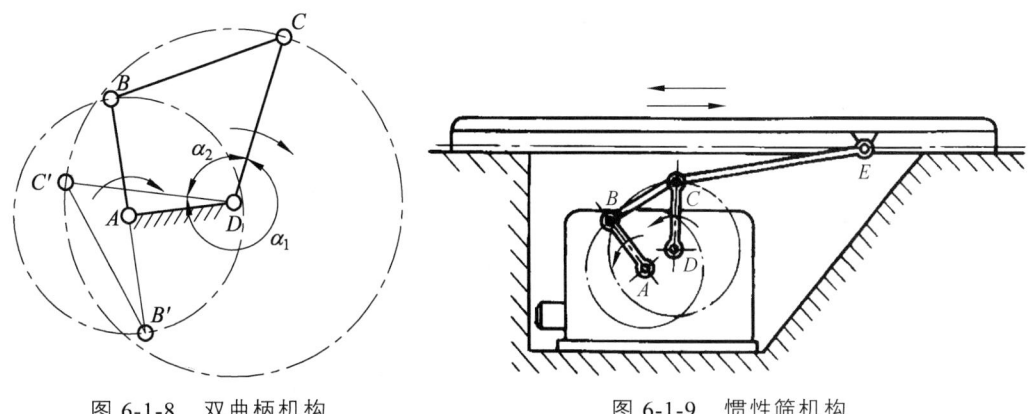

图 6-1-8　双曲柄机构　　　　　图 6-1-9　惯性筛机构

（2）平行双曲柄机构。

在双曲柄机构中，若两对边平行并且相等，且两曲柄转动方向相同，则称为平行双曲柄机构，如图 6-1-10 所示。平行双曲柄机构的主动曲柄与从动曲柄的运动状态完全相同，瞬时角速度恒相等，连杆 BC 做平行移动。

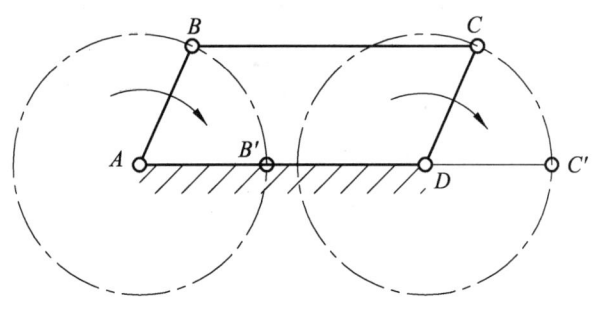

图 6-1-10　双曲柄机构

平行双曲柄机构特殊的构件运动特点使其在生产和生活中有广泛的应用。图 6-1-11 所示的铁道车辆车轮联动机构，就是利用平行双曲柄机构，将固定于曲柄上的两个车轮全部变成主动轮，使它们的转动状况完全相同；图 6-1-12 所示的天平机构，利用平行双曲柄机构的连杆做平行移动，使天平盘始终处于水平位置。

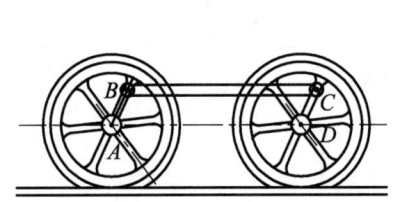　　　

图 6-1-11　铁路机车车轮联动机构　　　图 6-1-12　天平机构

（3）反向双曲柄机构。

反向双曲柄机构如图 6-1-13 所示，连杆与机架的长度相等且两个曲柄长度相等，曲柄转向相反的双曲柄机构。反向双曲柄的应用如图 6-1-14 所示的公共汽车车门开闭机构。

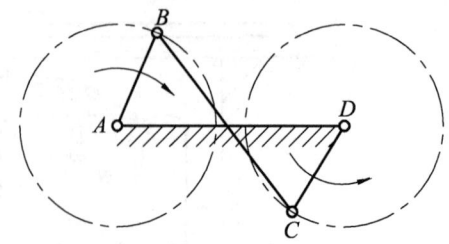

图 6-1-13　反向双曲柄机构

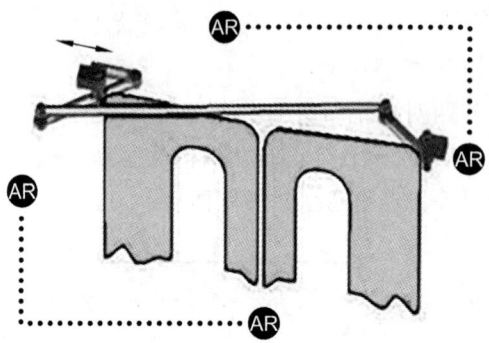

图 6-1-14　车门启闭机构

（车门启闭机构运动动画见 AR）

3. 双摇杆机构

在铰链四杆机构中，若两个连架杆均为摇杆，则称该机构为双摇杆机构，如图 6-1-15 所示。在双摇杆机构中，主动摇杆摆动一次，从动摇杆也摆动一次，其应用也很广泛。如图 6-1-16 所示的鹤式起重机机构，当摇杆 AB 摆动时，另一摇杆 CD 随之摆动，使得悬挂在 E 点的重物能沿水平直线的方向移动。

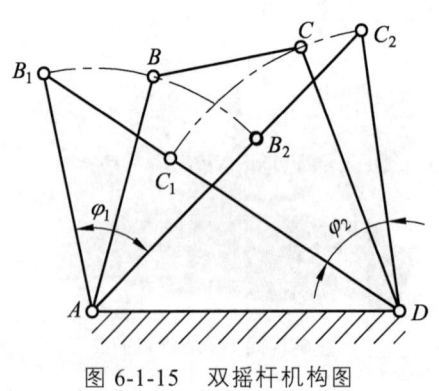

图 6-1-15　双摇杆机构图

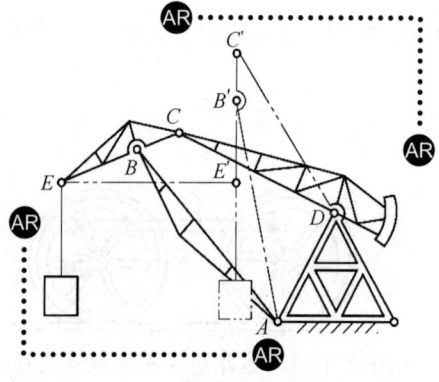

图 6-1-16　鹤式起重机机构

（鹤式起重机机构运动动画见 AR）

图 6-1-17 所示为飞机起落架中所用的双摇杆机构。

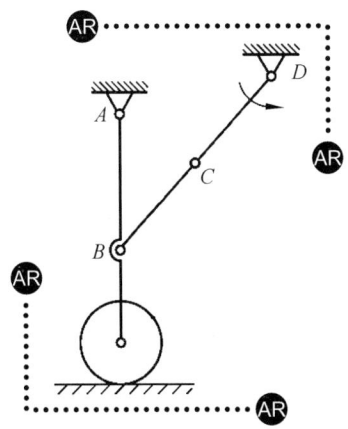

图 6-1-17　飞机起落架机构

（飞机起落架机构运动动画见 AR）

图 6-1-18 所示为汽车前轮转向操纵机构，是两摇杆长度相等的等腰梯形机构。车轮分别固连在两摇杆上，当推动摇杆时，两前轮以不同的速度转动，使汽车转弯时，两轮能与地面做纯滚动，减小了轮胎的磨损。

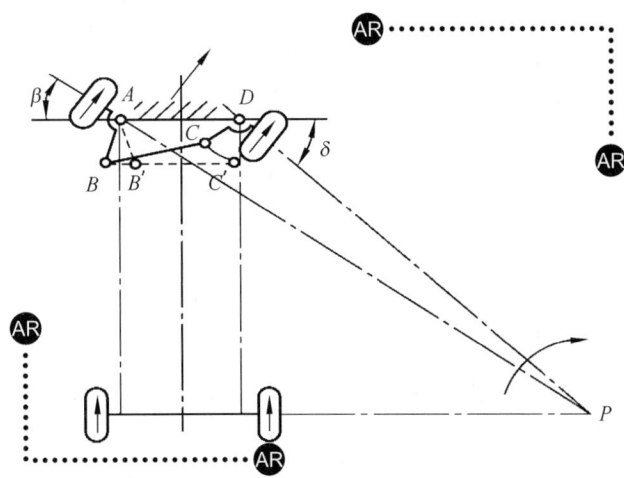

图 6-1-18　汽车前轮转向操纵机构

（汽车前轮转向操纵机构运动动画见 AR）

（三）铰链四杆机构曲柄存在的条件

上述铰链四杆机构的三种形式，其区别在于机构中有几个曲柄。铰链四杆机构是否有曲柄则由各杆相对长度来决定，铰链四杆机构的杆长是指每个杆上两个转动副中心之间的距离。

1. 铰链四杆机构曲柄存在条件

（1）连架杆或机架杆是最短杆（最短条件）。

（2）最短杆与最长杆长度之和小于或等于其余两杆长度之和（杆长条件）。

2. 铰链四杆机构曲柄存在条件的推论

（1）若四杆机构中最短杆与最长杆长度之和小于或等于其余两杆长度之和，则

① 当最短杆为连架杆时，为曲柄摇杆机构。

② 当最短杆为机架时，为双曲柄机构。

③ 当最短杆为连杆时，为双摇杆机构。

（2）若四杆机构中最短杆与最长杆长度之和大于其余两杆之和，则不论取任何杆为机架，都是双摇杆机构。如图6-1-18所示的汽车前轮转向操纵机构就是这种双摇杆机构。

铰链四杆机构判别示例见表6-1-1。

表6-1-1 铰链四杆机构基本形式的判别示例

$a+d \leqslant b+c$			$a+d > b+c$
曲柄摇杆机构	双曲柄机构	双摇杆机构	双摇杆机构
与最短杆相邻的杆固定	最短杆固定	与最短杆相对的杆固定	任意杆固定

注：1. a—最短杆长度；d—最长杆长度；b，c—其余两杆长度。

2. 单向旋转箭头表示整周回转，对应的构件为曲柄，双向回转箭头表示左右摆动，对应的构件为摇杆。

例6-1-1 判断图6-1-19所示的机构各是什么类型的四杆机构？

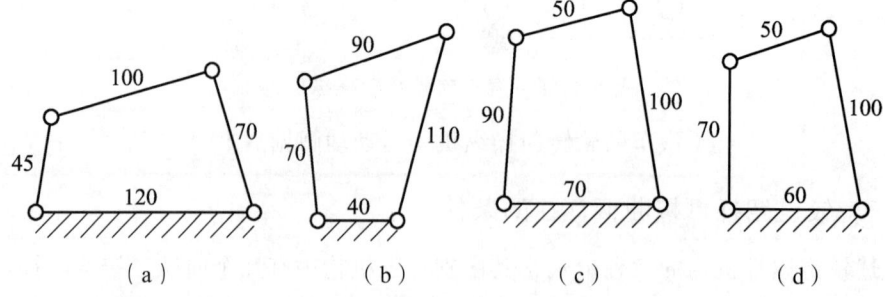

图6-1-19 四杆机构判断图

解 （a）根据杆长条件：45+120≤100+70，最短杆是连架杆，所以为曲柄摇杆机构。

（b）根据杆长条件：40+110≤90+70，最短杆是机架，所以为双曲柄机构。

（c）根据杆长条件：50+100≤90+70，最短杆是连杆，所以为双摇杆机构。

（d）根据杆长条件：50+100>60+70，不满足杆长条件，所以为双摇杆机构。

二、其他四杆机构

图 6-1-20 所示为用三个转动副和一个移动副依次相连接组成的一个移动副四杆组合体。与滑块构件 3 组成移动副的构件 4 称为导杆。在这样的组合体中取不同的构件为机架则得到不同的四杆机构。

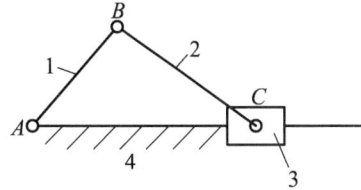

图 6-1-20　单移动副四杆组合体

（一）曲柄滑块机构

曲柄滑块机构可以看成是由曲柄摇杆机构演化而来的。如图 6-1-21（a）所示的曲柄摇杆机构中，构件 1 为曲柄，构件 3 为摇杆。如果将其曲柄摇杆机构中 D 转动副扩大，杆 4 做成一个环形槽，D 点为槽的曲率中心，则杆 3 做成一个弧形滑块，在环形槽内运动，如图 6-1-21（b）所示。如果再将环形槽半径扩大为无穷大，即 D 点在无穷远处，则环形槽变成了直槽，转动副变成了移动副，如图 6-1-21（c）所示。此时，曲柄摇杆机构演化成偏置曲柄滑块机构。

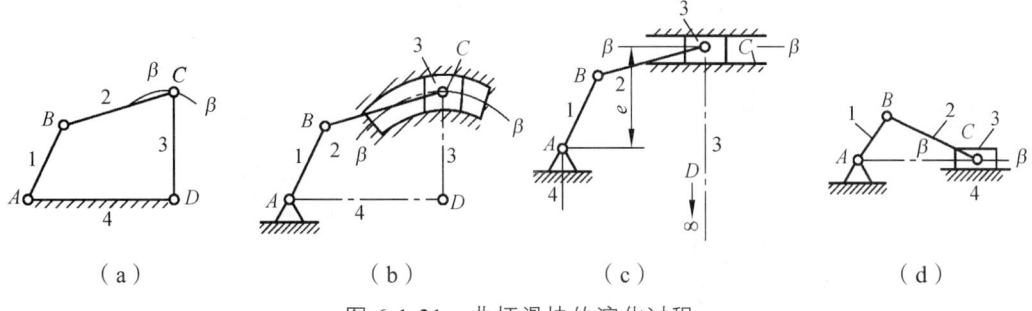

图 6-1-21　曲柄滑块的演化过程

在图 6-1-20 中取导杆 4 为机架组成的机构称为曲柄滑块机构，如图 6-1-22 所示。机构的连架杆 AB 为曲柄做整周转动，连杆 BC 做复杂的平面运动，滑块做往复直线移动。曲柄转动一周，滑块往复直线移动一次。曲柄回转中心到滑块导路中心的距离 e 称为偏心距，如果 $e=0$ 则称为对心曲柄滑块机构，如图 6-1-22（a）所示；如果 $e>0$ 则称偏置曲柄滑块机构，如图 6-1-22（b）所示。曲柄滑块机构的滑块两极限位置 C' 和 C'' 的距离称为机构的行程（H）。

曲柄滑块机构的曲柄存在条件：曲柄长与偏心距的和小于或等于连杆长。

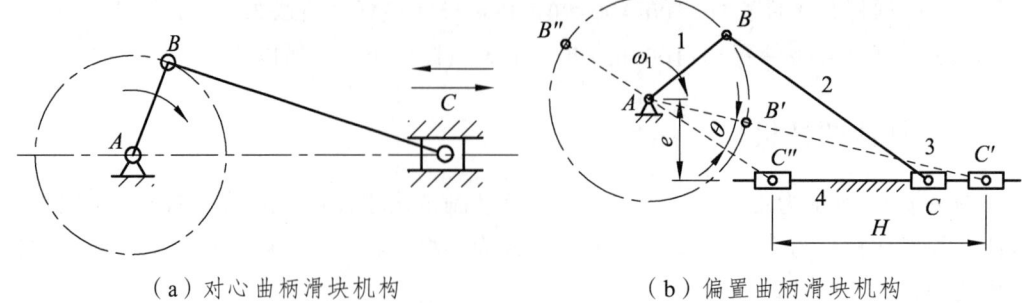

（a）对心曲柄滑块机构　　　　（b）偏置曲柄滑块机构

图 6-1-22　曲柄滑块机构

曲柄滑块机构可将曲柄的主动整周转动转换为滑块的从动往复移动。如图 6-1-23 所示为压力机构中的冲压机构，利用曲柄的回转运动，把力传到冲头（滑块），进行冲压工作；图 6-1-24 所示为自动送料机构，这种机构利用滑块的往复运动把物料送出去。

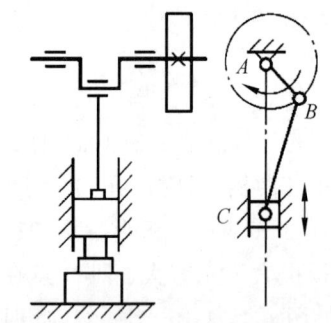 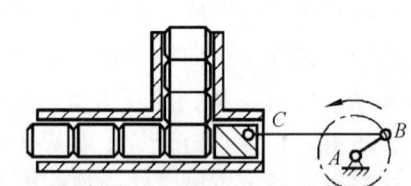

图 6-1-23　压力机中的曲柄滑块机构　　　图 6-1-24　自动送料滑块机构

曲柄滑块机构也可将滑块的主动往复移动转换为曲柄的从动整周转动。如图 6-1-25 所示的单缸内燃机机构，利用活塞（滑块）的往复运动，把力传到活塞杆，驱使曲柄做旋转运动，使直线往复运动转变为回转运动传递动力。

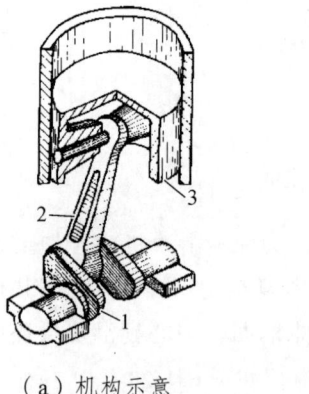 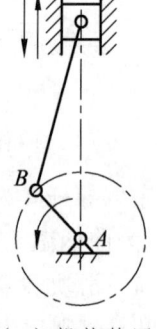

（a）机构示意　　　　　　　（b）机构简图

1—曲轴；2—连杆；3—活塞。

图 6-1-25　内燃机中的曲柄滑块机构

图 6-0-3 中挂钩链环与车钩锁钩板、中心枢轴、挂钩链环滑槽组成了曲柄滑块结构。通过挂钩链环在滑槽中的往复运动，推动车钩锁钩板顺时针或逆时针旋转，实现车钩的连挂和解钩。

（二）偏心轮机构

在曲柄摇杆、曲柄滑块或其他带有曲柄的机构中，如果曲柄很短，在曲柄两端各有一个轴承时，则加工和装配工艺困难，同时还影响构件的强度。在这种情况下，往往采用偏心轮机构。

偏心轮机构可以看成是曲柄滑块机构转动副的销钉半径逐渐扩大直至超过了曲柄长度演化而成的，其演化过程如图 6-1-26 所示。由于偏心轮机构中偏心轮的两支承距离较小且偏心部分粗大，刚度和强度均较好，可承受较大的力和冲击载荷。

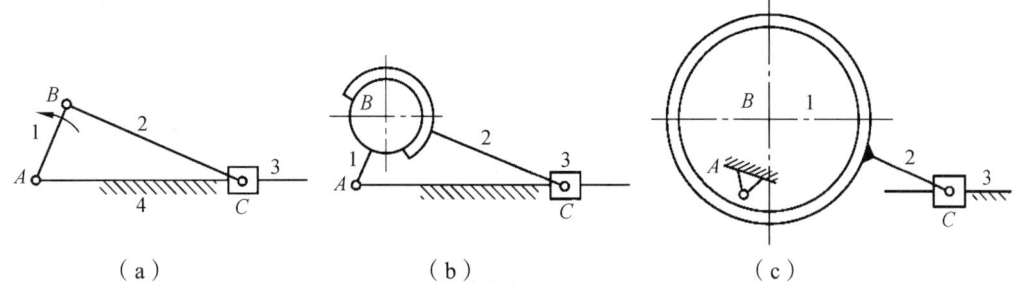

图 6-1-26　偏心轮的演化过程

通常是在曲柄长度很短和需利用偏心轮惯性时，采用偏心轮机构。偏心轮机构广泛应用于冲床、颚式破碎机、内燃机等机械中，图 6-1-27 所示为破碎机的偏心轮机构。

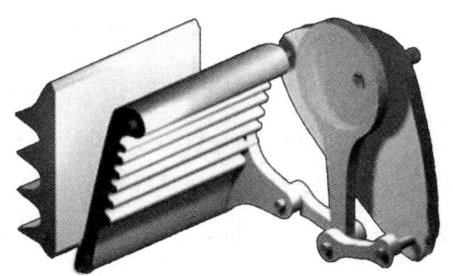

图 6-1-27　破碎机的偏心轮机构

（三）导杆机构

在图 6-1-28（a）中取与导杆组成转动副的构件 1 为机架组成的机构称为导杆机构，即导杆与机架组成转动副。导杆机构的连架杆是曲柄做整周转动（一般它是主动构件），滑块做复杂平面运动。根据导杆（一般为从动构件）的运动状况，导杆机构可以分为如下机构。

1. 转动导杆机构

当连架杆长≥机架杆长，导杆可以做整周转动，称为转动导杆机构，如图 6-1-28（b）所示。

2. 摆动导杆机构

当连架杆长<机架杆长，导杆只能做往复摆动，称为摆动导杆机构，如图 6-1-28（c）所示。

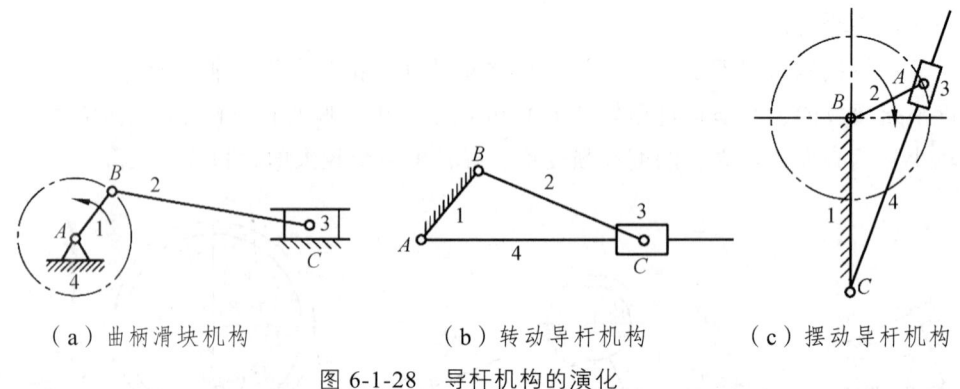

（a）曲柄滑块机构　　　（b）转动导杆机构　　　（c）摆动导杆机构

图 6-1-28　导杆机构的演化

（四）摇块机构

在图 6-1-29（a）中取与滑块组成转动副的构件 2 为机架组成的机构称为摇块机构，即摇块 3 与机架 2 组成转动副，如图 6-1-29（b）所示。

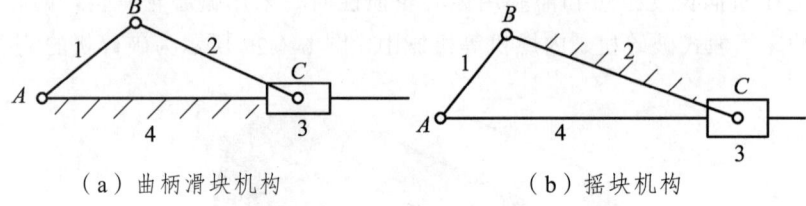

（a）曲柄滑块机构　　　　　　（b）摇块机构

图 6-1-29　摇块机构的演化

图 6-1-30 所示的汽车自动翻转卸料机构就是摇块机构的实际应用。这时活塞杆 4（导杆）为主动件，车厢 BC 构件 1 为从动件，活塞缸 3（摇块）做往复摆动。

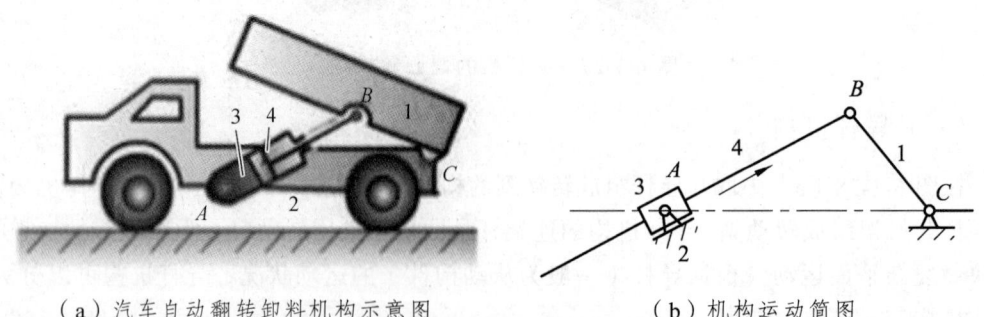

（a）汽车自动翻转卸料机构示意图　　　（b）机构运动简图

图 6-1-30　汽车自动翻转卸料机构

（五）定块机构

在图 6-1-31（a）中取滑块为机架组成的机构称为定块机构，如图 6-1-31（b）所示。该机构的连架杆是摇杆做往复摆动，连杆是主动件做复杂的平面运动，导杆是从动件做往复的直线移动。图 6-1-32 所示的手压泵机构就是定块机构的实际应用。

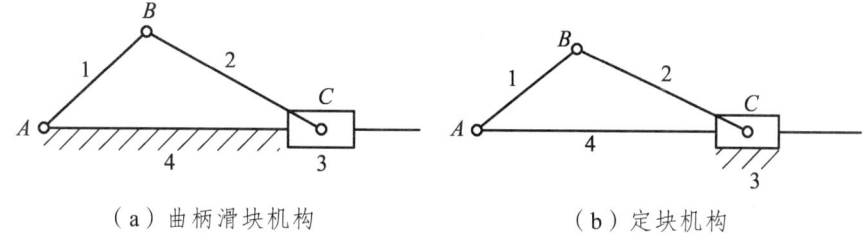

（a）曲柄滑块机构　　　　　　（b）定块机构

图 6-1-31　定块机构的演化

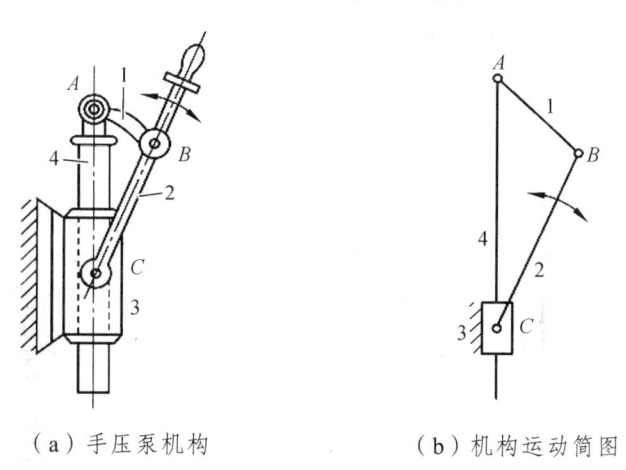

（a）手压泵机构　　　　　　（b）机构运动简图

图 6-1-32　手压泵机构

三、平面四杆机构的传动特性

平面四杆机构在传递运动和动力时所显示的传动特性，在实际中有着重要的作用。

（一）平面四杆机构位置和极位夹角

在图 6-1-33 所示的曲柄摇杆机构中，铰链 B 的轨迹，是以铰链 A 的转动中心为圆心，曲柄 B 的长度为半径的圆周，称为曲柄圆；铰链 C 的轨迹，是以铰链 D 的转动中心为圆心，摇杆 CD 的长度为半径的圆弧，称为摇杆弧。当曲柄为主动构件时，摇杆做往复摆动。以 A 为圆心，连杆 BC 和曲柄 AB 之和为半径交摇杆弧于 C_1 点，C_1D 就是摇杆的右极限位置，这时曲柄与连杆伸展共线；以 A 为圆心，连杆 BC 和曲柄 AB 之差为半径交曲柄圆于 C_2 点，C_2D 就是摇杆的左极限位置，这时曲柄与连杆重叠共线。摇杆的两极限位置 C_1D 和 C_2D 所夹锐角称为摇杆摆角，用 ψ 表示；摇杆的两极限位 C_1D 和 C_2D 所对应的两曲柄位置 AB_1 和 AB_2 所夹锐角称为极位夹角，用 θ 表示。

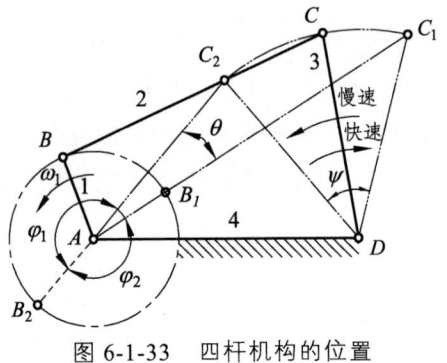

图 6-1-33　四杆机构的位置

（二）急回特性

以图 6-1-33 曲柄摇杆机构为例分析，当曲柄以等角速度 ω_1 由 AB_1 逆时针转过 $\varphi_1 = 180° + \theta$ 到达 AB_2 时，摇杆由 C_1D 摆到 C_2D，经历的时间为 $t_1 = \dfrac{\varphi_1}{\omega_1}$，摇杆的平均速度为 $v_1 = \dfrac{c_1 c_2}{t_1}$；当曲柄等角速度 ω_1 再由 AB_2 逆时针转过 $\varphi_2 = 180° - \theta$ 到达 AB_1 时，摇杆又由 C_2D 摆到 C_1D，经历的时间为 $t_2 = \dfrac{\varphi_2}{\omega_1}$，摇杆的平均速度为 $v_2 = \dfrac{c_1 c_2}{t_2}$。因 $\varphi_1 > \varphi_2$，所以 $t_1 > t_2$，$v_1 < v_2$，即摇杆摆回速度比摆去速度快。一般把速度快的行程作为空回行程，速度慢的行程作为工作行程,这种空回行程的平均速度大于工作行程的平均速度的运动特性称为急回特性。利用机构的急回特性可以减少机器的空回行程时间，提高生产效率。

为了说明机构急回特性，引入机构的行程速比系数，用 K 表示，即

$$K = \frac{v_{快}}{v_{慢}} = \frac{v_2}{v_1} = \frac{t_1}{t_2} = \frac{\varphi_1}{\varphi_2} = \frac{180° + \theta}{180° - \theta}$$

机构有无急回特性取决于机构的极位夹角 θ。

当 $\theta = 0$，$K = 1$，快速=慢速，机构没有急回特性，如对心式曲柄滑块机构，其 $\theta = 0$。

当 $\theta \neq 0$，$K > 1$，机构就有急回特性，如曲柄摇杆机构、偏置曲柄滑块机构和摆动导杆机构等都具有急回特性。

机构的极位夹角越大，机构的急回特性越明显。

（三）传动角和压力角

在机构的从动件上，主动力作用点的速度方向与主动力方向所夹锐角，称为机构压力角，用 α 表示；机构压力角 α 的余角 $\gamma = 90° - \alpha$ 称为机构的传动角。在图 6-1-34 所示的曲柄摇杆机构中，曲柄 1 为主动件，摇杆 3 为从动件。曲柄 1 通过连杆 2,作用于摇杆 3 的主动力作用点是铰链 C 点；该点的速度方向 v_C 垂直于摇杆 CD；该点受到的主动力 F 沿连杆 BC 方向（若忽略各杆的质量和运动副中的摩擦影响，连杆 BC 是二力杆）。力 F 与速度 v_C 所夹锐角就是机构压力角 α。真正推动从动摇杆克服阻力产生转

动的力是机构有效分力 $F_t=F\cos\alpha=F\sin\gamma$，它是主动力 F 在速度 v_C 方向的分力。

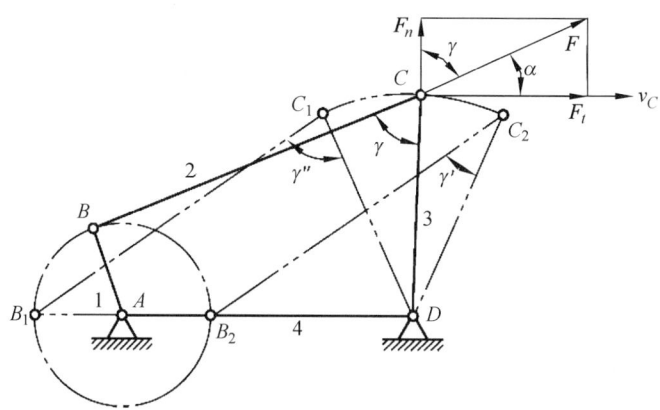

图 6-1-34　曲柄摇杆机构的传动角和压力角

可以看出：机构压力角 α 越小（传动角 γ 越大），有效分力 F_t 越大，机构传力性能越好，机构的传动效率越高。由于 γ 角便于观察和测量，工程上常以传动角来衡量机构的传力性能。

在机构运动过程中，压力角和传动角的大小是随机构位置而变化的，传动角变动范围必有最大角和最小角。为保证机构的良好传力性能，设计时通常应使 $\gamma_{\min} \geqslant 40°$。

在图 6-1-34 所示的曲柄摇杆机构中，曲柄为主动件时，其最小传动角出现在曲柄与机架共线的两个位置，其最小的传动角，就是机构的最小传动角。对于曲柄滑块机构，当主动件为曲柄时，最小传动角出现在曲柄与机架垂直的位置，如图 6-1-35 所示。

图 6-1-36 所示的导杆机构，由于在任何位置时主动曲柄通过滑块传给从动杆的力的方向，与从动杆受力的速度方向始终一致，所以传动角始终等于 90°。

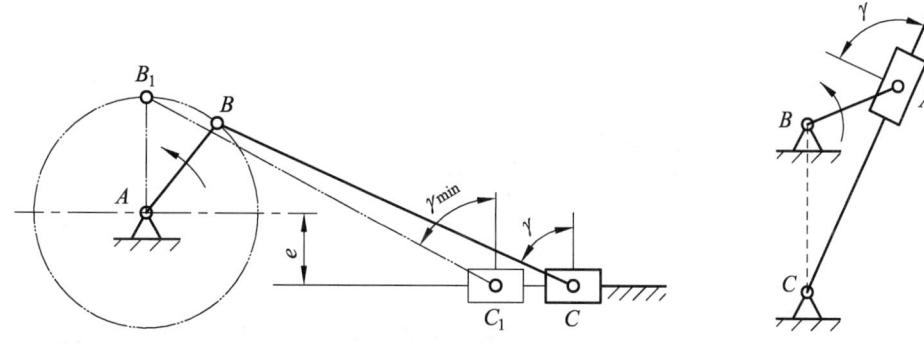

图 6-1-35　偏置曲柄滑块机构的最小传动角图　　图 6-1-36　摆动导杆机构的传动角

（四）机构死点

机构运动到某一位置时，机构的压力角 $\alpha=90°$（传动角 $\gamma=0°$）称为机构的死点位置。

在图 6-1-37 所示的曲柄摇杆机构中，若摇杆 CD 为原动件，曲柄 AB 为从动件，当

摇杆 CD 摆到 C_1D 或 C_2D 的极限位置时，连杆 BC 与曲柄 AB 两次共线，此时，摇杆经连杆施加给曲柄的力 F_1 或 F_2 必然通过铰链中心 A，曲柄不能获得转矩，机构将趋于静止状态，机构所处的这个位置即为死点位置。死点位置存在的条件是从动件和连杆共线。

由于机构在死点位置的有效分力 $F_t=0$，则不论主动力多大都不能使从动件产生运动，会出现从动件卡死不动或运动不确定的现象。

在曲柄滑块机构中，当滑块为主动件，曲柄为从动件时，死点位置是连杆与曲柄伸展和重叠共线位置，如图 6-1-38 所示；摆动导杆机构中，当导杆为主动件，曲柄为从动件时，死点位置是导杆与曲柄垂直的两个位置。

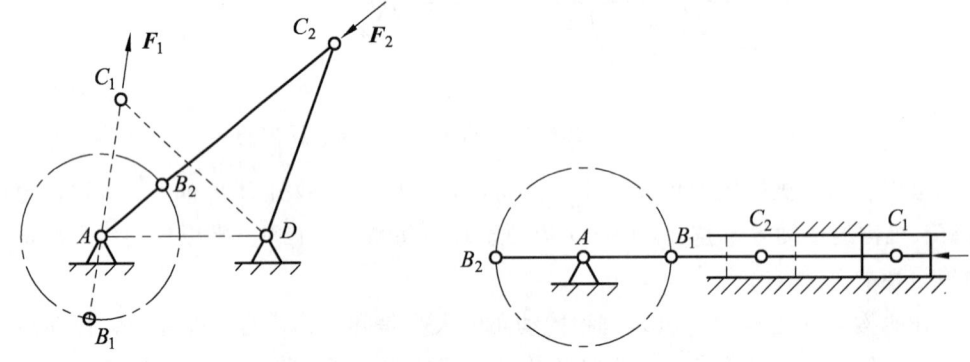

图 6-1-37　曲柄摇杆机构的死点位置图　　图 6-1-38　曲柄滑块机构的死点位置

在机构传动中，为了使机构能够顺利地通过死点，继续正常运转，可以采用下述两种方法。

（1）利用构件自身或飞轮的惯性使机构顺利通过死点，如图 6-1-39 所示的缝纫机踏板机构就是利用带轮的惯性通过死点。

（2）两组机构错位排列，使两组机构的死点相互错开，如图 6-1-40 所示的铁路机车车轮的联动机构左右两侧机构曲柄位置相错 90°。

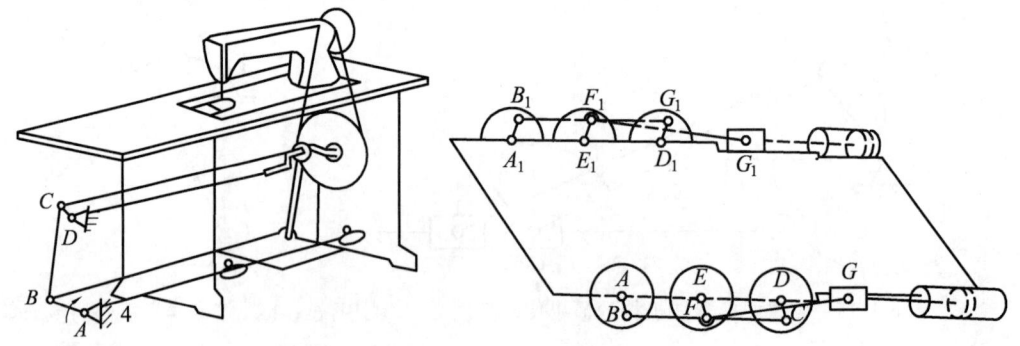

图 6-1-39　缝纫机的飞轮机构图　　图 6-1-40　铁路机车车轮的联动机构

对有夹紧或固定要求的机构，则可在设计中利用死点的特点，来达到目的。如图 6-1-41 所示的飞机起落架，当机轮放下时，BC 杆与 CD 杆共线，机构处在死点位置，地面对机轮的力不会使 CD 杆转动，使飞机降落可靠。图 6-1-42 所示的夹具，工件夹

紧后 B、C、D 连成一条线，工作时工件的反力再大，也不能使机构反转，使夹紧牢固可靠。

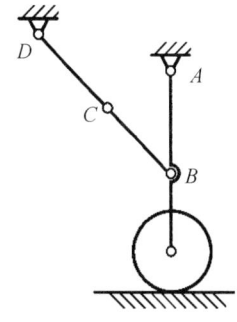

图 6-1-41　飞机起落架机构图

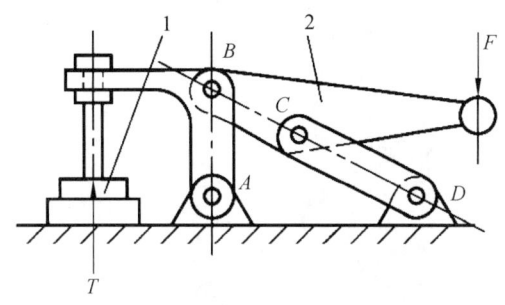

1—工件；2—夹具。

图 6-1-42　工件夹紧机构

四、平面连杆机构的优缺点

平面连杆机构的优点：
（1）低副是面接触，承载较大。
（2）接触面积大，磨损慢。
（3）形状简单，易于加工。
（4）改变各个构件的相对长度和取不同的构件为机架，可以得到不同的运动规律和不同类型的机构，从而满足不同的运动要求。

平面连杆机构的缺点：
（1）低副中存在间隙，机构运动精度不高。
（2）运动不易控制，难以实现复杂的运动。
（3）从动件通常为变速运动，存在惯性力，不适合高速场合。

【思考】

铰链四杆机构由机架、主动件、从动件组成，四根杆件作用不同，但能相互关联地实现人们需要的运动，这种运动形式对你有什么启发？

【实践操作】

1. 制作平面连杆机构。

分组准备工具：每组直尺一把，剪刀一把，塑料吸管若干，图钉若干。

制作要求：（1）用剪刀把塑料吸管剪成不同长度的杆件，用图钉连接 4 根吸管的接头，制作曲柄摇杆机构、双摇杆机构、双曲柄机构各一个。

（2）以不同的构件为机架，观察其他构件的运动情况，并记录观察结果。

2. 图 6-1-43 所示是铁路电力机车受电弓，该受电弓有几组四杆机构？请画出它的机构简图，并进行运动分析。

图 6-1-43　铁路电力机车受电弓

【任务测评】

1. 判断图 6-1-44 中机构各是什么类型的四杆机构？

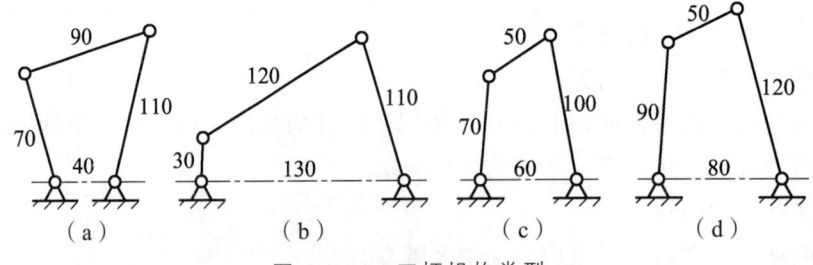

图 6-1-44　四杆机构类型

2. 在图 6-1-45 所示的铰链四杆机构中，已知连杆 BC=500 mm，连架杆 CD=400 mm，机架 AD=300 mm。当该机构是曲柄摇杆机构、双曲柄机构、双摇杆机构时，求杆 AB 的长度范围。

3. 试判断图 6-1-46 所示机构的类型。

4. 四杆机构存在急回特性必须具备的条件是什么？举例说明其应用？

5. 死点位置必须具备的条件是什么？如何克服？举例说明其应用？

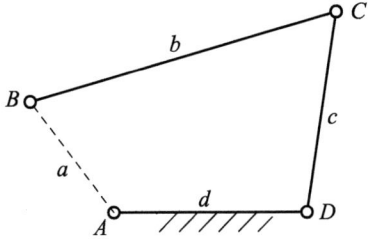

图 6-1-45　确定铰链四杆机构杆长范围

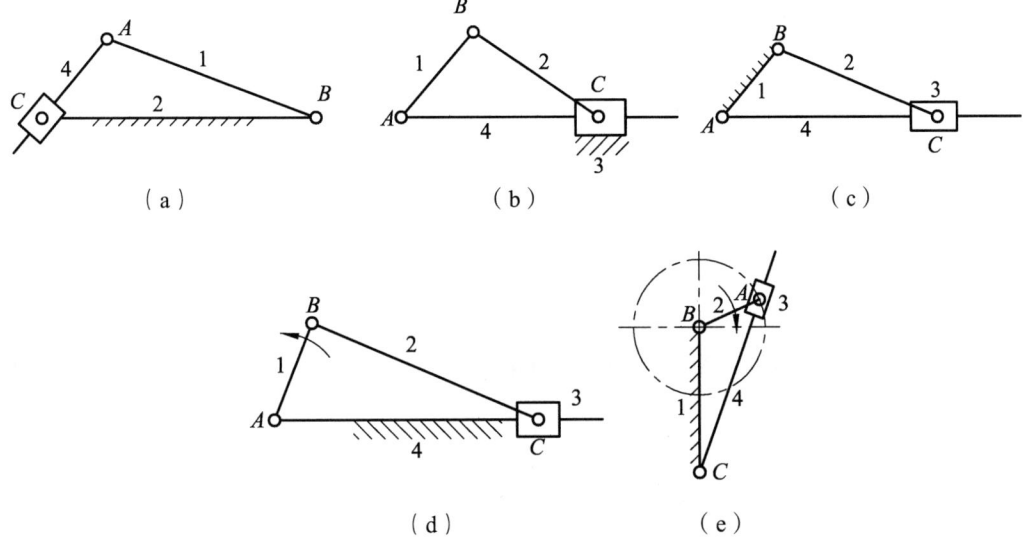

图 6-1-46　机构类型

任务二 凸轮机构

【任务要求】

1. 掌握凸轮机构的组成和应用。
2. 熟悉凸轮机构的类型和特点。
3. 从凸轮机构在内燃机气阀中的应用,认识到小部件的大作用,树立正确的人生目标,并为之不断努力。

【任务引入】

图 6-2-1 所示是单缸内燃机气阀凸轮机构,你知道这个凸轮机构的工作过程和工作特点是什么吗?

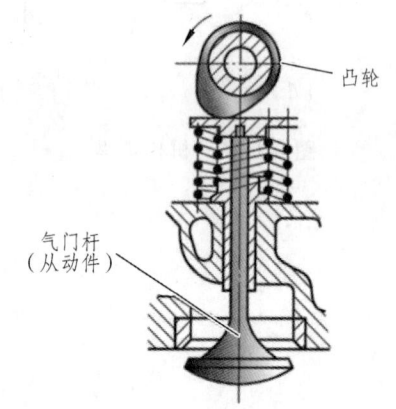

图 6-2-1　单缸内燃机气阀凸轮机构

单缸内燃机气阀凸轮机构是通过凸轮的回转运动,推动气门杆克服弹簧力进行上下运动,实现气门的开闭,气门的运动规律取决于凸轮的曲线轮廓形状。

平面连杆机构一般只能近似地实现给定的运动规律,应用在运动精度要求不高的场合,而且设计较为复杂,在各种机器中,特别是自动化机器中,为实现各种复杂的运动要求,常采用凸轮机构。

【相关知识】

一、凸轮机构组成及应用

凸轮机构由凸轮、从动件和机架组成，凸轮、从动件与机架组成低副，凸轮与从动件是以点或线接触，组成平面高副，故凸轮为高副机构。凸轮是具有曲线轮廓的构件，在凸轮机构中一般是主动构件，如图 6-2-2 所示。

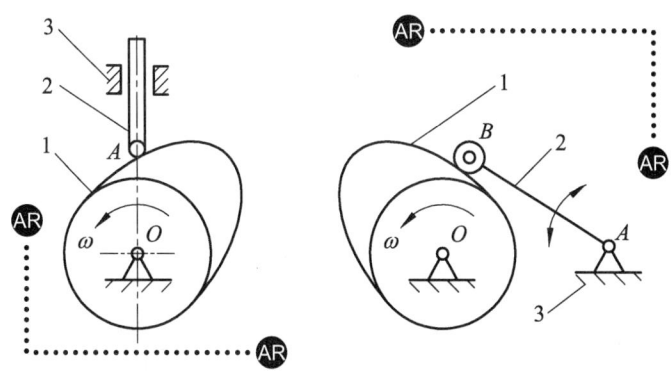

（a）移动从动件凸轮机构　　（b）摆动从动件凸轮机构

1—凸轮；2—从动件；3—机架。

图 6-2-2　凸轮机构的组成

（凸轮机构三维模型见 AR）

当凸轮转动时，通过凸轮与从动件的高副接触带动从动件产生预期的周期性运动，即从动件的运动规律（指位移、速度、加速度等）取决于凸轮轮廓的曲线形状；反之，按机器的工作要求给定从动件的运动规律以后，可合理地设计出凸轮的曲线轮廓。凸轮机构广泛应用于自动化机械、仪表和自动控制装置中。

图 6-2-3 所示为自动车床靠模机构。拖板带动从动刀架沿靠模凸轮运动时，刀刃走出手柄外形轨迹。手柄的曲线形状取决于凸轮的曲线轮廓形状。

图 6-2-4 所示为自动机床的进刀机构，当圆柱凸轮回转时，圆柱上凹槽的侧面迫使从动件做往复摆动，通过从动件上的扇形齿轮与刀架上的齿条啮合，控制刀架的自动进刀和退刀。其进刀和退刀的运动规律，取决于圆柱凸轮凹槽的曲线轮廓形状。

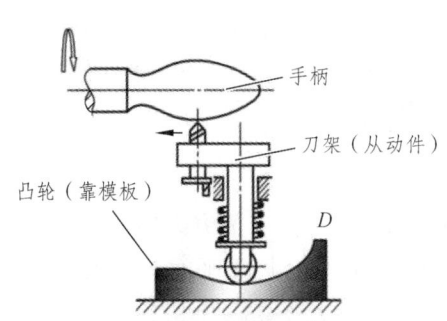

图 6-2-3　靠模成型切削机构

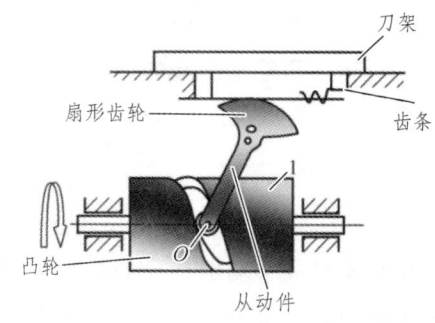

图 6-2-4　自动进刀机构

凸轮的其他应用如图 6-2-5 至图 6-2-8 所示。

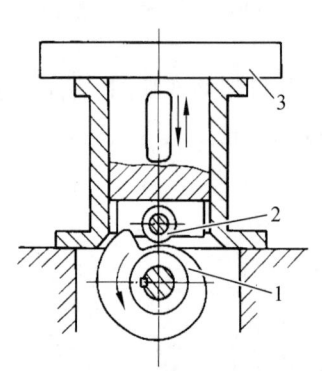

图 6-2-5 造型机凸轮机构

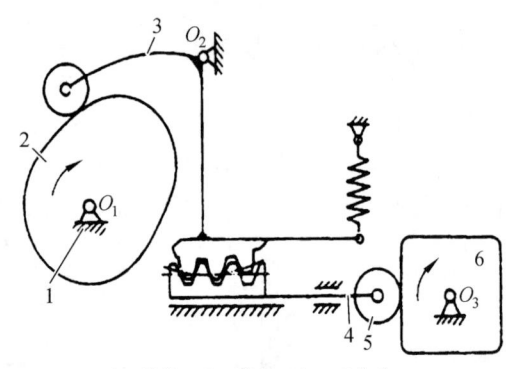

1—凸轮；2—滚子；3—工作台。

图 6-2-6 铣削加工靠模凸轮机构

图 6-2-7 绕线机构

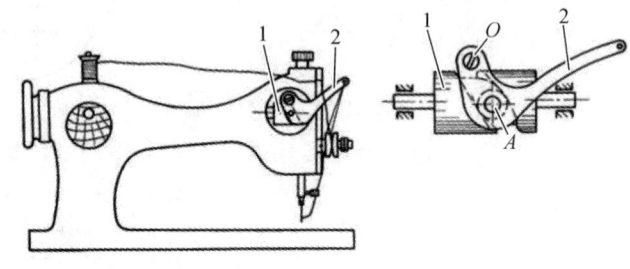

（a）总体外观　　　（b）凸轮机构

1—圆柱凸轮；2—挑线杆。

图 6-2-8 缝纫机挑线机构

二、凸轮机构分类

（一）按凸轮的形状分类

1. 盘形凸轮

盘形凸轮与机架组成转动副，它的外形是一个由转动中心到曲线轮廓距离有变化的盘形构件，如图 6-2-1 所示的单缸内燃机气阀凸轮机构，图 6-2-5 所示的造型机凸轮机构，图 6-2-6 所示的铣削加工靠模凸轮机构，图 6-2-7 所示的绕线凸轮机构均为盘型凸轮。盘形转动凸轮是凸轮的最基本形式，属于平面运动机构，它的结构简单，从动件的运动范围（行程或摆角）不宜过大，应用最为广泛。

2. 移动凸轮

图 6-2-3 为移动凸轮，又称板状凸轮，相当于回转半径趋于无穷大的盘型凸轮。移动凸轮与机架组成移动副，也是具有曲线轮廓的盘形构件，属于平面运动机构，常用于仿形机械中。

3. 圆柱凸轮

图 6-2-9 为圆柱凸轮，分为圆柱凸轮和端面凸轮两种。圆柱凸轮的圆柱体外表面具有一定曲线轮廓凹槽，端面凸轮则是圆柱体的端面上有一定的曲线轮廓。圆柱凸轮与从动件之间的相对运动为空间运动，属于空间运动机构，可用较小的径向尺寸得到较大的行程。如图 6-2-4 所示的自动进刀机构和图 6-2-8 所示的缝纫机挑线机构，也属于圆柱凸轮。

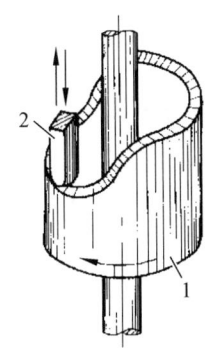

1—圆柱凸轮；2—从动杆。

图 6-2-9 圆柱凸轮机构

（二）按从动件的运动形式分类

1. 移动从动件

从动件与机架组成移动副，做往复直线移动，如图 6-2-2（a）所示。从动件移动直线中心通过凸轮回转中心时称为对心从动件凸轮机构，否则为偏置从动件凸轮机构。

2. 摆动从动件

从动件与机架组成转动副，做往复摆动运动，如图 6-2-2（b）所示。

（三）按从动件与凸轮接触端部的结构分类

1. 尖顶从动件

从动件的端部以尖顶与凸轮曲线轮廓接触，如图 6-2-10（a）所示。尖顶从动件结构简单，尖顶能与任何复杂的凸轮轮廓接触，可精确地反映出凸轮曲线轮廓所带来的运动规律。但由于尖顶与凸轮接触面小，接触应力大，易磨损，只适用于受力不大、动作要求灵敏的低速凸轮机构。

2. 滚子从动件

从动件的端部安装小轮子，小轮子与凸轮曲线轮廓相切接触，使从动件与凸轮形成滚动摩擦，如图 6-2-10（b）所示。滚子从动件由于滚动减小了摩擦，减轻了磨损，增大了接触面积,所以可承受较大的载荷,应用最为广泛。但其结构较复杂,尺寸、质量较大,不易润滑,滚子轴有间隙,不宜用于高速的场合。

3. 平底从动件

从动件的端部以一平面与凸轮曲线轮廓相切接触,如图 6-2-10(c)所示。平底从动件与凸轮接触易形成楔形油膜,润滑性能好,摩擦阻力小,噪声小,磨损小,传动最平稳。如果不计摩擦,凸轮对从动件的作用力始终垂直于平底,传动效率较高,接触面积也较大,故常用于高速、承载大的场合,但不能用于具有内凹轮廓的凸轮。

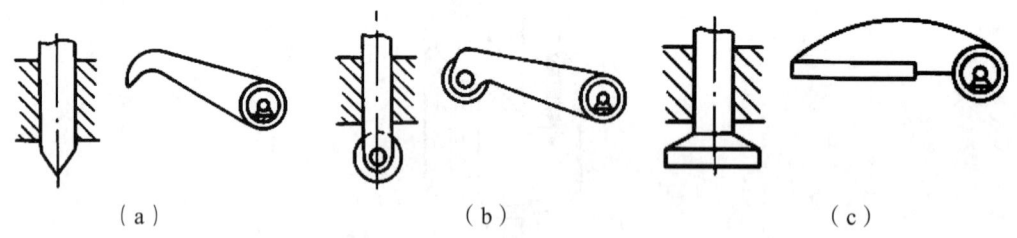

图 6-2-10 从动件的不同形式

(四)按锁合方法分类

为使凸轮机构正常工作,必须使从动件与凸轮始终保持高副接触状态,这样的状态称为凸轮与从动件的锁合,产生锁合的方法有以下几种。

1. 外力锁合

依靠重力、弹簧力或其他外力使从动件与凸轮保持接触的锁合方式称为外力锁合,如图 6-2-11 所示。

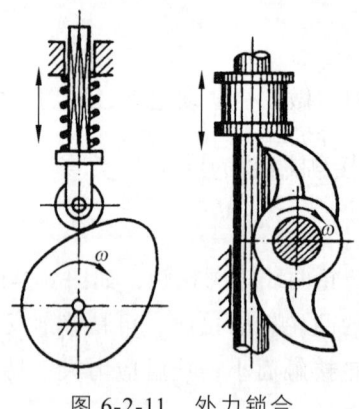

图 6-2-11 外力锁合

2. 几何锁合

依靠凸轮和从动件的特殊几何形状使从动件与凸轮保持接触的锁合方式称为几何锁合,如图 6-2-12 所示。

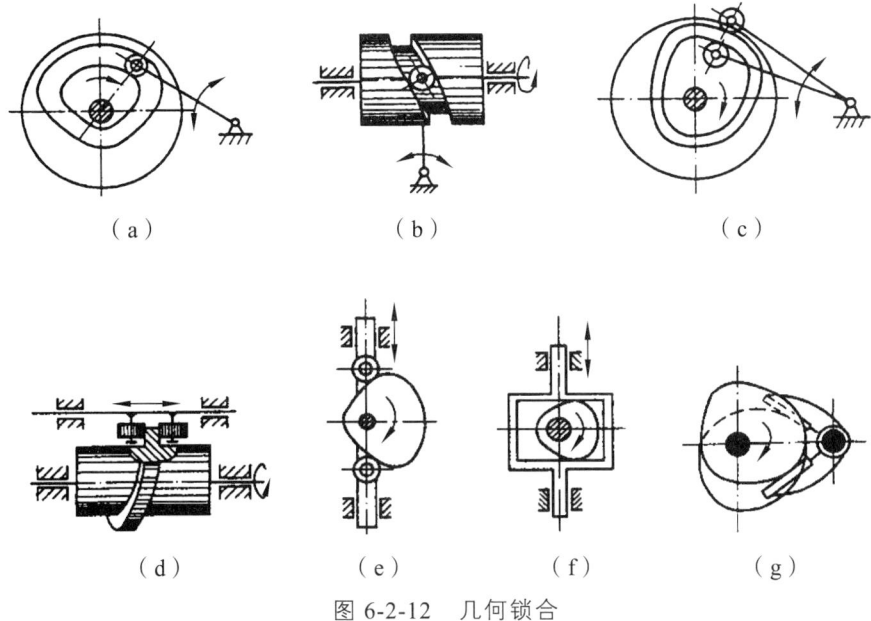

图 6-2-12　几何锁合

三、凸轮机构运动特点

凸轮机构能使从动件按预定的运动规律做间歇（或连续）往复直线运动（或摆动），具体特点如下。

凸轮机构的优点：

（1）只要正确地设计出凸轮曲线轮廓，就能使从动件准确地实现任意给定的运动规律。

（2）构件数目少，结构简单紧凑。

（3）可以高速启动，动作准确可靠。

凸轮机构的缺点：

（1）凸轮与从动件之间为点或线接触，接触应力较大，承载不大。

（2）不易实现较理想的润滑，易于磨损，寿命相对较短。

（3）由于从动件运动规律的复杂性，对凸轮轮廓曲线分析较为困难，设计和制造要求较高，需要进行计算机辅助设计及数控技术加工制造。

（4）高速传动可能产生较大冲击。

因此，凸轮机构多用于传力不大的场合，如自动机械、仪表、控制机构和调节机构中。

【思考】

通过对凸轮机构优缺点的分析，你也找一下自己有哪些优缺点？并想想如何对待自己的优缺点？

【实践操作】

请给某一高速、大负荷的铁路内燃机车的内燃机凸轮机构选用合适结构形式的从动件，并说明理由。

【任务测评】

1. 凸轮的种类有哪些？各适用于哪些场合？
2. 凸轮机构的有什么优缺点？

项目七
机械传动

项目导入

图 7-0-1 所示为减速器传动机构，图 7-0-2 所示是铁路机车轮边减速器。减速器是由封闭在壳体内的齿轮、蜗杆、蜗轮等传动零件所构成的传动装置，为了提高电动机的效率，原动机提供的转速一般比工作机械所需的转速高，因此将减速器安装在原动机与工作机之间，用以降低输入的转速并相应地增大输出转矩，以实现功率和运动的传递。

图 7-0-1 减速器

图 7-0-2 铁路机车轮边减速器

常用的机械传动装置有带传动、链传动、齿轮传动、螺旋传动和蜗杆传动等。机械传动是最常见的传动方式，它具有传动准确可靠、操纵简单、容易掌握、受环境影响小等一系列优点，但也存在传动装置笨重、效率低、远距离布置和操纵困难等不足。

学习目标

1. 了解螺旋传动的工作原理、类型、应用及特点。
2. 熟悉带传动的工作原理、类型、特点、张紧、安装和维护。
3. 掌握齿轮传动的特点、分类及应用。
4. 熟悉轮系相关知识及减速器的类型与结构，会计算定轴轮系的传动比。

任务一 螺旋传动

【任务要求】

1. 了解螺旋传动类型和形式。
2. 了解螺旋传动速度的计算。
3. 掌握螺旋传动的特点。
4. 通过螺旋传动在生产和生活中的应用案例,培养勇于探索,积极思考的学习习惯。

【任务引入】

图 7-1-1 所示为城轨车辆塞拉门螺旋传动机构。请通过 AR 视频观察城轨车辆塞拉门螺旋传动机构是如何实现车门开闭动作的。

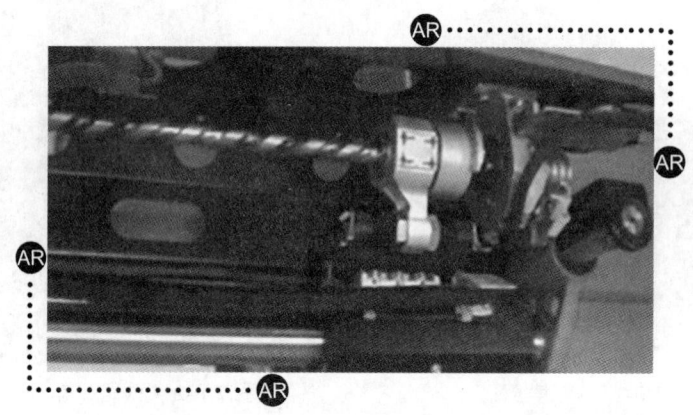

图 7-1-1 城轨车辆塞拉门螺旋传动机构

(城轨车辆塞拉门螺旋传动视频见 AR)

通过 AR 视频,我们看到置于塞拉门上方的螺杆带动门翼沿着导轨滑移,实现塞拉门开闭动作。

本任务将介绍螺旋传动的组成、类型和传动特点。

【相关知识】

一、螺旋传动的组成

螺旋传动是利用螺杆和螺母组成的螺旋副实现传动,是将旋转运动变为沿轴线的直线移动，以传递运动和动力的一种机械传动方式。

螺旋传动主要由螺杆、螺母和机架组成。在螺杆外表面和螺母内表面均制有螺纹，相互组成螺旋副。

二、螺旋传动的类型

螺旋传动是应用较广泛的一种传动，有多种应用形式，根据用途可分为调整螺旋、传力螺旋、传导螺旋和测量螺旋传动。

（一）调整螺旋传动

调整螺旋传动是利用螺杆（或螺母）的转动通过轴向移动来调整和固定零件之间的相对位置。图 7-1-2 所示为台式虎钳。螺杆装在活动钳口上，在活动钳口处做回转运动，但不能相对移动；螺母与固定钳口固定，不能做相对运动，螺杆与螺母旋合。当操纵手柄转动螺杆时，螺杆就相对螺母既做旋转运动又做轴向移动，从而带动活动钳口相对固定钳口做合拢或张开动作，以实现对工件的夹紧和松开。

（二）传力螺旋传动

传力螺旋传动是对螺杆（或螺母）用较小的力矩转动，使其产生较大的轴向力。传力螺旋以传递动力为主，用来做起重和加压工作，如螺旋千斤顶（图 7-1-3），其特点是转速低、传递轴向力大并具有自锁性。

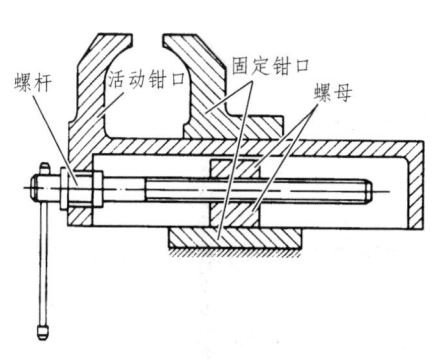

图 7-1-2　台式虎钳

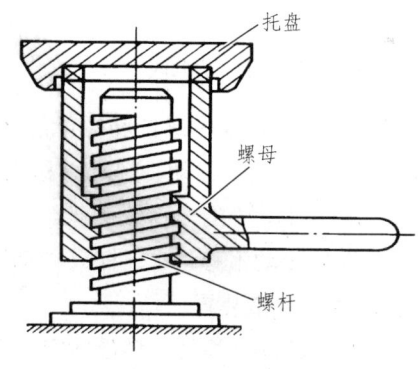

图 7-1-3　螺旋千斤顶

（三）传导螺旋传动

传导螺旋传动是螺杆（或螺母）转动得到一定精度要求的轴向直线移动。传导螺旋以传递运动为主，且具有较高的传动精度，如城轨车辆塞拉门的螺旋传动（图 7-1-1）和车床横刀架（图 7-1-4），其特点是速度高、连续工作、运动精度高。

（四）测量螺旋传动

测量螺旋传动是利用螺旋机构中螺杆的精确、连续的位移变化，做精密测量，如千分尺中的微调机构（图 7-1-5）、应力试验机上的观察镜螺旋调整装置（图 7-1-6）。

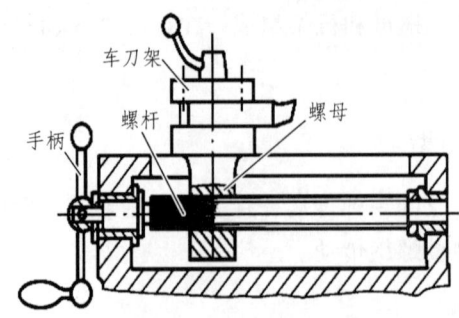

图 7-1-4　车床横刀架

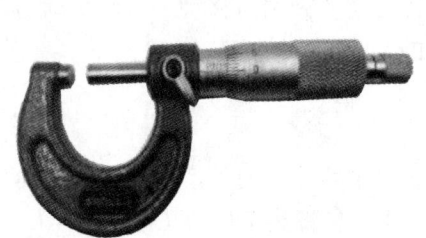

图 7-1-5　螺旋千分尺

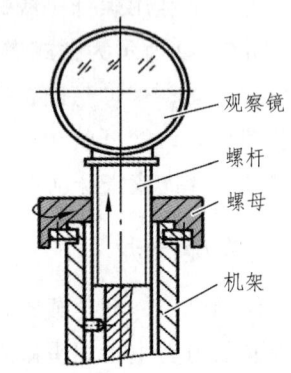

图 7-1-6　观察镜螺旋调整装置

三、螺旋传动的形式

根据螺旋传动装置中螺杆和螺母的运动特点，螺旋传动有 4 种传动形式。

（1）螺杆只转动不移动，螺母只移动不转动，如图 7-1-1 中的城轨车辆塞拉门螺旋传动机构和图 7-1-4 中的车床横刀架。

（2）螺母只转动不移动，螺杆只移动不转动，如图 7-1-5 中的螺旋千分尺和图 7-1-6 中的观察镜螺旋调整装置。

（3）螺杆既转动又移动，螺母固定为机架，如图 7-1-2 所示的台式虎钳。

（4）螺母既转动又移动，螺杆固定为机架，如图 7-1-3 所示的螺旋千斤顶的传动装置。

四、螺旋传动速度的计算

在螺旋传动中有

$$v=nS \tag{7-1-1}$$

式中　v——轴向移动的速度（mm/min）；

　　　n——旋转运动的转速（r/min）；

　　　S——螺纹的导程（mm）。

由上式可知，螺纹每旋转一圈，只移动了一个导程的距离，减速比很大。因此，螺旋传动机构常用于减速或增力场合。

五、螺旋传动的特点

（一）螺旋传动的优点

（1）结构简单，工作连续、平稳。

（2）承载能力大、传动精度较高、易于自锁。

（二）螺旋传动的缺点

（1）摩擦功耗大，传递效率低（一般只有30%~40%）。

（2）磨损比较严重、易脱扣、寿命短。

（3）螺旋副间隙较大，低速时有爬行（滑移）现象。

【思考】

螺旋传动装置虽然只由螺杆和螺母组成，结构很简单，但只要改变一下螺杆和螺母的运动形式，就可以在很多种机构里应用，这对你在处理问题时有什么启示？

【实践操作】

请问图 7-1-1 所示的城轨车辆塞拉门螺旋传动机构属于哪一种传动类型？如果螺杆的转速 $n=1\,000$ r/min，螺杆导程 $S=12$ mm，请问门翼移动的速度是多少？

【任务测评】

1. 螺旋传动有哪些类型？
2. 螺旋传动有什么特点？

任务二 带传动

【任务要求】

1. 熟悉带传动的组成、工作原理、类型、应用及特点。
2. 了解带传动的张紧、安装和维护。
3. 通过对带传动的实际应用和安装维护，培养务实、踏实的工作作风。

【任务引入】

你知道图 7-2-1 和图 7-2-2 中带传动的皮带分别是什么类型吗？你还了解生活中和铁路上哪些设备也采用了带传动吗？它们采用的皮带是什么类型？

 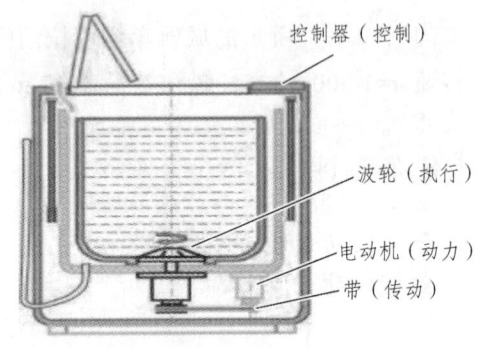

图 7-2-1　打米机的带传动　　　　图 7-2-2　洗衣机的带传动

图 7-2-1 中带传动的皮带为平行带，图 7-2-2 中带传动的皮带为 V 形带。也有很多铁路设备利用了带传动，图 7-2-3 为城轨车辆车门啮合带传动。图 7-2-4 所示为铁路 DF_4 型内燃机车电机的 V 带传动。

带传动属于挠性传动，所谓挠性传动是指借助挠形元件（如带、绳等）来传递运动和动力。这类传动装置结构简单，易于制造，常用于中心距较大情况下的传动。在相同的条件下，与其他传动相比，简化了机构，降低了成本。

图 7-2-3 城轨车辆车门啮合带传动

图 7-2-4 铁路 DF_4 型内燃机车电机的带传动

本任务主要介绍带传动的组成、结构、运动特点以及维护和保养知识。

【相关知识】

根据工作原理的不同,带传动可分为摩擦型带传动[图 7-2-5(a)]和啮合型带传动[图 7-2-5(b)]两大类;按用途的不同,带传动可分为传动带和输送带两大类。

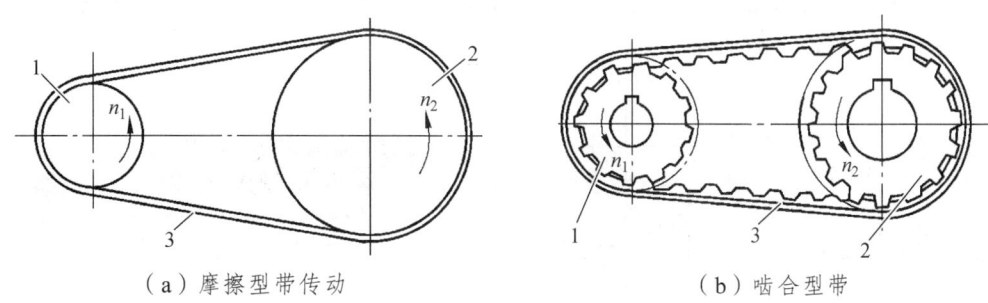

(a)摩擦型带传动　　　　　(b)啮合型带

1—主动轮;2—从动轮;3—弹性带。

图 7-2-5 带传动的组成

一、带传动的组成和工作原理

（一）带传动的组成

带传动装置由主动带轮 1、从动带轮 2、机架和弹性带 3 组成（图 7-2-5）。主动带轮 1、从动带轮 2 与机架组成转动副，具有弹性的带闭合成环形，拉伸张紧套在主动轮和从动轮上。

（二）带传动的工作原理

套在主动轮和从动轮上被拉伸的弹性带，由于弹性恢复力使带与带轮的接触弧产生压力。当主动带轮转动时，通过带与带轮接触弧上产生的摩擦力，使带产生运动，再通过摩擦力带动从动轮产生转动，以实现运动和动力的传递。

带传动的传动比就是主动轮转速 n_1 与从动轮转速 n_2 之比，有

$$i_{12} = \frac{n_1}{n_2} = \frac{d_2}{d_1} \tag{7-2-1}$$

式中 d_1——主动轮基准直径（mm）；
d_2——从动轮基准直径（mm）；
n_1——主动轮的转速（r/min）；
n_2——从动轮的转速（r/min）。

二、带传动的类型和特点

（一）带传动的类型

1. 平带传动

平带的横截面为扁平矩形，工作表面为内表面，如图 7-2-6（a）所示。平带有橡胶布带、皮带、编织带（棉织、毛织、丝织）等。其最常用的传动形式为两带轮轴平行转向相同的开口传动。此外，还有两轴空间交错的半交叉传动和两轴平行、转向相反的交叉传动（表 7-2-1）。平带柔性好，带轮易于加工，结构简单，传动效率较高，大多用于中心距较大的场合。

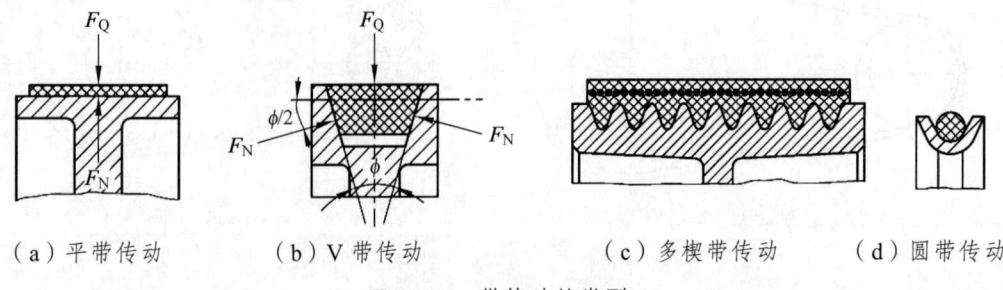

（a）平带传动　（b）V 带传动　（c）多楔带传动　（d）圆带传动

图 7-2-6　带传动的类型

表 7-2-1　常用带的传动形式

类型	开口传动	交叉传动	半交叉传动
传动简图			

2. V 带传动

在机械传动中，应用最广的传动是 V 带传动。V 带的横截面为等腰梯形，带卡入带轮的梯形槽内，两侧面为工作面，如图 7-2-6（b）所示。V 带传动的传动形式一般为开口传动。V 带分普通 V 带、窄 V 带、宽 V 带等，其中普通 V 带应用最为广泛。

根据槽面摩擦原理，在带轮相同尺寸、同样的张紧力下，V 带传动的摩擦力约为平带传动的 3 倍，故能传递较大的载荷，且允许的传动比也大，中心距较小，结构紧凑。目前，在铁路机车的空气压缩机、励磁电机等设备中都有应用。

3. 多楔带传动

多楔带传动是平带和 V 带的组合结构，如图 7-2-6（c）所示，其楔形部分嵌入带轮上的楔形槽内，靠楔面摩擦工作。它兼有平带和 V 带的特点，柔性好、摩擦力大、能传递较大的功率，并解决了多根 V 带长短不一而使各带受力不均的问题，主要用于传递功率较大而结构要求紧凑的场合。

4. 圆带传动

圆带的横截面为圆形，如图 7-2-6（d）所示。圆带便于快速拆装，传递功率较小，主要用于轻型机构，如缝纫机、吸尘器等。

5. 啮合型带传动

啮合型带传动又称为同步带传动。同步带内周有一定形状的齿，如图 7-2-7 所示。同步带传动是靠带上的齿与带轮上齿槽的啮合来传递运动和动力的。同步带传动工作时带与带轮之间不会产生相对滑动，能够获得准确的传动比，因此它兼有带传动和齿轮传动的特性和优点。同步带传动的速度最大可到 80 m/s，单级传动比可达 10，传动效率可达 0.98~0.99，传动功率可到几百千瓦，现已广泛用于各种精密仪器、计算机、汽车、数控机床和城轨车辆中。

（二）带传动的特点

1. 带传动的优点

（1）带是挠性物，能缓和冲击，吸收振动，传动平稳，噪声小。

（2）当带传动过载时，带与带轮之间会打滑，防止其他机件损坏，起到过载保护作用。

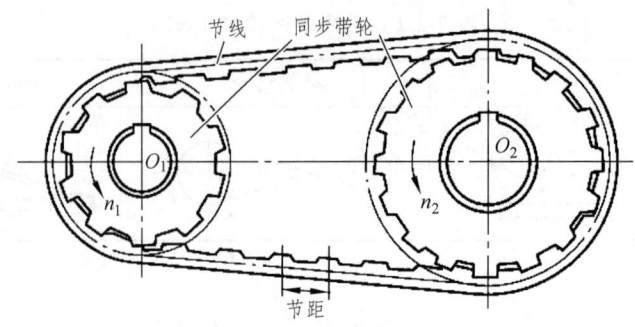

图 7-2-7 同步带传动

（3）结构简单，制造、安装和维修方便，成本较低。

（4）适用于两轴中心距较大的传动。

2．带传动的缺点

（1）带与带轮之间存在弹性滑动（除啮合型带传动外），故不能保证恒定的传动比，传递运动不准确。

（2）带传动效率较低。

（3）由于带工作时需要张紧装置，支承带轮的轴和轴承受力较大。

（4）外廓尺寸较大，结构不够紧凑。

（5）带的使用寿命较短，需经常更换。

（6）不适用于高温、易燃等场所。

总的来说，带传动多用于要求传动平稳，传动比不要求准确，中小功率的远距离传动。一般带传动所传递功率 $P \leqslant 50 \text{ kW}$，带速 $v=5 \sim 25 \text{ m/s}$，传动比 $i \leqslant 5$。

三、普通 V 带

（一）普通 V 带的结构

普通 V 带是标准件，为没有接头的环形带，其横截面为等腰梯形，其楔角 $\varphi_0 = 40°$。V 带结构由顶胶、抗拉体、底胶和包布层组成，如图 7-2-8 所示。其中，抗拉体是承受负载拉力的主体，有帘布芯结构和绳芯结构两类。帘布结构 V 带抗拉强度大，制造较方便，承载能力较强，应用较广；绳芯结构 V 带柔韧性好，抗弯强度高，但承载能力较差，适用于转速较高、载荷不大和带轮直径较小的场合。

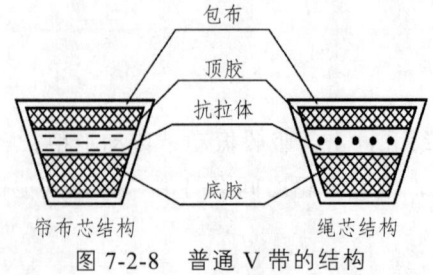

图 7-2-8 普通 V 带的结构

（二）普通 V 带的尺寸

V 带的尺寸已经标准化，有标准截面尺寸、V 带基准长度和 V 带带轮的基准直径。

（1）截面尺寸。V 带按其横截面尺寸不同，共有 Y、Z、A、B、C、D、E 七种型号，其中 Y 型 V 带截面尺寸最小，E 型 V 带截面尺寸最大，各型号的截面尺寸见表 7-2-2。在相同条件下，V 带的截面积越大，其传递的功率也越大。

表 7-2-2　V 带截面尺寸　　　　　　　　　　　　单位：mm

型号	Y	Z	A	B	C	D	E
顶宽 b/mm	6.0	10.0	13.0	17.0	22.0	32.0	38.0
节宽 b_p/mm	5.3	8.5	11.0	14.0	19.0	27.0	32.0
高度 h/mm	4.0	6.0	8.0	11.0	14.0	19.0	23.0

（2）V 带基准长度。当 V 带以一定的张紧力缠绕在带轮上时，伸张层受拉伸长，压缩层受压缩短，两者之间有一层既不受拉也不受压，带的周长和宽度保持不变的中性层，如图 7-2-9 所示。在 V 带中，中性层称为节面，节面的宽度称为节宽 b_p，节面处的周长称为节线。国家标准规定，V 带的节线长度为基准长度 L_d。每种型号的 V 带规定了一系列标准基准长度 L_d。在带传动的几何计算中，应把基准长度 L_d 作为 V 带的计算长度。

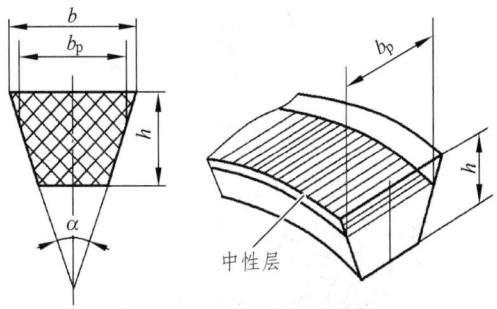

b—顶宽；b_p—节宽；h/b_p—相对高度；α—楔角。

图 7-2-9　普通 V 带的横截面

（3）V 带带轮的基准直径 d_d。V 带带轮的基准直径 d_d 指带轮上与所配用 V 带的节宽 b_p 相对应处的直径，如图 7-2-10 所示。

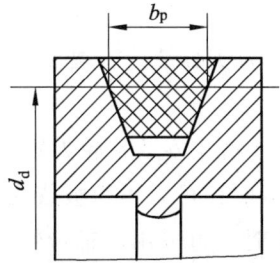

图 7-2-10　V 带带轮的基准直径 d_d

（三）普通 V 带的标记

普通带的截面高度 h 和节宽 b_p 的比约为 0.7。窄 V 带之比约为 0.9，楔角为 $\varphi_0 =40°$，有 SPZ、SPA、SPB、SPC 四种型号。

普通 V 带的标记由型号、基准长度和标准编号三部分组成，标记示例如下。

A 1400 GB/T 11544—2012：

A——型号；

1400——基准长度（mm）；

GB/T 11544—2012——标准编号。

四、V 带轮

（一）V 带轮结构

为了保证弯曲变形后的胶带两侧仍能和轮槽贴合，应将轮槽的楔角设计成比 40° 略小。带轮的基准直径越小，带弯曲变形越大，轮槽楔角越小。

V 带由轮缘、轮辐（腹板）和轮毂三部分组成。轮缘是带轮的工作部分，制有梯形轮槽。轮毂是带轮与轴的连接部分，轮缘与轮毂用轮辐（腹板）连接成整体，如图 7-2-11 所示。

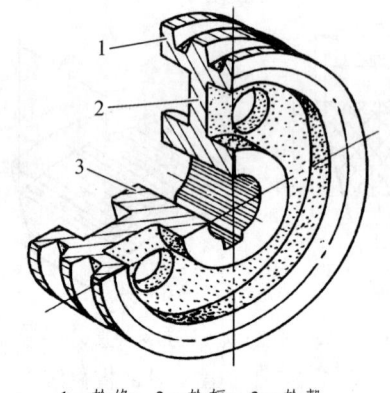

1—轮缘；2—轮辐；3—轮毂。

图 7-2-11　V 带轮结构

（二）V 带轮类型

按 V 带轮腹板结构的不同分为实心带轮、腹板带轮、孔板带轮、轮辐带轮，如图 7-2-12 所示。

当带轮基准直径 $d_d \leqslant (2.5 \sim 3) d$（安装带轮处轴的直径）时，可采用实心式带轮。

当带轮基准直径 $d_d \leqslant 350$ mm 时，可采用腹板或孔板带轮。

当带轮基准直径 $d_d > 350$ mm 时，可采用轮辐带轮。

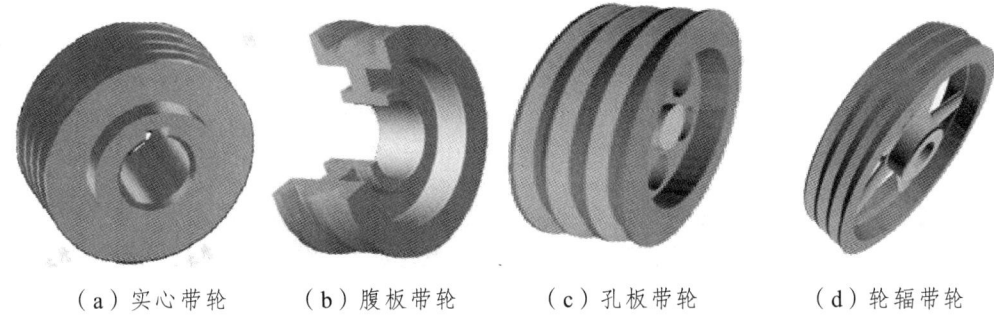

（a）实心带轮　　　（b）腹板带轮　　　（c）孔板带轮　　　（d）轮辐带轮

图 7-2-12　V 带轮类型

五、带传动的工作分析

（一）带传动的受力分析

1. 初拉力 F_0

V 带传动是利用摩擦力来传递运动和动力的，因此我们在安装时就要将带张紧，从而在带和带轮的接触面上产生必要的正压力。当带没有工作时，由于带的拉长产生的弹性恢复力，使带受到的拉力称为初拉力 F_0，它作用于整个带，如图 7-2-13（a）所示。

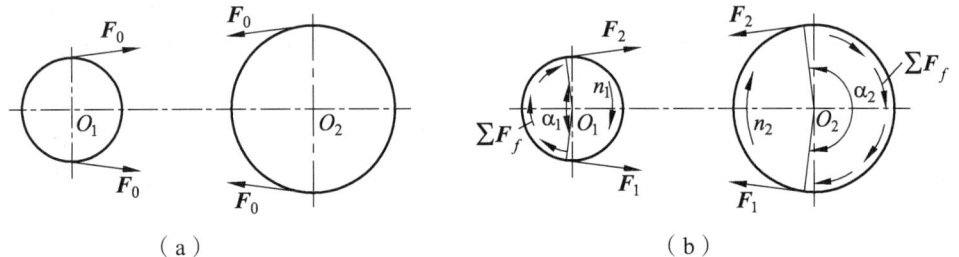

（a）　　　　　　　　　　　　　　（b）

图 7-2-13　带传动受力

2. 紧边与松边拉力

当主动轮以转速 n_1 旋转，由于带和带轮的接触面上的摩擦力作用，使从动轮以转速 n_2 转动。这时带两边的拉力发生变化，带进入主动轮的一边被拉得更紧，称作紧边，其拉力由 F_0 增加到 F_1；带进入从动轮的一边被放松，叫作松边，其拉力由 F_0 减小到 F_2，如图 7-2-13（b）所示。

在带与带轮的接触弧中，带的每一点受到的拉力 F 随带的不同位置而变化。在主动轮按其转动方向，接触弧的拉力由 F_1 逐渐减小到 F_0；在从动轮按其转动方向，接触弧的拉力由 F_2 逐渐增大到 F_0，有

$$F_2 \leqslant F \leqslant F_1$$

3. 有效拉力 F_t

称 $F_t = F_1 - F_2$ 为带的有效拉力。由带的受力分析得

$$\sum F_\text{f} = F_\text{t} = F_1 - F_2$$

式中 $\sum F_\text{f}$ ——带与带轮接触弧上产生的摩擦力合力。

4. 最大摩擦力 $F_{\max}$

带与带轮接触弧上的摩擦力不能随着带传动的功率增大而无限增大，当带与带轮接触弧上每一点都产生摩擦力时，则摩擦力的总和达到了最大上限值，称为最大摩擦力 $F_{\max}$。当带轮安装后，最大摩擦力 $F_{\max}$ 是定值，它与带传动的功率大小无关。

（二）带传动的打滑

当 $F_\text{t} < F_{\max}$ 时，带与带轮之间没有显著的相对滑动，接触弧能提供足够的摩擦力使带轮可以带动带产生运动，带可以传递转动和功率，处于正常工作状态。

当 $F_\text{t} \geqslant F_{\max}$ 时，带与带轮之间产生显著的相对滑动，这时小带轮转动，带和大带轮不再运动。带不能提供更多的摩擦力使带轮带动带产生运动，带丧失了传递转动和功率的能力，称为打滑失效。通过合理的设计可以避免打滑失效。

（三）带传动的弹性滑动

传动带在工作时，受到拉力的作用产生弹性变形。由于紧边和松边受到的拉力不同，其所产生的弹性变形也不同。当带绕过主动轮时，在接触弧上所受的拉力由 F_1 减小至 F_2，带的拉伸程度也会逐渐减小，造成带在传动中会沿轮面向后滑动，使带的速度滞后主动轮的线速度。同样，当带绕过从动轮时，带上的拉力由 F_2 增加到 F_1，弹性伸长量逐渐增大，带沿着轮面也产生向前滑动，此时带的速度超过从动轮的线速度。这种由于带在接触弧上受到的拉力变化，使带的弹性伸长量产生变化，造成带与带轮在接触弧上产生微小的、局部的相对滑动，称为弹性滑动。

弹性滑动是带在正常工作状态下不可避免的一种现象。

弹性滑动造成后果如下：

（1）带的传动比不准确。

（2）传动效率不高。

（3）带产生磨损。

六、带传动的张紧、安装及维护

（一）带传动的张紧

带传动是摩擦传动，适当的张紧力（初拉力）可提供足够的正压力，进而产生足够的最大摩擦力，是保证带传动正常工作的重要因素。张紧力不足，传动带将在带轮上打滑，使传动带急剧磨损；张紧力过大则容易使带疲劳拉断，寿命降低，也使轴和轴承上的作用力增大。一般规定用一定的载荷加在两带轮中点的传动带上，使它产生一定的挠度来确定张紧力是否合适。通常在两带轮相距不大时，以用拇指在带的中部能压下 15 mm 左右为宜，如图 7-2-14 所示。

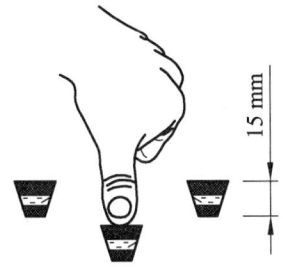

图 7-2-14 带张紧度判定

带因长期受拉力作用，将会产生塑性变形而伸长，从而造成张紧力减小，传递能力降低，致使传动带在带轮上打滑。为了保持传动带的传递能力和张紧程度，常用张紧轮和调节两带轮间的中心距进行调整。

1. 调节中心距

（1）定期张紧。在水平布置或与水平面倾斜不大的带传动中，可用如图 7-2-15（a）所示的张紧装置。通过调节螺钉来调整电动机位置，加大中心距，以达到张紧的目的。其调节方法是将装有带轮的电动机安装在滑轨上，在调整带的初拉力时，用调节螺钉将电动机推移到所需要的位置。在垂直或接近垂直的传动中，可以采用如图 7-2-15（b）所示的摆架式结构。电动机固定在摆动架上，通过旋动调节螺钉上的螺母来调节。

（2）自动张紧。这种方法常用于小功率以及近似垂直布置的带传动。如图 7-2-15（c）所示为自动张紧装置，将装有带轮的电动机安装在摆动架上，利用电动机及摆动架的重力使带轮随同电动机绕固定轴摆动，自动调整中心距达到张紧的目的。

2. 采用张紧轮

当带传动的中心距不能调节时，可以采用张紧轮对传动带进行张紧。

（1）定期张紧。这种方法用于中心距固定的带传动，如图 7-2-15（d）所示，张紧轮一般安装在传动带松边靠近大轮的内侧，使传动带只受单向弯曲。

（2）自动张紧。这种方法用于中心距较小且传动比较大的平带传动中，但传动带的寿命会缩短。如图 7-2-15（e）所示，张紧轮安装在传动带松边的外侧，它使带承受反向弯曲，会降低带的使用寿命。

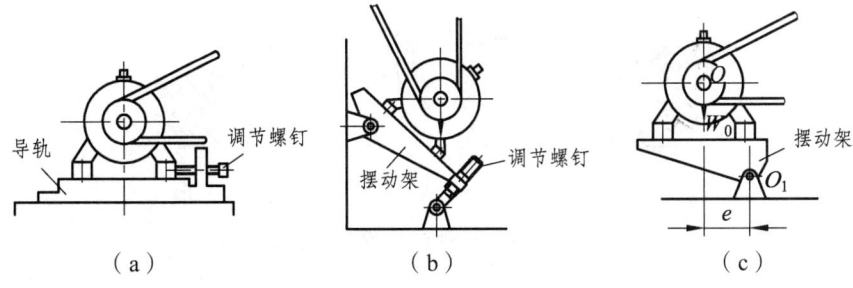

（a）　　　　　　　　（b）　　　　　　　　（c）

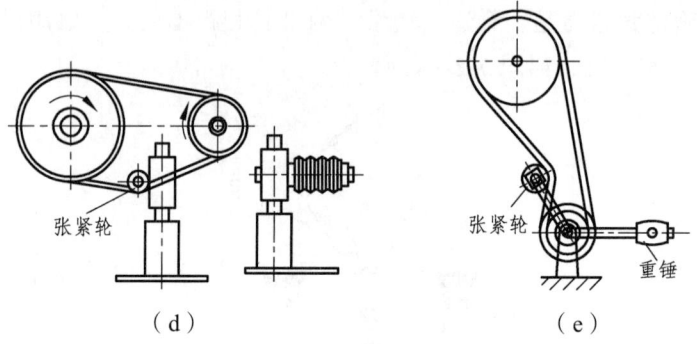

图 7-2-15 张紧装置

（二）带传动的安装和维护

为了延长带的使用寿命，保证传动的正常运转，必须正确地安装使用和维护保养。

（1）安装时，两轴线应平行，主动带轮与从动带轮的轮槽应对正，如图 7-2-16 所示。两带轮相对应的 V 形槽的对称面应重合，误差不超过 20′，以防带侧面磨损加剧。

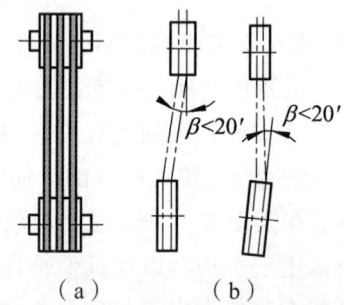

图 7-2-16 V 带轮安装位置

（2）安装带时应按规定的初拉力张紧，应先将中心距缩小并予以张紧，待 V 带进入轮槽后再加大中心距来张紧，不应将 V 带硬往带轮上撬，以免损坏 V 带的工作表面和降低 V 带的弹性。

（3）V 带在轮槽中应有正确的位置，安装在轮槽内的 V 带顶面应与带轮外缘相平，带与轮槽底面应有间隙，以保证带两侧工作面与轮槽全部贴合，如图 7-2-17 所示。

（4）选用 V 带时要注意型号和长度，型号应和与轮槽尺寸相符合。多根 V 带传动时，为避免载荷分布不均，V 带的配组代号应相同，不同厂家生产的 V 带、新旧 V 带不能同组使用，如发现有的 V 带出现疲劳撕裂现象时，应及时更换全部 V 带。

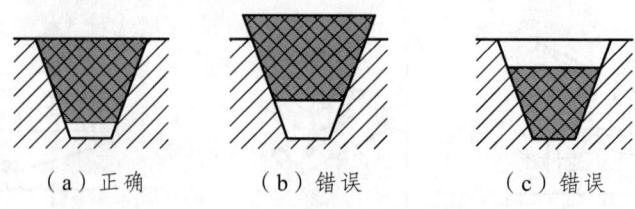

图 7-2-17 V 带在轮槽中的位置

（三）带传动的维护

（1）带传动装置外面应加防护罩，以保证安全，防止带与酸、碱或油接触而被腐蚀，传动带也不宜曝晒。

（2）应定期检查 V 带，若发现一根松弛或损坏则应全部更换。

（3）切忌在有易燃、易爆气体的环境中使用带传动，以免发生危险。

（4）带传动不需润滑，禁止往带上加润滑油或润滑脂，应及时清理带轮槽内及传动带上的油污。

（5）带传动的工作温度不应超过 60 ℃。

（6）如果传动装置要闲置一段时间后再用，应将传动带放松。

（7）存放时，传动带应悬挂在架子上或平放在货架之上，以免受压变形。

【思考】

皮带的刚度和强度没有其他传动装置中的金属介质高，但带传动却发挥了挠性物的特征，在工作中缓和冲击，吸收振动，传动平稳，噪声小，而且当带传动过载时，带与带轮之间出现打滑，可以防止其他机件损坏，起到过载保护作用。从带传动的优势中，你得到了什么启发？

【实践操作】

某铁路机车风泵电机的传动带检修时发现皮带松弛，请问可用哪些方法张紧？

【任务测评】

1. V 带传动有什么特点？
2. 啮合型带传动有什么优点？
3. 什么是打滑失效？打滑和弹性滑动有什么区别？

任务三 齿轮传动

【任务要求】

1. 掌握齿轮传动的类型及特点,理解渐开线齿廓啮合基本定律和齿廓的形成过程。
2. 掌握渐开线标准直齿圆柱齿轮各部分名称、基本参数、几何尺寸及正确啮合条件。
3. 掌握斜齿圆柱齿轮的传动特点。
4. 通过对齿轮传动的分析和计算,培养严谨治学、善于推理的学习习惯和思维方法。

【任务引入】

齿轮传动是机器中传递运动和动力的主要形式,在铁路机车的减速器、汽车变速箱、工程机械中都有齿轮传动。图 7-3-1 所示为铁路机车轮边减速器齿轮,请观察该齿轮是直齿轮还是斜齿轮吗?你知道它的传动比是怎么计算的吗?

图 7-3-1 铁路机车轮边减速器齿轮

通过本任务的学习,可认识到直齿轮和斜齿轮的区别,并能进行齿轮传动比的计算。本任务还将介绍蜗轮蜗杆、直齿圆锥齿轮的特点。

【相关知识】

一、齿轮传动的类型和特点

(一) 齿轮传动的类型

1. 按两齿轮轴线的位置不同分类

按两齿轮轴线的位置分类见表 7-3-1。

2. 按两齿轮啮合方式分类

齿轮副中一对齿轮轮齿依次交替接触,从而实现一定规律的相对运动的过程称为啮合,齿轮传动属于啮合传动。按两齿轮啮合方式分,可分为外啮合、内啮合、齿轮齿条啮合。

外啮合:两个圆柱体外表面的齿轮相互啮合,两齿轮转动方向相反。

内啮合:一个圆柱体外表面的齿轮与圆柱孔内表面的齿轮相互啮合,两齿轮转动方向相同。

齿轮齿条啮合:一个圆柱体外表面的齿轮与杆状构件的直线齿廓轮齿的齿条相互啮合,齿轮转动,齿条移动。

3. 按轮齿齿廓曲线形状分类

按轮齿齿廓曲线形状可分为渐开线齿轮、圆弧齿轮、摆线齿轮等。本书只介绍渐开线齿轮。

4. 按工作条件分类

按齿轮工作条件可分为开式齿轮传动和闭式齿轮传动。前者轮齿外露,灰尘易于落在齿面。后者轮齿密封在刚性箱体内,具有良好的润滑条件。

(二) 齿轮传动的特点

齿轮传动用来传递任意两轴之间的运动和动力,其圆周速度可达 300 m/s,传递功率可达 10^5 kW,是现代机械中应用最广的一种机械传动。

1. 齿轮传动的优点

(1) 能保证瞬时传动比恒定不变,传递运动可靠性高。

(2) 适用的圆周速度和功率范围广。

(3) 传动平稳、噪声小、传动效率高。

(4) 结构紧凑、工作可靠、寿命长。

(5) 可实现平行轴、相交轴和交错轴之间的传动。

2. 齿轮传动的缺点

(1) 制造和安装精度要求较高,成本较高。

（2）不适宜用在中心距较大的场合。
（3）低精度齿轮在传动时会产生噪声和振动。
（4）不能实现无级变速。

齿轮传动的主要类型特点和应用见表 7-3-1。

表 7-3-1　齿轮传动类型、特点和应用

分类	名称	示意图	特点和应用
平行轴齿轮传动	外啮合直齿圆柱齿轮传动		两齿轮转向相反；轮齿与轴线平行，工作时无轴向力；重合度较小，传动平稳性较差，承载能力较低。适用于速度较低的传动，如变速箱的换挡齿轮等
	内啮合圆柱齿轮传动		两齿轮转向相同；重合度较大，轴间距离小，结构紧凑，效率较高。适用于结构要求紧凑、效率较高的场合
	齿轮齿条传动		齿条相当于一个半径为无限大的齿轮。适用于连续转动到往复移动的运动变换
	外啮合斜齿圆柱齿轮传动		两齿轮转向相反；轮齿与轴线成一夹角，工作时存在轴向力，所需支承较复杂；重合度较大，传动较平稳，承载能力较强。适用于速度较高、载荷较大或要求结构较紧凑的场合
	外啮合人字齿圆柱齿轮传动		两齿轮转向相反；承载能力高，轴向力能抵消。多用于重载传动

续表

分类		名称	示意图	特点和应用
不平行轴齿轮传动	相交轴齿轮传动	直齿锥齿轮传动		两轴线相交，轴交角为 90° 的应用较广；制造和安装简便，传动平稳性较差，承载能力较低，轴向力较大。 用于速度较低（$v<5$ m/s），载荷小而稳定的运转
		曲线齿锥齿轮传动		两轴线相交；重合度大、工作平稳承载能力高；轴向力较大且与齿轮转向有关。 用于速度较高及载荷较大的传动
	交错轴齿轮传动	交错轴斜齿轮传动（螺旋齿轮传动）		两轴线交错；两齿轮点接触，传动效率低。 适用于载荷小、速度较低的传动
		蜗杆传动		两轴线交错，一般成 90°；传动比较大，一般 $i=10\sim 80$；结构紧凑，传动平稳，噪声和振动小；传动效率低，易发热。 适用于传动比较大，且要求结构紧凑的场合

常见齿轮机构的运动见图 7-3-2 的 AR。

图 7-3-2　齿轮机构

3. 齿轮常用的加工方法

齿轮最常用的加工方法是范成法。范成法是利用一对齿轮（或齿轮齿条）啮合过程中两轮齿廓互为包络线的原理来切制轮齿的加工方法，范成法加工主要有齿轮插刀切齿、齿条插刀切齿和齿轮滚刀切齿，如图 7-3-3 所示。

范成法加工的特点是一种模数只需要一把刀具连续切削，生产效率高，精度高，常用于批量生产。

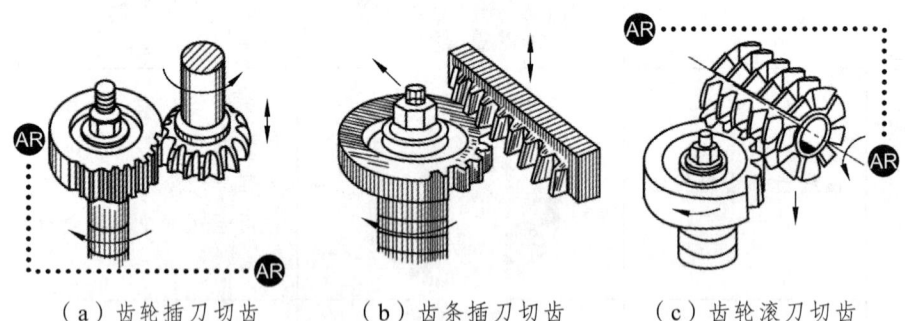

（a）齿轮插刀切齿　　（b）齿条插刀切齿　　（c）齿轮滚刀切齿

图 7-3-3　齿轮范成法加工

（齿轮插刀切齿、齿条插刀切齿和齿轮滚刀切齿视频见 AR）

二、渐开线齿廓分析

（一）齿轮传动比和平稳性要求

齿轮传动的传动比是主动齿轮转速与从动齿轮转速（或角速度）之比，用 i 表示，即

$$i_{12} = \frac{n_1}{n_2} = \frac{\omega_1}{\omega_2} \tag{7-3-1}$$

式中　n_1，n_2——主、从动轮的转速（r/min）；

ω_1，ω_2——主、从动轮的角转速（rad/s）。

齿轮传动的最基本要求：一是传动要平稳；二是承载能力要强。齿轮承载能力可通过改变齿轮尺寸参数、材质，以及加工工艺来提高，而齿轮传动平稳则要求瞬时传动比恒定不变，即传动比为常数。这是因为当主动齿轮以等角速度回转时，如果从动齿轮的角速度为变量，将产生惯性力。这种惯性力会引起机器的振动和噪声，影响工作精度，还会影响齿轮的寿命。为此，一般齿轮传动都要求瞬时传动比为常数。

（二）齿廓啮合基本定律

为保证瞬时传动比恒定不变，即 $i_{12} = \frac{\omega_1}{\omega_2} =$ 常数，两齿轮的齿廓曲线应满足：不论两齿廓曲线在任何位置相切接触，过接触点所作的两齿廓曲线的公法线 n—n 与两轮的连心线 O_1O_2 交于一定点 C，如图 7-3-4 所示，这就是齿廓啮合基本定律。ω_1、ω_2 分别是两齿轮 1、2 的瞬时角速度。

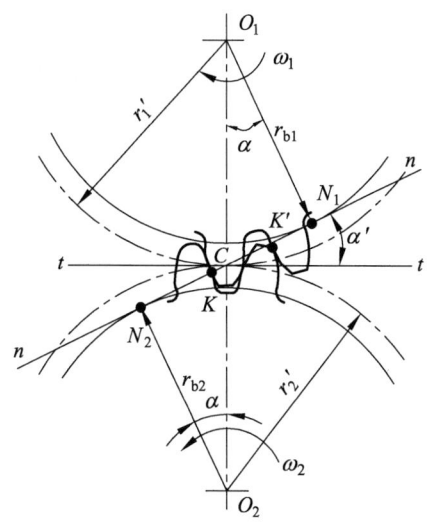

图 7-3-4 渐开线齿轮啮合

可以证明 $i_{12} = \dfrac{\omega_1}{\omega_2} = \dfrac{O_2 C}{O_1 C}$，即两齿轮的瞬时角速度之比等于 $O_1 C$ 与 $O_2 C$ 的反比。其中，$O_1 C$ 与 $O_2 C$ 是两齿轮转动中心 O_1 与 O_2 到定点 C 的距离。由于 $O_1 C$ 与 $O_2 C$ 距离不变，其比值也是常数，即传动比 i_{12} 为常数。

凡能满足齿廓啮合基本定律的一对齿廓，称为共轭齿廓。理论上可作为共轭齿廓的曲线有无穷多，但在生产实际中除满足齿廓啮合基本定律外，还要考虑到齿廓曲线制造、安装和强度等要求。常用的齿廓有渐开线、圆弧和摆线等，其中渐开线齿廓在通用设备上应用最广。本书只介绍渐开线齿廓。

（三）节点与节圆

根据齿廓啮合基本定律，过接触点所作的两齿廓的公法线都必须与两轮的连心线交于一定点，如图 7-3-4 所示的定点 C，这个定点就称为两啮合齿轮的节点。以两齿轮的转动中心 O_1、O_2 为圆心，过节点 C 所作的两个相切的圆称为该对齿轮的节圆。以 r_1'、r_2' 分别表示两节圆半径，有 $i_{12} = \dfrac{\omega_1}{\omega_2} = \dfrac{O_2 C}{O_1 C} = \dfrac{r_2'}{r_1'}$。

两齿轮啮合传动可视为两轮的节圆在做纯滚动。两个齿轮啮合时才会产生节点、节圆，单个齿轮没有这些概念。

（四）渐开线齿轮齿廓的形成

如图 7-3-5 所示，当直线 NK 沿一圆周做纯滚动时，直线上任意点 K 的轨迹 AK，称为该圆的渐开线；这个圆称为渐开线的基圆，其半径用 r_b 表示。A 点是渐开线的起点，K 点是渐开线上任意一点。由 K 点向基圆作切线为 NK，N 点是切点，直线 NK 称为渐开线的发生线。齿轮圆心 O 到渐开线上任意一点 K 的距离，称为渐开线 K 点的向径,用 r_K 表示;r_K 与 ON 线段所夹锐角称为渐开线任意一点 K 的压力角,它也是渐开线任意一点 K 的速度 v_K 方向和该点受力 F_n 方向所夹的锐角,用 α_K 表示。r_K 与 OA 线段的夹角称为渐开线任意一点 K 的展角,用 θ_K 表示。

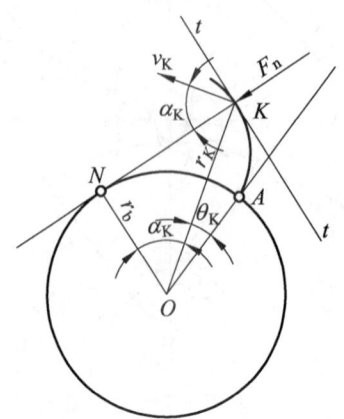

图 7-3-5 渐开线的形成

由图 7-3-5 可得渐开线中的向径 $r_K = \dfrac{r_b}{\cos \alpha_K}$,说明不同的向径 r_K 对应的渐开线的压力角 α_K 也不同。向径越大,其对应的压力角也越大。基圆向径 r_b 对应的压力角 $\alpha_b = 0°$。任意两条反向的渐开线形成了渐开线齿廓。

三、渐开线标准直齿圆柱齿轮各部分的名称

(一)齿轮各部分名称及代号

渐开线直齿圆柱齿轮形状是完全相同的 z 个轮齿均匀分布在圆柱体的圆周上,每个轮齿的两侧齿廓曲线是渐开线。两侧齿廓是在同一基圆上生成的两条相反方向的渐开线中的一段曲线。如图 7-3-6 所示为标准渐开线直齿圆柱齿轮。

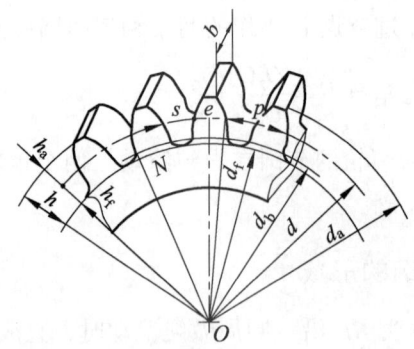

图 7-3-6 直齿圆柱齿轮各部分名称

1. 齿顶圆

轮齿齿顶所在的圆称为齿顶圆。齿顶圆直径为 d_a,半径为 r_a,齿顶圆上的压力角

为 α_a，齿顶圆上的轮齿尺寸都带有下标"a"。

2. 齿根圆

轮齿齿槽底部所在的圆称为齿根圆。齿根圆直径为 d_f，半径为 r_f，齿根圆上的压力角为 α_f，齿根圆上的轮齿尺寸都带有下标"f"。

3. 任意圆

介于齿顶圆与齿根圆之间的任一个圆称为任意圆。任意圆直径为 d_K，半径为 r_K，任意圆上的压力角为 α_K，任意圆上的轮齿尺寸都带有下标"K"。

4. 基圆

轮齿齿廓渐开线曲线的生成圆称为基圆。基圆直径为 d_b，半径为 r_b，基圆上的压力角为 $\alpha_b=0°$，基圆上的轮齿尺寸都带有下标"b"。

5. 分度圆

为便于齿轮的设计、制造、测量和安装，在齿顶圆和齿根圆之间规定一个圆为齿轮的基准圆，称为齿轮的分度圆。分度圆直径为 d，半径为 r，分度圆压力角为 α，分度圆上的轮齿尺寸都不带下标。

上述关于齿轮的各圆都是以齿轮的转动中心为圆心的同心圆。

6. 齿　距

在任意圆周上相邻两齿同侧齿廓对应两点之间的弧长称为齿距，用 p_K 表示，分度圆上的齿距用 p 表示。

7. 齿　宽

在齿轮轴线方向上量得的齿轮宽度，用 b 表示。

8. 齿　厚

在一个轮齿的两侧齿廓之间的弧长称为齿厚，用 s_K 表示，分度圆上的齿厚用 s 表示。

9. 齿槽宽

齿轮相邻两齿之间的空间称为齿槽，一个齿槽的两侧齿廓之间的弧长称为齿槽宽，用 e_K 表示，分度圆上的齿槽宽用 e 表示。

标准齿轮中分度圆上的齿厚 s 与齿槽宽 e 相等，即 $s=e$。

(二) 渐开线标准直齿圆柱齿轮的基本参数

1. 齿数 z

一个齿轮的轮齿个数称为齿数，用 z 表示。齿数是齿轮的基本参数之一，在齿轮设计中确定，它将影响轮齿的几何尺寸和渐开线曲线的形状。

2. 模数 m

规定分度圆上的齿距 p 与 π 的比值为国家规定的标准值,称为齿轮的模数,用 m 表示,即 $m=\dfrac{p}{\pi}$。齿轮的模数 m 是齿轮的基本参数,单位是 mm。

由 $zp=\pi d$,有 $d=\dfrac{p}{\pi}z$,得齿轮的分度圆的直径 $d=mz$,半径 $r=\dfrac{1}{2}mz$。

模数由齿轮承载能力计算得到,它反映了轮齿的大小,模数越大,轮齿的尺寸越大,齿轮相应尺寸也越大,齿轮的承载能力越高。我国规定的标准模数见表 7-3-2。

表 7-3-2 齿轮模数系列　　　　　　　　　　　　单位：mm

第一系列	0.1	0.12	0.15	0.2	0.25	0.3	0.4	0.5	0.6	0.8	1	1.25	1.5	2
	2.5	3	4	5	6	8	10	12	16	20	25	32	40	50
第二系列	0.35	0.7	0.9	1.75	2.25	2.75	(3.25)	3.5	(3.75)	4.5	5.5	(6.5)	7	9
	(11)	14	18	22	28	(30)	36	45						

注：优先采用第一系列,括号内的模数尽可能不用。

3. 压力角 α

分度圆向径 r 对应的压力角为 α。为了便于设计、制造和维修,规定分度圆上的压力角为标准值,我国规定标准压力角为 $\alpha=20°$,称为齿轮压力角,它也是齿轮的基本参数之一。

分度圆上有 $r=\dfrac{r_b}{\cos\alpha}$,得齿轮基圆半径 $r_b=r\cos\alpha$,直径 $d_b=d\cos\alpha=mz\cos\alpha$。

4. 齿顶高系数 h_a^*

分度圆到齿顶圆的径向距离称为齿轮的齿顶高,用 h_a 表示,如图 7-3-6 所示。有 $h_a=h_a^* m$,其中 h_a^* 称为齿顶高系数,它也是齿轮的基本参数之一。

标准规定：正常齿 $h_a^*=1$,短齿 $h_a^*=0.8$。

5. 顶隙系数 c^*

分度圆到齿根圆的径向距离称为齿轮的齿根高,用 h_f 表示,如图 7-3-6 所示。有 $h_f=(h_a^*+c^*)m$,其中 c^* 称为顶隙系数,它也是齿轮的基本参数之一。

标准规定：正常齿 $c^*=0.25$；短齿 $c^*=0.3$。

齿根圆到齿顶圆的径向距离称为齿轮的齿高,用 h 表示,如图 7-3-6 所示。可看出

$$h=h_a+h_f=(2h_a^*+c^*)m \tag{7-3-2}$$

由上所述：z、m、α、h_a^*、c^* 是标准渐开线齿轮尺寸计算的 5 个基本参数。

若齿轮的模数 m、压力角 α、齿顶高系数 h_a^*、顶隙系数 c^* 均为标准值,并且齿轮分度圆上的齿厚与齿槽宽相等,即 $s=e$,则称该齿轮为标准齿轮。

因为 $p=s+e=\pi m$,所以 $s=e=\dfrac{p}{2}=\dfrac{\pi m}{2}$。

(三)外啮合标准直齿圆柱齿轮几何尺寸计算

标准直齿圆柱齿轮的齿廓形状是由齿轮的基本参数所决定的,已知这 5 个基本参数就可以计算出齿轮各部分的几何尺寸。为了方便计算,外啮合标准直齿圆柱齿轮各部分几何尺寸的计算公式见表 7-3-3。

表 7-3-3 外啮合标准直齿圆柱齿轮几何尺寸计算公式

名称	符号	计算公式
分度圆直径	d	$d=mz$
齿顶高	h_a	$h_a = h_a^* m$
齿根高	h_f	$h_f = (h_a^* + c^*)m$
全齿高	h	$h = h_a + h_f = (2h_a^* + c^*)m$
齿顶圆直径	d_a	$d_a = d + 2h_a = mz + 2h_a^* m$
齿根圆直径	d_f	$d_f = d - 2h_f = mz - 2(h_a^* + c^*)m$
齿距	p	$p = \pi m$
齿厚	s	$s = \dfrac{\pi m}{2}$
齿槽宽	e	$e = \dfrac{\pi m}{2}$

例 7-3-1 为修配一损坏的标准直齿圆柱齿轮,实测齿高为 8.98 mm,齿顶圆直径为 135.98 mm,试确定该齿轮的模数 m、分度圆直径 d、齿顶圆直径 d_a、齿根圆直径 d_f、齿距 p、齿厚 s 与齿槽宽 e。

解 由表 7-3-3 可知 $h = h_a + h_f = (2h_a^* + c^*)m$

对于正常齿,$h_a^* = 1$,$c^* = 0.25$,则

$$m = \frac{h}{2h_a^* + c^*} = \frac{8.98}{2 \times 1 + 0.25} = 3.991 \text{(mm)}$$

由表 7-3-2 可知 $m=4$ mm

$$z = \frac{d_a - 2h_a^* m}{m} = \frac{135.98 - 2 \times 1 \times 4}{4} = 31.995$$

齿数应为 $z=32$

分度圆直径:$d = mz = 4 \times 32 = 128 \text{(mm)}$

齿顶圆直径:$d_a = d + 2h_a = mz + 2h_a^* m = 128 + 2 \times 1 \times 4 = 136 \text{(mm)}$

齿根圆直径:$d_f = d - 2h_f = mz - 2(h_a^* + c^*)m = 128 - 2 \times (1 + 0.25) \times 4 = 118 \text{(mm)}$

齿距:$p = \pi m = 3.14 \times 4 = 12.56 \text{(mm)}$

齿厚：$s = \dfrac{\pi m}{2} = \dfrac{3.14 \times 4}{2} = 6.28$（mm）

齿槽宽：$e = \dfrac{\pi m}{2} = \dfrac{3.14 \times 4}{2} = 6.28$（mm）

（四）齿　条

如图 7-3-7 所示，齿条可以看作齿轮的一种特殊形式。当齿轮的齿数增大到无穷大时，其圆心将位于无穷远处，渐开线齿廓也变成直线齿廓，并且齿条运动为平动。该齿轮的各个圆周都变成相互平行直线，有齿顶线、齿根线、分度线。齿条与齿轮相比有以下的不同：

（1）由于齿条上同侧齿廓平行，所以与分度线平行的其他直线上的齿距均相等，即 $p_K = \pi m$。齿条各平行线上的齿厚、槽宽一般都不相等，标准齿条分度线上齿厚和槽宽相等，有 $e = s = \dfrac{\pi m}{2}$，因此，分度线又称为齿条中线。

（2）齿条的齿廓渐开线也为直线，在不同高度上的压力角相等，即 $\alpha_K = \alpha = 20°$。所以齿条直线齿廓上各点的压力角相等，其大小等于齿廓倾斜角，也称齿形角，故齿形角为标准值。

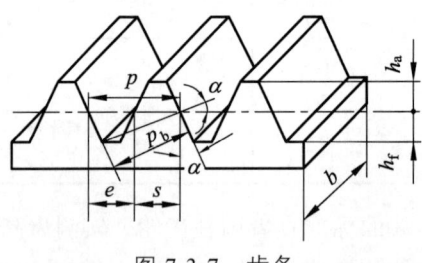

图 7-3-7　齿条

四、渐开线标准直齿圆柱齿轮的啮合传动

（一）一对渐开线齿轮正确啮合的条件

一对渐开线齿轮各对轮齿能依次正确啮合且互不干涉，必须满足齿轮正确啮合的啮合条件。齿轮正确啮合的啮合条件是两齿轮的模数和压力角必须分别相等，即

$$\begin{cases} m_1 = m_2 = m \\ \alpha_1 = \alpha_2 = \alpha \end{cases} \quad (7\text{-}3\text{-}3)$$

（二）齿轮传动比的计算

由渐开线齿廓啮合传动的特点，可得

$$i_{12} = \dfrac{n_1}{n_2} = \dfrac{\omega_1}{\omega_2} = \dfrac{O_2 C}{O_1 C} = \dfrac{r'_2}{r'_1} = \dfrac{r_{b2}}{r_{b1}}$$

由于

$$r_{b1} = r_1 \cos\alpha_1 = \frac{1}{2}m_1 z_1 \cos\alpha_1, \quad r_{b2} = r_2 \cos\alpha_2 = \frac{1}{2}m_2 z_2 \cos\alpha_2$$

根据齿轮正确啮合的条件

$$m_1 = m_2 = m, \quad \alpha_1 = \alpha_2 = \alpha$$

有

$$i_{12} = \frac{n_1}{n_2} = \frac{\omega_1}{\omega_2} = \frac{O_2 C}{O_1 C} = \frac{r_2'}{r_1'} = \frac{r_{b2}}{r_{b1}} = \frac{z_2}{z_1}$$

因此，两齿轮的传动比等于两齿轮齿数的反比，即

$$i_{12} = \frac{n_1}{n_2} = \frac{z_2}{z_1} \tag{7-3-4}$$

齿轮传动的传动比不宜过大，一般直齿圆柱齿轮传动的传动比 $i_{12} = 2 \sim 6$。

（三）齿轮传动的标准中心距

两齿轮传动中心距等于两轮各自分度圆半径之和，称为标准中心距，用 a 表示。按照标准中心距进行安装称为标准安装，这时两个分度圆相切，有

$$a = r_1 + r_2 = \frac{d_1 + d_2}{2} = \frac{m}{2}(z_1 + z_2) \tag{7-3-5}$$

（四）齿轮连续传动的条件

一对满足正确啮合条件的齿轮，只能保证在传动时其各对齿轮能依次正确地啮合，但并不能说明齿轮传动是否连续。要使齿轮连续地进行传动，就必须在前一对轮齿尚未脱离啮合时，后一对轮齿能及时地进入啮合。通常用重合度来描述任意瞬间处于啮合状态的轮齿对数，其符号为 ε。重合度越大，表示同时参与啮合的齿数越多，则传动越平稳。渐开线齿轮连续传动的条件为 $\varepsilon \geqslant 1$。由于生产实际存在误差，在一般机械中，通常要求 $\varepsilon \geqslant 1.1 \sim 1.4$。

例 7-3-2 已知一对外啮合标准直齿轮圆柱齿轮传动，标准中心距为 $a=160$ mm，小齿轮 $z_1 = 30$，模数 $m=4$ mm，压力角 $\alpha = 20°$，大齿轮丢失。试求大齿轮的齿数、分度圆的直径、齿顶圆的直径、齿根圆的直径和基圆直径。

解 已知中心距 $a=160$ mm，由 $a = \frac{m}{2}(z_1 + z_2)$

求得齿数：$z_2 = 50$

分度圆直径：$d_2 = mz_2 = 4 \times 50 = 200$（mm）

齿顶圆直径：$d_{a2} = d_2 + 2h_a = 200 + 2 \times 1 \times 4 = 208$（mm）

齿根圆直径：$d_{f2} = d_2 - 2h_f = 200 - 2 \times 4 \times (1 + 0.25) = 190$（mm）

基圆直径：$d_{b2} = d_2 \cos\alpha = 200 \times \cos 20° = 187.93$（mm）

五、斜齿圆柱齿轮传动

（一）斜齿圆柱齿轮的齿廓形成和传动特点

1. 斜齿圆柱齿轮齿廓的形成

前面研究渐开线直齿圆柱齿轮时，仅讨论了齿轮端面上的渐开线齿廓及其啮合。实际上齿轮都有一定的宽度，因此，前述的基圆应该为基圆柱，发生线实际应该为切于基圆柱的发生面，发生线上的 K 点就成了直线 KK，如图 7-3-8（a）所示。发生面沿基圆柱纯滚动，发生面上与基圆柱轴线平行的直线 KK 所形成的轨迹，即为直齿圆柱齿轮齿面，它是渐开线曲面。

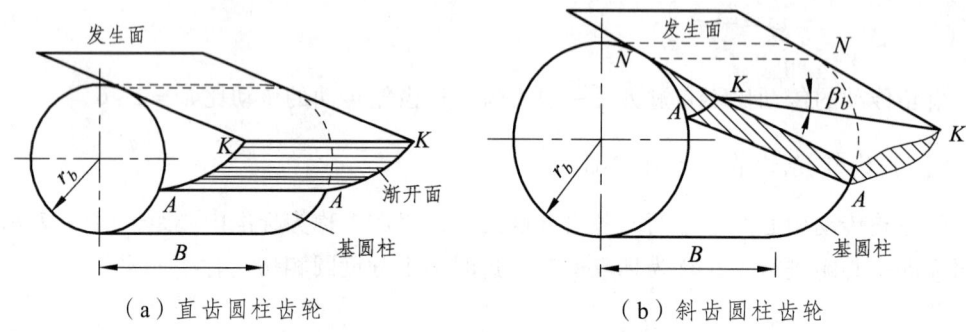

（a）直齿圆柱齿轮　　　　（b）斜齿圆柱齿轮

图 7-3-8　圆柱齿轮齿廓的形成

斜齿圆柱齿轮齿面形成的原理与直齿圆柱齿轮相似，所不同的是直线 KK 与轴线不平行，而有一个夹角 β_b，如图 7-3-8（b）所示。当发生面沿基圆柱纯滚动时，斜直线 KK 的轨迹即为斜齿圆柱齿轮齿面，它是一个渐开线螺旋面。该螺旋面与基圆柱的交线 AA 为一条螺旋线，其螺旋角为 β_b，β_b 称为基圆柱上的螺旋角。渐开线螺旋面与分度圆柱的交线也是一条螺旋线，该螺旋线的螺旋角用 β 表示，β 称为分度圆圆柱上的螺旋角，通常称为斜齿轮的螺旋角。螺旋线有左右旋向之分，所以斜齿圆柱齿轮也有左旋和右旋之分，一般取右旋（顺着轴线向右倾斜）螺旋角为正值。

2. 斜齿圆柱齿轮传动特点

（1）传动更加平稳。

当两直齿轮啮合时，其齿面接触线是与整个齿轮轴线平行的直线，如图 7-3-9（a）所示。因此，直齿轮啮合时，整个齿宽同时进入和退出啮合，容易引起冲击、振动和噪声，从而影响传动的平稳性，不适宜高速传动；当两斜齿轮啮合时，由于轮齿的倾斜一端先进入啮合，另一端后进入啮合，其接触线由短变长，再由长变短，如图 7-3-9（b）所示，极大地降低了冲击、振动和噪声，改善了传动的平稳性，相对于直齿轮而言更适合高速传动。图 7-3-10 所示为铁路机车斜齿轮。

（2）承载能力更强。

斜齿圆柱齿轮相对于直齿圆柱齿轮而言，其重合度更大，即在啮合区，齿面上的接触线总长度比直齿圆柱齿轮的齿面接触线长,这样会降低齿面的接触应力,从而提高齿轮承载能力,减小结构尺寸。

(3)产生轴向力。

斜齿圆柱齿轮与直齿圆柱齿轮相比,会多出一个沿轴线方向的轴向力 F_a,这将对齿轮的支承结构和传动效率产生影响。要消除轴向力的影响,可以采用左右对称的人字形齿轮或反向同时使用两个斜齿轮传动。斜齿圆柱齿轮的螺旋角 β 越大,其传动特点越明显。为了不使轴向力过大,一般取 $\beta = 7° \sim 20°$。

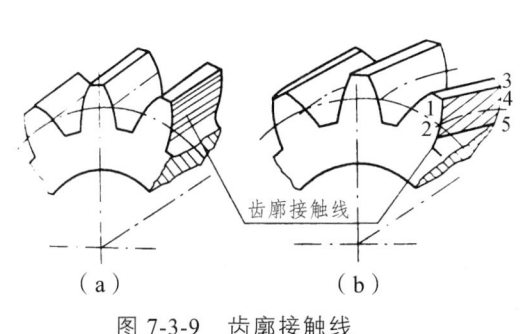

图 7-3-9　齿廓接触线

图 7-3-10　铁路机车斜齿轮

(二)斜齿圆柱齿轮的标准参数面

斜齿圆柱齿轮与直齿圆柱齿轮有共同之处,在端面上两者均是渐开线齿廓。但是,由于斜齿圆柱齿轮的轮齿是螺旋形的,故在垂直于轮齿螺旋线方向的法面上,齿廓曲线及齿型都与端面不同。

由于加工斜齿圆柱齿轮时,常用齿条型刀具或盘形齿轮铣刀来切齿,且刀具沿齿向方向进刀,所以必须按斜齿轮法面参数选择刀具,即斜齿圆柱齿轮的标准参数面为法面,法面的参数用下标 n 表示。因此,斜齿圆柱齿轮的法面模数 m_n 是国家规定的标准系列值,法面压力角 $a_n = 20°$,法面齿顶高系数 $h_{an}^* = 1$,法面顶隙系数 $c_n^* = 0.25$。端面参数用下标 t 表示,端面参数值不是标准值。

(三)标准斜齿圆柱齿轮啮合传动

1. 斜齿圆柱齿轮的传动比

斜齿圆柱齿轮的传动比为 $i_{12} = \dfrac{n_1}{n_2} = \dfrac{z_2}{z_1}$

即两齿轮的角速度(或是转速)之比等于两齿轮齿数的反比。

齿轮传动的传动比不宜过大,一般斜齿圆柱齿轮传动的传动比 $i_{12} = 2 \sim 8$。

2. 斜齿圆柱齿轮正确啮合的条件

斜齿圆柱齿轮传动的正确啮合条件,除了两齿轮的模数和压力角分别相等外,它

们的螺旋角必须相匹配，否则两啮合齿轮的齿向不同，不能进行啮合。因此，斜齿轮传动正确啮合的条件为

$$\begin{cases} m_{n1} = m_{n2} = m_n \\ \alpha_{n1} = \alpha_{n2} = \alpha_n \\ \beta_1 = \pm\beta_2 \end{cases} \quad (7\text{-}3\text{-}6)$$

β前的"+"表示内啮合（表示旋向相同）；"−"号表示外啮合（表示旋向相反）。

3. 斜齿圆柱齿轮标准中心距 a

标准斜齿圆柱齿轮啮合传动保持两个分度圆相切，其中心距为标准中心距 a。

$$a = \frac{d_1 + d_2}{2} = \frac{m_n(z_1 + z_2)}{2\cos\beta} \quad (7\text{-}3\text{-}7)$$

由该式可以看出设计斜齿轮传动时可通过改变螺旋角 β 来调整中心距的大小，以满足对中心距的要求。

【思考】

表 7-3-3 是外啮合标准直齿圆柱齿轮几何尺寸计算公式，想一想如果为内齿轮，该表中几何尺寸计算公式会有什么变化？

【实践操作】

1. 表 7-3-4 为 HXD_1 型电力机车的基本参数。请问该机车传动比是多少，主动轮和从动轮齿数分别是多少？

表 7-3-4 HXD_1 机车基本参数

项目	参数
频率/Hz	50
电压/kV	25
轴式	2（B_0-B_0）
电传动	交-直-交
机车质量/t	2×92，2×100（加压车铁后）
轴重/t	23，25（加压车铁后）
轮轴功率/kW	9 600
机车最高运行速度/（km/h）	120
功率因数	机车功率 $P > 10\%$，$\lambda \geq 0.97$
机车总效率（额定工况）	0.85
传动比	106/17=6.235 3

续表

项目	参数
机车全长/m	35.222（车钩中心距）
机车宽度/m	3 094
车轮直径/mm	1 250（新轮），1 150（全磨损）
机车持续牵引力/kN	494（23 t 轴重），532（25 t 轴重）
机车启动牵引力/kN	≥700（23 t 轴重），760（25 t 轴重）
机车持续额定速度/（km/h）	70（23 t 轴重），65（25 t 轴重）
最大电制动力/kN	461
闸瓦类型	合成闸瓦
换算闸瓦压力/kN	530

2. 一正常齿制标准直齿圆柱齿轮，齿数为 22，因轮齿损坏需要更换，现测量得齿顶圆直径为 71.95 mm，试确定该齿轮原来的分度圆、齿顶圆、齿根圆直径，以备更换。

【任务测评】

1. 齿轮传动有哪些优缺点？
2. 齿廓啮合基本定律是什么？
3. 一对渐开线直齿圆柱齿轮啮合传动有哪些特性？
4. 一对渐开线直齿圆柱齿轮正确啮合的条件是什么？
5. 斜齿轮传动有什么优缺点？
6. 现有一标准直齿圆柱齿轮，已知齿顶圆直径 d_a=135 mm、齿数 z=25。求齿轮模数 m、分度圆直径 d、齿根圆直径 d_f。
7. 两个标准直齿圆柱齿轮，已测得齿数 z_1=22、z_2=98，小齿轮齿顶圆直径 d_{a1}=240 mm，大齿轮全齿高 h_2=22.5 mm，试判断这两个齿轮能否正确啮合传动？
8. 已知一对外啮合渐开线直齿圆柱齿轮标准中心距 a=180 mm，齿轮传动比 i=2，模数 m=4 mm。求两齿轮的齿数 z_1、z_2，两齿轮各自的分度圆、齿顶圆、齿根圆直径。

任务四
轮系与减速器

【任务要求】

1. 掌握轮系的类型及功用。
2. 会计算定轴轮系的传动比。
3. 了解减速器的类型及结构。
4. 通过定轴轮系的相关计算，提高逻辑推理能力，培养严谨治学的作风。
5. 通过减速器的拆装训练，培养细致耐心、踏实肯干的工匠精神。

【任务引入】

现代机械中，为了满足不同的工作要求，一对齿轮传动往往是不够的，通常用一系列齿轮共同传动。由一系列齿轮组成的传动系统称为齿轮系，简称为轮系。图 7-4-1 所示为多轴输出的轮系，该轮系由圆柱齿轮、圆锥齿轮组成，可以实现 1、2、3、4、5、6 轴的输出。

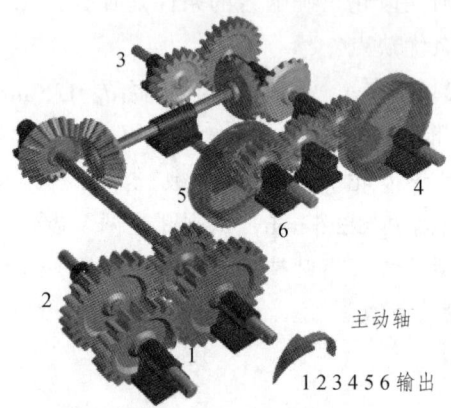

图 7-4-1　轮系

请观察图 7-4-1 中的轮系有多少对齿轮在啮合？如果主动轴转速的大小和方向都已知，你能确定各输出轴的转速和方向吗？

本任务将介绍轮系的种类和定轴轮系的相关计算，以及轮系在减速器的应用。

【相关知识】

轮系由一系列相互啮合的齿轮组成，可以同时包括圆柱齿轮传动、圆锥齿轮传动、齿轮齿条传动、蜗杆传动等各种齿轮副传动类型。

一、轮系的分类

（一）定轴轮系

在轮系运转时，每个齿轮几何轴线的位置相对机架都是固定不变的，这种轮系称为定轴轮系。

在定轴轮系中，各齿轮轴线相互平行或重合的轮系称为平面定轴轮系，简称平面轮系，如图 7-4-2（a）所示。

在定轴轮系中，各齿轮的轴线至少有一对不相互平行的轮系称为空间定轴轮系，简称空间轮系，如图 7-4-2（b）所示。

（a）平面轮系　　　　（b）空间轮系

图 7-4-2　定轴轮系

（二）周转轮系

在轮系运转时，至少有一个齿轮的轴线相对机架的位置不固定，而是绕着某一固定轴线回转，这种轮系称为周转轮系（又称为行星轮系），如图 7-4-3 所示。

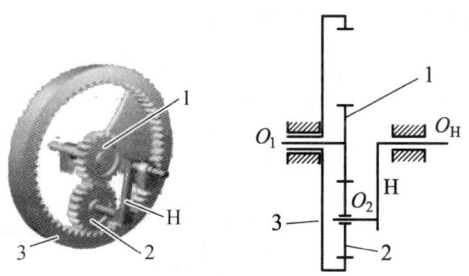

1—太阳轮；2—行星轮；3—太阳轮；H—行星架。

图 7-4-3　周转轮系（行星轮系）

行星轮系中既自转又公转的齿轮称为行星轮；齿轮几何轴线的位置固定不动的称为太阳轮（又称为中心轮），它们分别与行星轮啮合；支持行星轮做自转和公转的构件称为行星架（又称系杆）。行星轮、太阳轮、行星架以及机架组成周转轮系。一个基本周转轮系中，行星轮可有多个，太阳轮的数量不多于两个，行星架只能有一个。

采用行星轮系，可以将两个独立的运动合成为一个运动，或将一个运动分解为两个独立的运动。

（三）混合轮系

定轴轮系与周转轮系组合或由几个行星轮系组合而成的轮系称为混合轮系，如图7-4-4 所示。

图 7-4-4　混合轮系

二、定轴轮系的传动比

轮系中，输入轴与输出轴的角速度或转速之比，称为轮系传动比。计算传动比时，不仅要计算其数值大小，还要确定输入轴与输出轴的转向关系。

（一）方向判断

1. 齿轮对转动方向的确定

对于平面定轴轮系，其转向关系用正、负号表示，转向相同用正号，相反用负号。
对于空间定轴轮系，各轮转动方向只能用箭头表示。
齿轮对转动方向判断和箭头表示见表 7-4-1。

表 7-4-1　齿轮对转动方向判断

传动类型	方向判断	表示方法	零件图	示意图
圆柱齿轮外啮合	转向相反	正负号表示；箭头表示		

续表

传动类型	方向判断	表示方法	零件图	示意图
圆柱齿轮内啮合	转向相同	正负号表示；箭头表示		
圆锥齿轮传动	转动方向背离或指向啮合点	箭头表示（箭头相背或相对）		
蜗杆传动	先判断蜗杆旋向，再用左右手定则判定蜗轮转向	右旋蜗杆用右手，左旋蜗杆用左手，四指弯曲方向表示蜗杆的转动方向，蜗轮啮合点的线速度方向与大拇指指向相反		

2. 轮系转动方向判断

轮系转动方向判断方法：从主动轮开始，用箭头表示其转动方向，按传动路径逐一标出每个齿轮的转动方向，同轴上转向相同的齿轮称为同轴齿轮，用箭头标注同轴齿轮转向，最后标出从动末轮的转动方向。

如果首轮和末轮转向平行，就可确定首轮和末轮的转向是相同或相反，以此确定传动比计算公式中的符号取"+"或取"−"。

（二）定轴轮系传动比的计算

1. 一对齿轮啮合传动比

由上一个任务可知，一对齿轮啮合传动比为 $i_{12} = \dfrac{n_1}{n_2} = \dfrac{\omega_1}{\omega_2} = \dfrac{z_2}{z_1}$

当两个齿轮外啮合时，两个齿轮的转动方向相反，规定其传动比数值为负，在传动比的前面加上符号"−"；当两个齿轮内啮合时，两个齿轮的转动方向相同，规定其传动比数值为正，在传动比的前面加上符号"+"（正号可以省略）。

2. 轮系的传动比

轮系的传动比等于首轮与末轮的转速之比，也等于轮系中所有从动轮齿数的连乘积与所有主动齿轮齿数的连乘积之比。

假设定轴轮系首、末两轮的转速分别为 n_1 和 n_k，则平面定轴轮系传动比的一般计算公式为

$$i_{1k} = \frac{n_1}{n_k} = (-1)^m \frac{各级齿轮副中从动轮齿数的连乘积}{各级齿轮副中主动轮齿数的连乘积}$$

式中　m——轮系从齿轮 1 到齿轮 k，也就是从轮系首轮到末轮的外啮合次数。

空间定轴轮系传动比的一般计算公式为

$$i_{1k} = \frac{n_1}{n_k} = \frac{各级齿轮副中从动轮齿数的连乘积}{各级齿轮副中主动轮齿数的连乘积}$$

（三）惰轮的应用

在轮系中既是从动轮又是主动轮，对总传动比毫无影响，但却起到了改变齿轮副中从动轮回转方向的作用，像这样的齿轮称为惰轮，如图 7-4-5 所示。

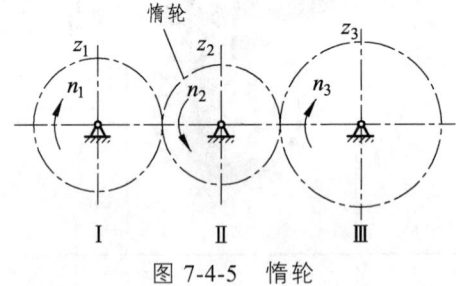

图 7-4-5　惰轮

例 7-4-1　如图 7-4-6 所示，已知 $z_1=24$、$z_2=28$、$z_3=20$、$z_4=60$、$z_5=20$、$z_6=22$、$z_7=28$，齿轮 1 为主动件。分析该机构的传动路线；求传动比 i_{17}；若齿轮 1 转向已知，试用箭头法判定齿轮 7 的转向。

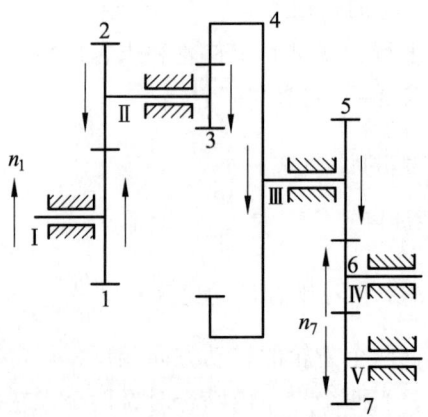

图 7-4-6　例 7-4-1 轮系图

解 机构的传动路线为：齿轮 1→齿轮 2→齿轮 3→齿轮 4（内齿轮）→齿轮 5→齿轮 6→齿轮 7。

$$i_{17} = \frac{n_1}{n_7} = (-1)^m \frac{z_2 \times z_4 \times z_6 \times z_7}{z_1 \times z_3 \times z_5 \times z_6} = (-1)^3 \frac{28 \times 60 \times 22 \times 28}{24 \times 20 \times 20 \times 22} = -4.9$$

用箭头法判定齿轮 7 的转向如图 7-4-6 所示，即输出轴转向和输入轴转向相反。

例 7-4-2 在图 7-4-7 所示的定轴轮系中，已知 $z_1=16$，$z_2=32$，$z_{2'}=20$，$z_3=40$，$z_{3'}=2$，$z_4=40$，$n_1=800$ r/min，试求蜗轮的转速及各轮的转向。

解 齿轮 1 与蜗轮 4 的轴线相互不平行，只能计算大小。其动比为

$$i_{14} = \frac{n_1}{n_4} = \frac{z_2 \times z_3 \times z_4}{z_1 \times z_{2'} \times z_{3'}} = \frac{32 \times 40 \times 40}{16 \times 20 \times 2} = 80$$

$$n_4 = \frac{n_1}{i_{14}} = \frac{800}{80} = 10 \, (\text{r/min})$$

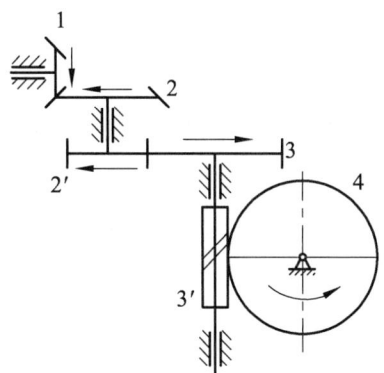

图 7-4-7 例 7-4-2 轮系图

轮系各轮的转动方向用箭头标示如图 7-4-7 所示。

三、轮系的功用

由上述可知，轮系广泛用于各种机械设备中，其功用如下。

（一）获得较大的传动比

一对定轴齿轮的传动比一般不宜超过 5~7，否则两个齿轮直径会相差太大，小齿轮也会因直径过小而容易损坏。采用轮系传动，可以用较小的体积获得较大的传动比，以满足低速工作的要求。

（二）实现长距离传动

两轴中心距较大时，如用一对齿轮传动，则两齿轮的结构尺寸必然很大，导致传动机构庞大，所以当两轴中心距离较大时，采用轮系传动，可以减少齿轮尺寸，节约

材料，且制造安装都方便，如图 7-4-8 所示。

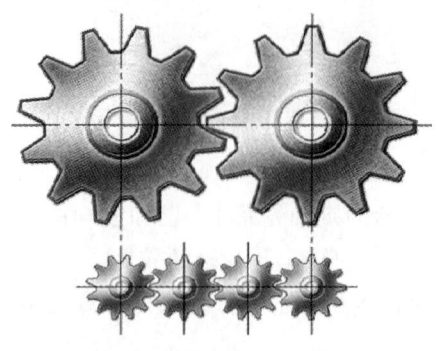

图 7-4-8　小齿轮实现长距离传动

（三）实现变速变向传动

主动轴转速不变时，利用轮系可使从动轴获得多种工作转速，并可换向。如图 7-4-9 所示的滑移齿轮变速机构，齿轮 1—2 为双联齿轮，可沿轴 I 做轴向移动，与齿轮 3 或齿轮 4 啮合，使轴 II 获得两种不同的转速。

同时，在主动轮不变的情况下，也可以利用轮系中的惰轮来实现从动轴改变转向的要求。

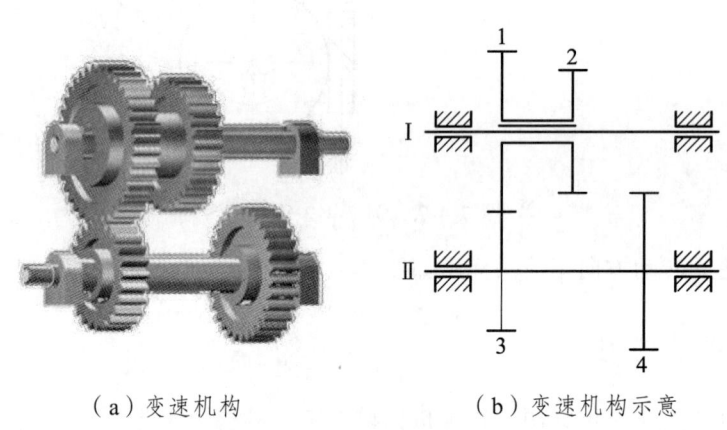

（a）变速机构　　　　　　（b）变速机构示意

图 7-4-9　滑移齿轮变速机构

（四）实现运动的合成和分解

采用周转轮系，可以将两个独立的运动合成为一个运动，或将一个运动分解为两个独立的运动。如图 7-4-10 所示的汽车差速器，当汽车直线行驶时，左、右两轮转速相同，行星轮不发生自转，齿轮 1、2、3 作为一个整体，随齿轮 4 一起转动，此时 $n_1 = n_3 = n_4$。当汽车转弯时，为了保证两车轮与地面做纯滚动，左、右两车轮行走的距离应不相同，即要求左、右轮的转速也不相同。此时，可通过差速器将发动机传到齿轮 5 的转速分配给后面的左、右轮，实现运动的分解。

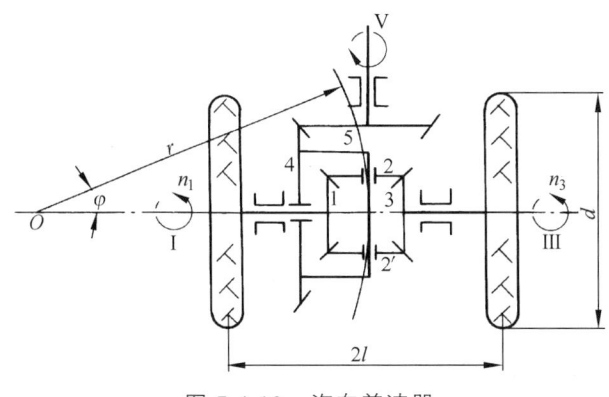

图 7-4-10　汽车差速器

四、减速器

减速器又称为齿轮箱（图 7-4-11 和图 7-4-12），是一种封闭在箱体内的由齿轮、蜗轮、蜗杆等传动零件组成的传动装置，装在原动机和工作机之间用来改变轴的转速和转矩，以适应工作的需要。

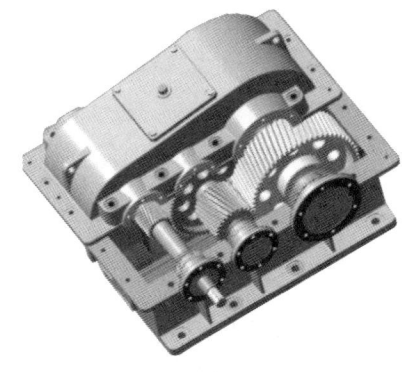

图 7-4-11　减速器

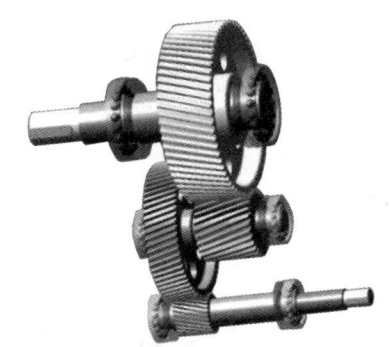

图 7-4-12　减速器中的轮系

由于减速器结构紧凑、传动效率高、使用维护方便，在铁路上应用广泛，图 7-4-13 所示为铁路机车牵引电机齿轮箱，牵引电机通过该齿轮箱把动力传递给车轮，驱动机车运行。

（一）减速器的类型

减速器的类型很多，常见的减速器有圆柱齿轮减速器、圆锥齿轮减速器和蜗杆减速器三种类型。在圆柱齿轮减速器中，按齿轮传动级数可分为单级、两级和多级。通过观察减速器外部结构，可以判断减速器的传动级数、输入轴、输出轴及安装方式。

单级圆柱齿轮减速器按其轴线在空间相对位置分为卧式减速器和立式减速器。前者两轴线平面与水平面平行，后者两轴线平面与水平面垂直，一般使用较多的是卧式减速器，故本书主要介绍卧式减速器。

（a）SS_{3B}型电力机车牵引装置

（b）HXD_1型电力机车牵引装置

图 7-4-13　铁路机车牵引电机齿轮箱

（铁路机车齿轮箱传动过程见 AR）

（二）减速器的结构

减速器的结构随其类型和要求不同而异，但其基本结构有很多相似之处，通常由箱体、轴系零件和附件三部分组成，如图 7-4-14 所示。

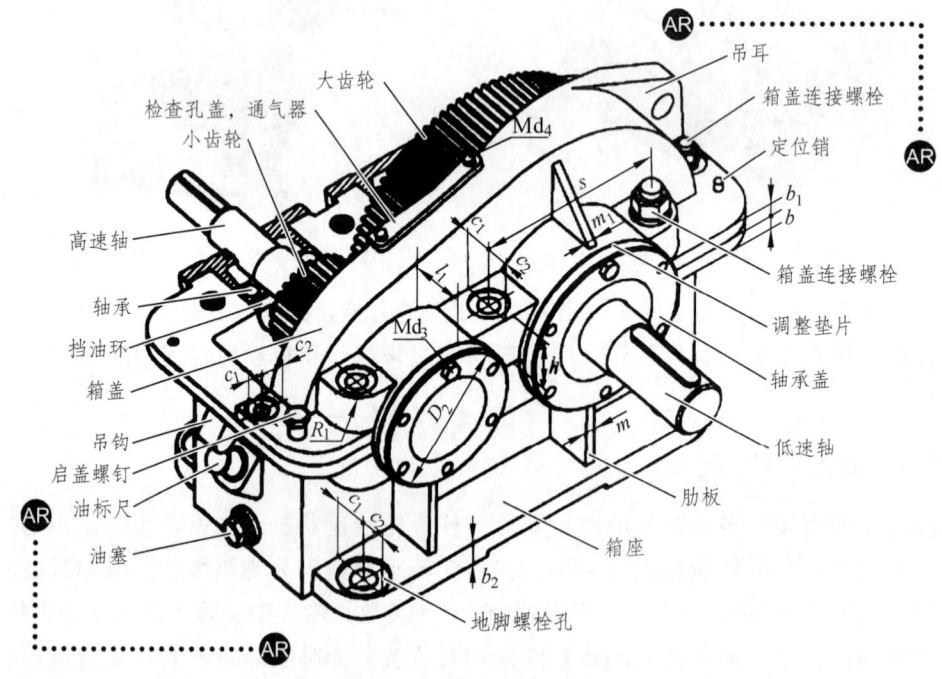

图 7-4-14　减速器的结构

（一级圆柱齿轮减速器和蜗杆减速器三维结构见 AR）

1. 箱体结构

减速器的箱体用来支承和固定轴系零件，应保证传动件轴线相互位置的正确性，因而轴孔必须加工精确。箱体必须具有足够的强度和刚度，以免引起齿轮齿宽上载荷分布不匀。为了增加箱体的刚度，通常在箱体上制出筋板。

为了便于轴系零件的安装和拆卸，箱体通常制成剖分式。剖分面一般取在轴线所在的水平面（即水平剖分），以便于加工。箱盖和箱座之间用螺栓连接成一整体，为了使轴承座旁的连接螺栓尽量靠近轴承座孔，并增加轴承支座的刚性，应在轴承座旁制出凸台。设计螺栓孔位置时，应注意留出扳手空间。

箱体通常用灰铸铁（HT150 或 HT200）铸成，对于受冲击载荷的重型减速器，也可采用铸钢箱体。单件生产时，为了简化工艺，降低成本，可采用钢板焊接箱体。

2. 轴系零件

高速级的小齿轮直径和轴的直径相差不大，常将小齿轮与轴制成一体。大齿轮与轴分开制造，用普通平键做周向固定。轴上零件用轴肩、轴套、封油环与轴承端盖做轴向固定。两轴均采用角接触轴承作为支承，承受径向载荷和轴向载荷的联合作用。轴承端盖与箱体轴承座孔外端面之间垫有调整垫片组，以调整轴承游动间隙保证轴承正常工作。

该减速器中的齿轮传动采用油池浸油润滑，大齿轮的轮齿浸入油池中，靠它把润滑油带到啮合处进行润滑。滚动轴承采用润滑脂润滑，为了防止箱体内的润滑油进入轴承，应在轴承和齿轮之间设置封油环。轴伸出的轴承端盖孔内装有密封元件，可防止箱体内润滑油泄漏以及外界灰尘、异物侵入箱体。

3. 减速器附件

（1）定位销。在精加工轴承座孔前，在箱盖和箱座的连接凸缘上配装定位销，以保证箱体精度，同时也保证了轴承座孔的精度。两定位圆锥销应设在箱体纵向两侧连接凸缘上，且不对称布置，以加强定位效果。

（2）观察孔盖板。为了检查传动零件的啮合情况，并向箱体内加注润滑油，在箱盖的适当位置设置一观察孔，观察孔多为长方形，观察孔盖板平时用螺钉固定在箱盖上，盖板下垫有纸质密封垫片，以防漏油。

（3）通气器。通气器用来沟通箱体内外的气流，以保证箱体内的气压不会因减速器运转时的油温升高而增大，从而提高了箱体剖分面、轴伸端缝隙处的密封性能。通气器多装在箱盖顶部或观察孔盖上，以便箱体内的膨胀气体自由溢出。

（4）液面指示器。为了检查箱体内的液面高度，及时补充润滑油，应在便于观察和液面稳定的部位装设液面指示器。液面指示器分油标和油尺两类。

（5）放油螺塞。换油时，为了排放污油和清洗剂，应在箱体底部油池最低位置开设放油孔,平时放油孔用放油螺塞拧紧,放油螺塞和箱体结合面之间应加防漏垫圈。

(6)启盖螺钉。装配减速器时,常常在箱盖和箱座的结合面处涂上水玻璃或密封胶,以增强密封效果,但却给开启箱盖带来困难。为此,在箱盖侧边的凸缘上开设螺纹孔,可拧入启盖螺钉。开启箱盖时,拧动启盖螺钉,迫使箱盖与箱座分离。

(7)起吊装置。为了便于搬运,需在箱体上设置起吊装置。箱盖上铸有两个吊耳,用于起吊箱盖。箱座上铸有两个吊钩,用于吊运整台减速器。

【思考】

如果把铁路比作一个大的轮系,把你比作这个轮系里的一个齿轮,你希望提高自己哪些性能才能适应铁路的需求?

【实践操作】

见项目九实训中的任务三:减速器的装拆实训。

【任务测评】

1. 在图 7-4-15 所示的齿轮系中,已知 $z_1=20$,$z_2=40$,$z_{2'}=30$,$z_3=60$,$z_{3'}=25$,$z_4=30$,$z_5=50$,均为标准齿轮传动。若已知轮 1 的转速 $n_1=1\,440$ r/min,转向如图所示,试求轮 5 的转速,并用箭头法判定轮 5 的转向。

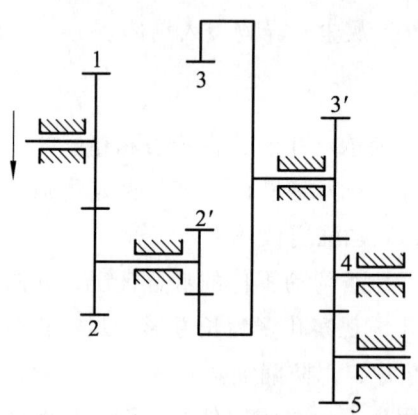

图 7-4-15 题 1 图

2. 在图 7-4-16 所示的轮系中,$z_1=26$,$z_2=51$,$z_3=42$,$z_4=29$,$z_5=49$,$z_6=36$,$z_7=56$,$z_8=43$,$z_9=30$,$z_{10}=90$,轴Ⅰ的转速 $n_1=200$ r/min。试求当轴Ⅲ上的三联齿轮分别与轴Ⅱ上的三个齿轮啮合时,轴Ⅳ的三种转速。

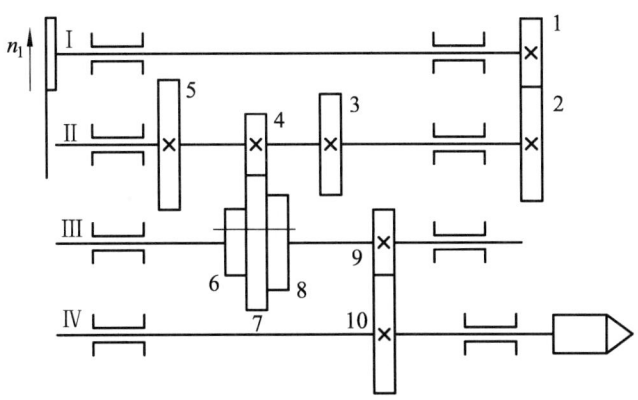

图 7-4-16 题 2 图

3. 在图 7-4-17 所示的轮系中，已知各个齿轮的齿数分别为 $z_1=15$，$z_2=25$，$z_{2'}=15$，$z_3=20$，$z_{3'}=15$，$z_4=30$，$z_{4'}=2$（右旋），$z_5=60$，$n_1=1\,440$ r/min，其转向如图所示。求传动比 i_{13} 和 i_{15}，并用箭头法标示出蜗轮 5 的转向。

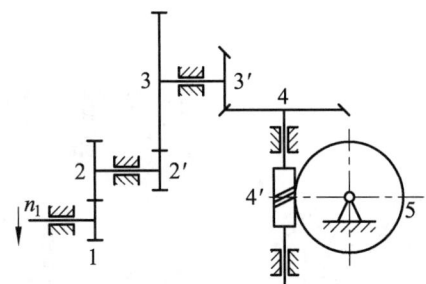

图 7-4-17 题 4 图

项目八

液压和气压传动

项目导入

图 8-0-1 所示为液压挖掘机，是建筑工程行业经常使用的一种工程机械，它主要是靠液压传动来实现做功的；图 8-0-2 所示为城轨车辆气压传动塞拉门，它主要是通过气压元件控制压缩空气，再由压缩空气驱动车门的驱动风缸，通过机械传动系统完成车门的开、关动作。

图 8-0-1 液压挖掘机

图 8-0-2 地铁车辆塞拉门

液压传动是利用密封系统中的受压液体来传递运动和动力的，气压传动是以压缩空气为传动介质的一种传动方式。液压传动、气压传动与其他类型的传动相比较，具有许多突出的优点，所以在交通运输领域中得到了广泛的应用。

本项目将介绍液压传动和气压传动的相关知识。

学习目标

1. 掌握液压传动的工作原理和组成。
2. 了解常见的液压元件的种类、作用及工作原理。
3. 掌握基本的液压回路。
4. 掌握气压传动的工作原理及特点。

任务一 液压传动

【学习任务】

1. 掌握液压传动的组成、工作原理和传动特点。
2. 掌握液压泵、液压缸、液压马达的类型、工作原理及特点。
3. 掌握液压控制元件的类型、工作原理及特点。
4. 了解方向控制、压力控制、速度控制和顺序动作控制 4 种基本液压回路。
5. 液压传动的实现离不开各种液压零部件,加强整体与部分辩证理论的理解,提高逻辑思维能力。

【任务引入】

图 8-1-1 为千斤顶工作实例,小汽车在检查维修或更换轮胎时,需用千斤顶将车身顶起。千斤顶是我们日常生活中常见的一种举升工具,千斤顶分为机械千斤顶和液压千斤顶两种,普遍常用的是液压千斤顶,其原理如图 8-1-2 所示。为何小小的千斤顶能将几吨重的汽车顶起?你能说出它的工作原理吗?本任务内容将会详细介绍液压传动的工作原理以及液压传动的优缺点等液压知识。

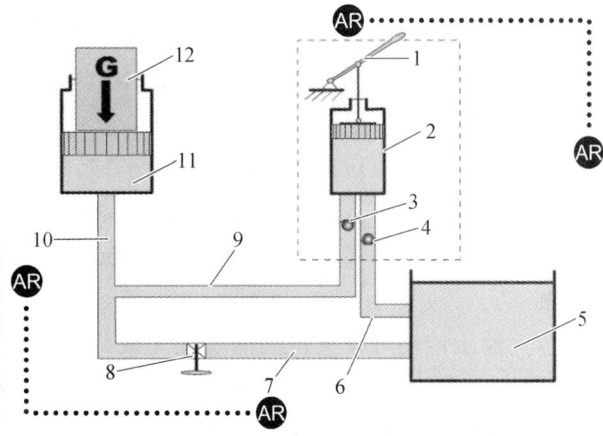

1—杠杆手柄;2—泵体(油腔);3—排油单向阀;4—吸油单向阀;5—油箱;6,7,9,10—油管;8—放油阀;11—液压缸(油腔);12—重物。

图 8-1-1 千斤顶工作实例　　图 8-1-2 液压千斤顶工作原理

【相关知识】

一、液压传动工作原理及组成

（一）液压传动工作原理

液压传动是以液体为工作介质，利用液体的压力，通过密封容积的变化实现力传递的。它先利用液压泵将机械能转换为液体的压力能，再通过液压缸（或液压马达）将液体的压力能转换为机械能以推动负载运动。液压传动的过程就是机械能—液压能—机械能的能量转换过程。

（二）液压传动系统的组成

一个完整的液压传动系统须由以下几个部分组成。

动力元件——液压泵。它将原动机的机械能转换为油液的压力能的装置，作为系统的能源。

执行元件——液压缸、液压马达。它是将油液的压力能转换为机械能的装置。

控制元件——各种阀类。它是控制油液的流动方向、流量及压力的装置，以满足液压系统的工作要求。

辅助元件——油箱、滤油器、油管类和密封件等。这些元件担负着储存、输送和净化工作液以及散热等任务，它也是传动系统中不可缺少的部分。

工作介质——液压油。绝大多数液压油为矿物油，系统用它来传递能量。

二、液压传动的特点

（一）液压传动的优点

（1）在同等功率的情况下，液压传动装置的体积小、重量轻、结构紧凑，如液压马达的重量只有同等功率电动机重量的10%~20%。当液压传动采用高压时，则更容易获得很大的力或力矩。

（2）液压系统执行机构的运动比较平稳，能在低速下稳定运动。当负载变化时，其运动速度也较稳定。同时，因其惯性小、反应快，所以易于实现快速运动、制动和频繁换向。在往复回转运动时换向可达500次/分钟，往复直线运动时换向可达1 000次/分钟。

（3）液压传动可在大范围内实现无级调速，调速比一般可达100以上，最大可达2 000以上，并且可在液压装置运行的过程中进行调速。

（4）液压传动容易实现自动化，因为它是对液体的压力、流量和流动方向进行控制或调节，操纵很方便。当液压控制和电气控制或气动控制结合使用时，能实现较复杂的顺序动作和远程控制。

（5）液压装置易于实现过载保护且液压件能自行润滑，因此使用寿命较长。

（6）由于液压元件已实现标准化、系列化和通用化，所以液压系统的设计、制造和使用都比较方便。

（二）液压传动的缺点

（1）液压传动不能保证严格的传动比，原因是由液压油的可压缩性和泄漏等因素。

（2）液压传动在工作过程中常有较多的能量损失（摩擦损失、泄漏损失等）。

（3）液压传动对油温的变化比较敏感，它的工作稳定性容易受到温度变化的影响，因此不宜在温度变化很大的环境中工作。

（4）为了减少泄漏，液压元件在制造精度上的要求比较高，因此其造价较高，且对油液的污染比较敏感。

（5）液压传动出现故障的原因较复杂，而且查找困难。

三、常用液压件及基本回路

（一）液压泵

液压泵是液压系统的动力元件，是靠发动机或电动机驱动，从液压油箱中吸入油液，形成压力油排出，送到执行元件的一种元件。液压泵按结构分为齿轮泵、柱塞泵、叶片泵和螺杆泵。

1. 液压泵的工作原理

如图 8-1-3 所示，柱塞 2 装在泵体 3 内，并可做左右移动，在弹簧 4 的作用下，柱塞 2 紧压在偏心轮 1 的外表面上。当电机带动偏心轮 1 旋转时，偏心轮推动柱塞 2 左右运动，使泵体 3 密封容积 V 的大小发生周期性的变化。当密封容积 V 由小变大时就形成局部真空，使油箱中的油液在大气压的作用下，经吸油管道顶开单向阀 5 进入油腔实现吸油。反之，当 V 由大变小时，油腔中油液压力增大，顶开单向阀 6 流入系统而实现压油。电机带动偏心轮 1 不断旋转，液压泵就不断地吸油和压油。

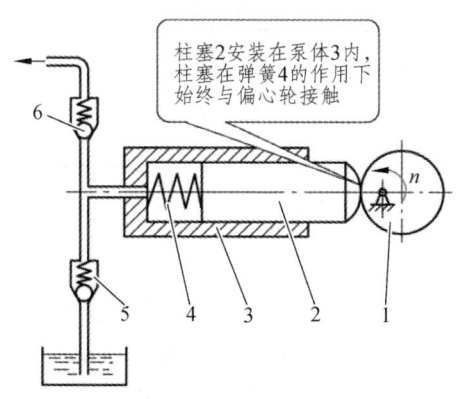

1—偏心轮；2—柱塞；3—泵体；4—弹簧；5，6—单向阀。

图 8-1-3 液压泵工作原理

综上所述，液压泵是依靠密封容积的变化来实现吸油和压油的。其工作过程包括吸油过程和压油过程。要实现这样的工作过程，必须具备下列条件：

（1）必须能够形成密封容积。

（2）密封容积的大小能交替变化。

（3）要有控制元件。

（4）吸油过程中，油箱必须与大气相通。

控制元件的作用：在吸油时，密封容积与油箱相通，同时关闭供油管路；压油时，密封容积与供油管路相通，同时关闭与油箱的连接。图8-2-1中，单向阀5、6就是控制元件。

2. 常用液压泵的种类

液压泵的种类很多，常见的分类如下。

（1）按流量是否可调节分。

变量泵：输出流量可以根据需要来调节的液压泵。

定量泵：流量不能调节的液压泵。

（2）按泵结构分。

齿轮泵：体积较小，结构较简单，对油的清洁度要求不严，价格较便宜，但泵轴受不平衡力，磨损严重，泄漏较大。

叶片泵：分为双作用叶片泵和单作用叶片泵。这种泵流量均匀、运转平稳、噪声小、压力和容积效率比齿轮泵高、结构比齿轮泵复杂。

柱塞泵：容积效率高、泄漏小、可在高压下工作，大多用于大功率液压系统，但结构复杂，材料和加工精度要求高、价格贵、对油的清洁度要求高。

3. 液压泵图形符号

液压泵的图形符号见表8-1-1。

表8-1-1　液压泵图形符号

液压泵类型	单向定量泵	双向定量泵	单向变量泵	双向变量泵
图形符号				

4. 常用液压泵介绍

（1）齿轮泵。

齿轮泵是由泵体和一对互相啮合的齿轮构成，齿轮外啮合则为外啮合齿轮泵，如图8-1-4所示，齿轮内啮合则为内啮合齿轮泵，如图8-1-5所示。齿轮的两端由端盖密封，这样由泵体、齿轮的各个齿槽和端盖形成了多个密封工作腔，同时轮齿的啮合线又将左右两腔隔开，形成了吸、压油腔。当齿轮按图8-1-4所示方向旋转时，左侧吸油腔内（A 腔）的轮齿相继脱离啮合，密封工作腔容积不断增大，形成部分真空，在大气压力作用下经吸油管从油箱吸进油液，并被旋转的轮齿齿间槽带入左侧。左侧压油腔（B 腔）由于轮齿不断进入啮合，使密封工作腔容积减小，油液受到挤压被输出送往系统。这就是齿轮泵的吸油和压油过程。齿轮泵由于密封容积变化范围不能改变，故流量不可调，是定量泵。

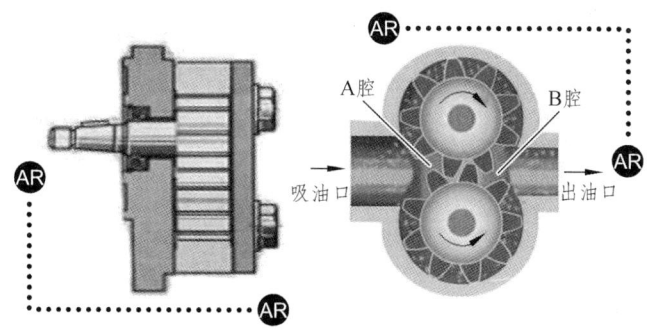

图 8-1-4　外啮合齿轮泵

（齿轮泵工作原理见 AR）

图 8-1-5　内啮合齿轮泵

齿轮泵的优点：结构简单，易于制造，价格便宜，工作可靠，维护方便。

齿轮泵的缺点：工作中存在流量脉动和压力脉动，并产生振动和噪声；容积效率（指泵的实际流量与理论流量的比值）较低；所受的径向液压力不平衡。

由于存在上述缺点，齿轮泵一般只能用于低压轻载系统，但工程实际中也有用于高压的齿轮泵。

（2）叶片泵。

叶片泵分为单作用叶片泵（图 8-1-6）和双作用叶片泵（图 8-1-7），单作用叶片泵在转子每转一周过程中，每个密封容腔容积吸油压油各一次，故称为单作用叶片泵。又因这种泵的转子受有不平衡的液压作用力，故又称不平衡式叶片泵。所谓双作用叶片泵是指转子每转一周完成两次吸压油过程。单作用叶片泵流量可变，可作定、变量泵用；双作用叶片泵流量不可变，只能作定量泵用，其结构由定子、转子、叶片和配流盘组成。

叶片泵的优点：结构紧凑，工作压力较高，流量脉动小，工作平稳，噪声小，寿命较长。

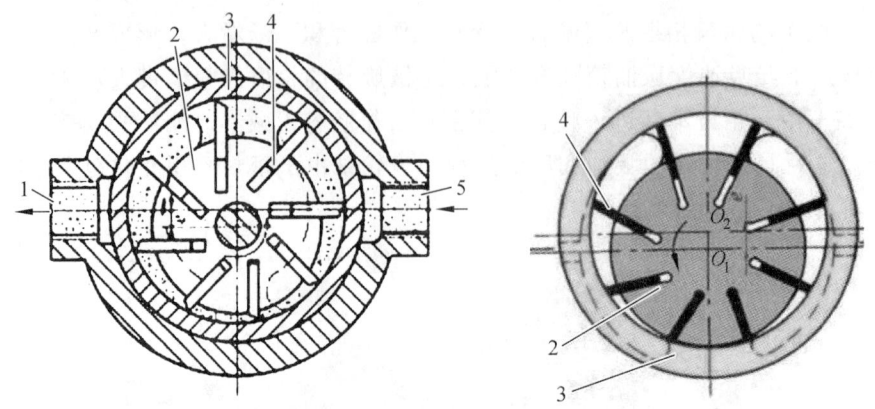

1—排油口；2—转子；3—定子；4—叶片；5—吸油口。

图 8-1-6　单作用叶片泵

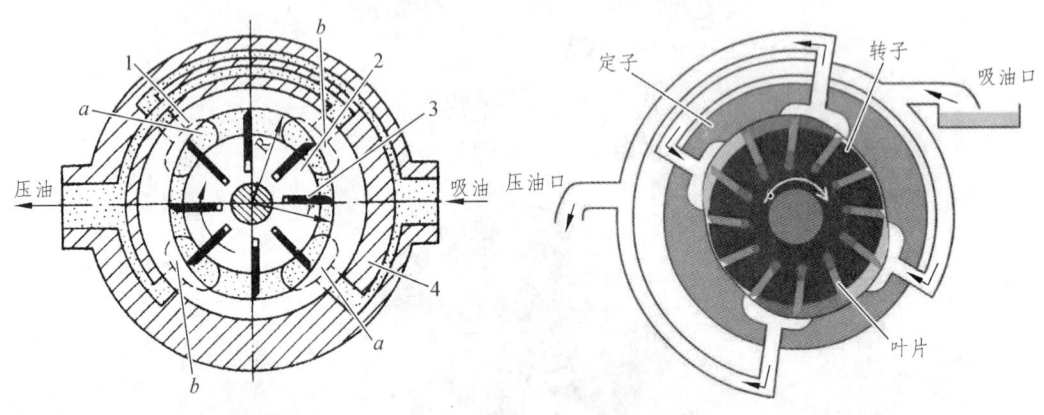

1—定子；2—转子；3—叶片；4—配流盘；a—吸油槽；b—排油槽。

图 8-1-7　双作用叶片泵

叶片泵的缺点：吸油能力差，对油液污染比较敏感，结构复杂，制造工艺要求比较高，成本高。

（3）柱塞泵。

柱塞泵分为轴向柱塞泵（图 8-1-8）和径向柱塞泵（图 8-1-9），其工作原理是依靠柱塞在缸体内往复运动，使密封工作容积变化来实现吸油和压油。

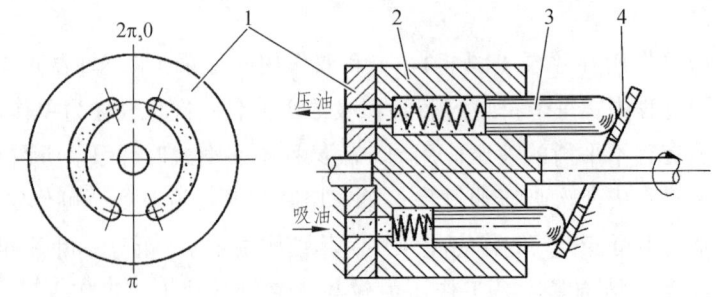

1—配流盘；2—缸体；3—柱塞；4—斜盘。

图 8-1-8　轴向柱塞泵

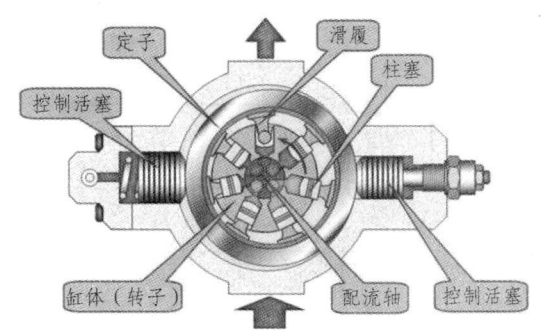

图 8-1-9　径向柱塞泵

柱塞泵的优点：参数高、效率高、寿命长、变量方便、单位功率的重量轻。

柱塞泵的缺点：结构较复杂，零件数较多；自吸性差；制造工艺要求较高，成本较高；油液对污染较敏感，要求较高的过滤精度，对使用和维护要求较高。

（二）液压执行元件

液压执行元件是利用流体能量做机械功的。将液压能转换为机械能以实现往复运动或回转运动的执行元件，分为液压缸和液压马达。液压执行元件的优点是单位重量和单位体积的功率很大，机械刚性好，动态响应快。因此它被广泛应用于精密控制系统、航空和航天等各部门。导弹舵机采用液压缸推动舵面，可以减轻导弹重量、提高舵系统的快速性和动态、静态刚度。它的缺点是制造工艺复杂、维护困难和效率低。

1. 液压缸

液压缸是液压系统中的执行元件，能将液压能转换为直线（或旋转）运动形式的机械能，输出运动速度和力，它结构简单，工作可靠。液压缸的种类很多，常常按其作用和结构形式来分类。

（1）单杆活塞缸。

单杆活塞缸结构如图 8-1-10 所示，其结构由缸筒、端盖、活塞、活塞杆等主要部分组成。缸筒 11 和前后端盖 2、17 用四个拉杆和螺栓 1 紧固连成一体。活塞 9 通过半环 6、轴套 5 和轴用挡圈 4 构成的半环连接固定在活塞杆 12 上，这种连接方式工作可靠。为了保证形成的油腔具有可靠的密封和防止泄漏，在前后端盖和缸筒之间、缸筒和活塞之间、活塞和活塞杆之间及活塞杆与后端盖之间都分别设置了相应的密封圈 3、7、8 和 15。为了防止活塞杆在运动时发生轴线偏斜，后端盖和活塞杆之间还装有导向套 14，同时安装了防尘圈 16，目的是防止脏物和灰尘进入液压缸内部。缓冲套 10 可以使活塞及活塞杆在右移行程终端处减速，以防止或减弱活塞对端盖的撞击。端盖上开设的油口布置在缸筒的最上方，以便回油时将油液中夹杂的少量空气带回油箱溢出。

（2）双杆活塞缸。

双活塞杆液压缸的结构基本上也由缸筒组件、活塞组件、密封装置、缓冲装置和排气装置等五大部分组成，如图 8-1-11 所示。

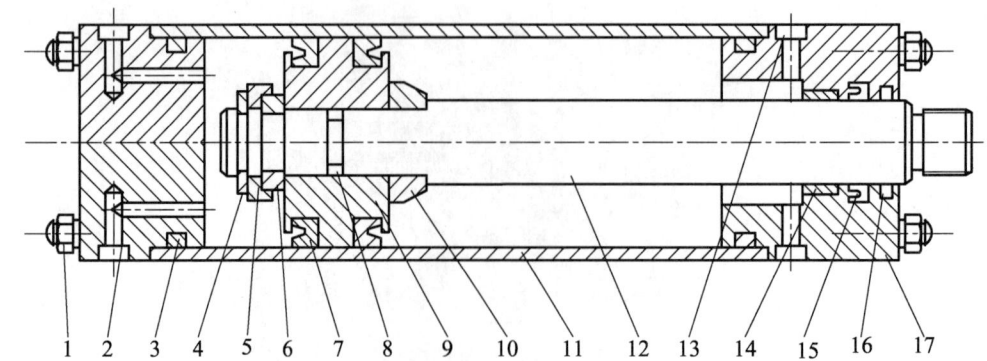

1—螺栓；2—前端盖；3,8—O形密封圈；4—轴用挡圈；5—轴套；6—半环；7,15—Y形密封圈；9—活塞；10—缓冲套；11—缸筒；12—活塞杆；13—进出油口；14—导向套；16—防尘圈；17—后端盖。

图 8-1-10　单杆活塞缸结构

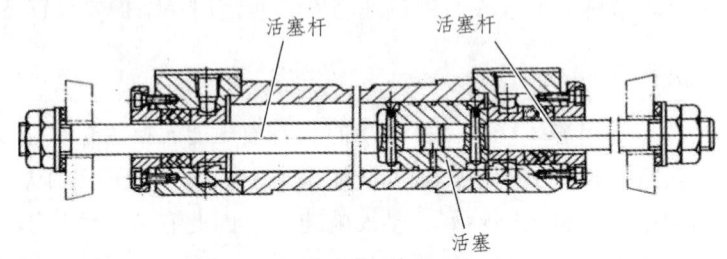

图 8-1-11　双杆活塞缸结构

液压缸常见表示符号见表 8-1-2。

表 8-1-2　液压缸图形表示符号

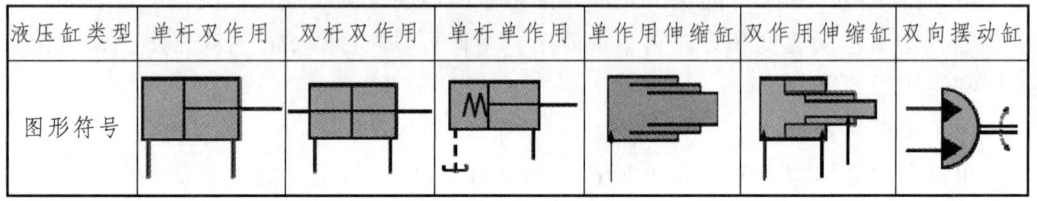

液压缸类型	单杆双作用	双杆双作用	单杆单作用	单作用伸缩缸	双作用伸缩缸	双向摆动缸
图形符号						

2. 液压马达

液压马达是液压系统中的执行元件，它是将液压能转换为机械能的能量转换装置，它与液压缸的不同之处在于液压马达输出的是旋转运动，而液压缸输出的是直线运动或摆动。

液压马达的类型有齿轮式、叶片式和柱塞式三种。

（1）齿轮式液压马达。

齿轮式液压马达结构与齿轮式液压泵类似，主要用于高转速、小转矩的场合，也用作笨重物体旋转的传动装置。由于笨重物体的惯性起到飞轮的作用，可以补偿旋转的波动，因而齿轮式液压马达在起重设备中应用比较多。但是齿轮式液压马达输出转矩和转速的脉动较大，径向力不平衡，在低速及负荷变化时运转的稳定性较差。

（2）叶片式液压马达。

叶片式液压马达如图 8-1-12 所示，它是利用作用在转子叶片上的压力差工作的，其输出转矩与液压马达的排量及进、出油口压力差有关，转速由输入流量决定。叶片式液压马达的叶片一般径向放置，叶片底部应始终通有压力油。叶片式液压马达的最大的特点是体积小、惯性小，因此动作灵敏，适用于换向频率较高的场合。但是这种液压马达工作时泄漏量较大，机械特性较软，低速工作时不稳定，调速范围也不能很大。因此，叶片式液压马达主要适用于高转速、小转矩和动作要求灵敏的场合，也可以用于对惯性要求较小的各种随动系统中。

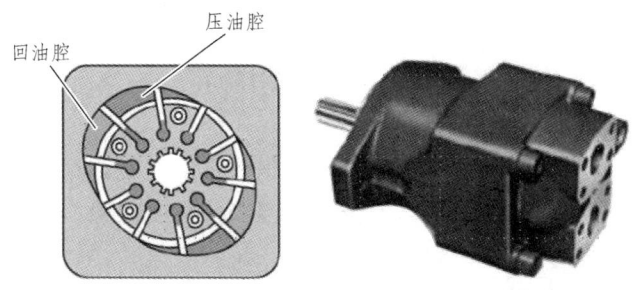

图 8-1-12　叶片式液压马达

（3）柱塞式液压马达。

图 8-1-13 所示为柱塞式液压马达结构原理，柱塞式液压马达根据柱塞的排列方式不同，可分为径向柱塞式液压马达和轴向柱塞式液压马达。柱塞泵和柱塞式液压马达的结构基本相同，工作原理是可逆的，一般的柱塞泵都可用作液压马达。柱塞式液压马达由于排量较小，输出转矩不大，所以是一种高速小转矩液压马达。

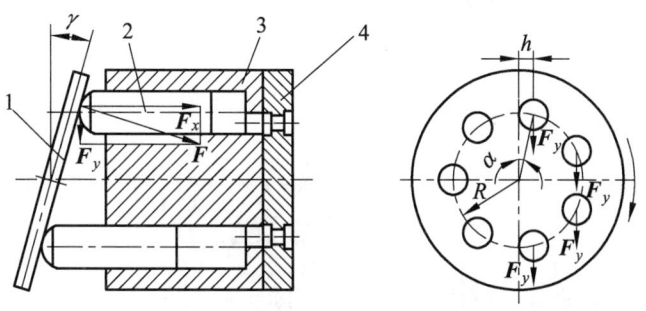

1—斜盘；2—柱塞；3—缸体；4—配油盘。

图 8-1-13　柱塞式液压马达结构原理

（三）液压控制元件（液压控制阀）

液压控制阀是液压控制系统中用来控制液体压力、流量和方向的元件。其中，控制压力的称为压力控制阀，控制流量的称为流量控制阀，控制通、断和流向的称为方向控制阀。

液压控制阀（简称液压阀）在液压系统中的功用是通过控制调节液压系统中油液的流向、压力和流量，使执行器及其驱动的工作机构获得所需的运动方向、推力（转矩）及运动速度（转速）等。任何一个液压系统，不论其如何简单，都不能缺少液压阀。同一工作目的的液压机械设备，通过液压阀的不同组合使用，可以组成油路结构截然不同的多种液压系统方案。因此，液压阀是液压系统中品种与规格最多、应用最广泛、最活跃的部分（元件）。液压系统能否按照既定要求正常可靠地运行，在很大程度上取决于其中所采用的各种液压阀的性能优劣及参数匹配是否合理。

1. 压力控制阀

用来控制液压系统中的压力，或利用系统中的压力的变化来控制其他液压元件动作的元件称为压力控制阀。它是利用作用于阀芯上液压力与弹簧力相平衡的原理来完成工作的。

压力控制阀按用途分为溢流阀、减压阀和顺序阀。

（1）溢流阀。

溢流阀能控制液压系统在达到调定压力时保持恒定状态，起溢流、稳压和限压保护作用。用于过载保护的溢流阀称为安全阀。当系统发生故障，压力升高到可能造成破坏的限定值时，阀口会打开而溢流，以保证系统的安全。溢流阀可分为直动式溢流阀（图 8-1-14）和先导式溢流阀（图 8-1-15）两种。

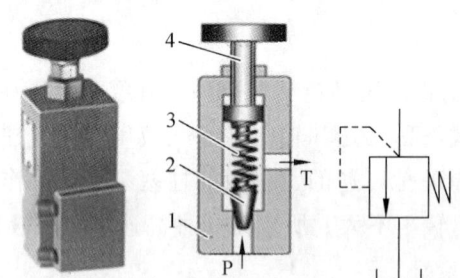

1—阀体；2—阀芯；3—弹簧；4—调压螺杆。

图 8-1-14　直动式溢流阀

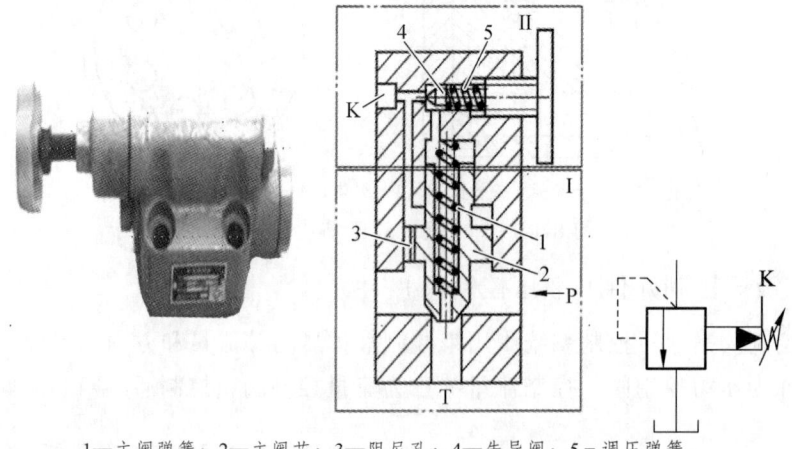

1—主阀弹簧；2—主阀芯；3—阻尼孔；4—先导阀；5—调压弹簧。

图 8-1-15　先导式溢流阀

（2）减压阀。

减压阀能降低系统某一支路的油液压力，使同一系统有两个或多个不同压力。减压阀按它所控制的压力功能不同，又可分为定值减压阀（输出压力为恒定值）、定差减压阀（输入与输出压力差为定值）和定比减压阀（输入与输出压力间保持一定的比例）；按结构可分为直动型减压阀（图 8-1-16）和先导型减压阀（图 8-1-17）。

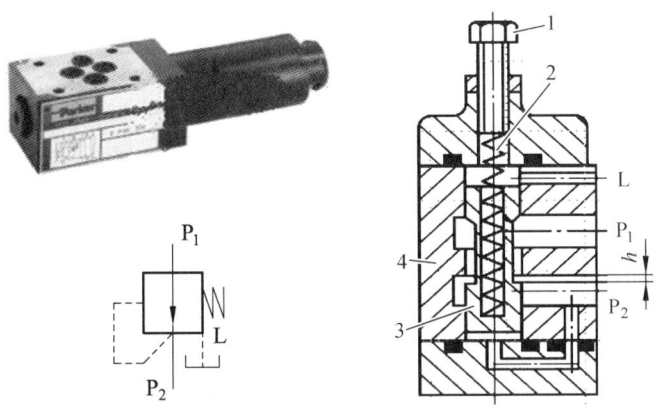

1—调压螺栓；2—调压弹簧；3—阀芯；4—阀体。

图 8-1-16　直动型减压阀

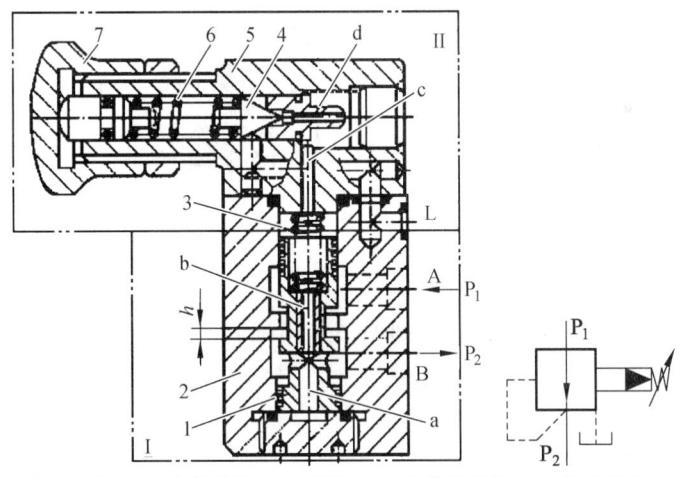

1—主阀芯；2—主阀阀体；3—主阀弹簧；4—锥阀；5—先导阀阀体；6—调压弹簧；7—调压螺帽；
a—轴心孔；b—阻尼孔；c, d—通孔。

图 8-1-17　先导型减压阀

（3）顺序阀。

顺序阀能利用液压系统中的压力变化来控制油路的通断，从而实现某些液压元件按一定的顺序动作，即能使一个执行元件（如液压缸、液压马达等）动作以后，再按顺序使其他执行元件动作。按控制油路连接方式可分为内控式和外控式顺序阀，按结构和工作原理可分为直动型顺序阀（图 8-1-18）和先导型顺序阀（图 8-1-19）。

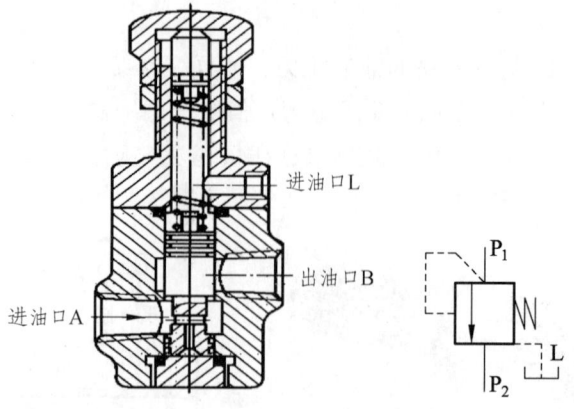

图 8-1-18 直动型顺序阀

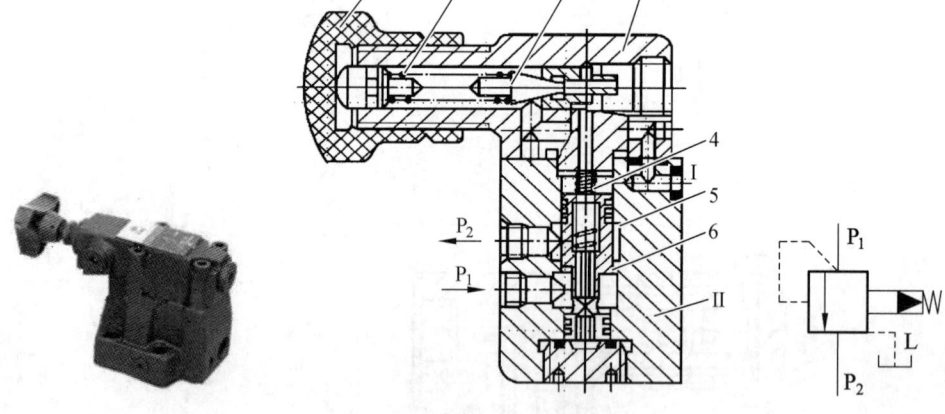

图 8-1-19 先导型顺序阀

2. 流量控制阀

流量控制阀利用调节阀芯和阀体间的节流口面积和它所产生的局部阻力对流量进行调节，从而控制执行元件的运动速度。

流量控制阀按用途分为以下 5 种。

（1）节流阀（图 8-1-20）。

节流阀在调定节流口面积后，能使载荷压力变化不大和运动均匀性要求不高的执行元件的运动速度基本上保持稳定。

（2）调速阀（图 8-1-21）。

调速阀在载荷压力变化时能保持节流阀的进出口压差为定值。这样，在节流口面积调定以后，不论载荷压力如何变化，调速阀都能保持通过节流阀的流量不变，从而使执行元件的运动速度稳定。

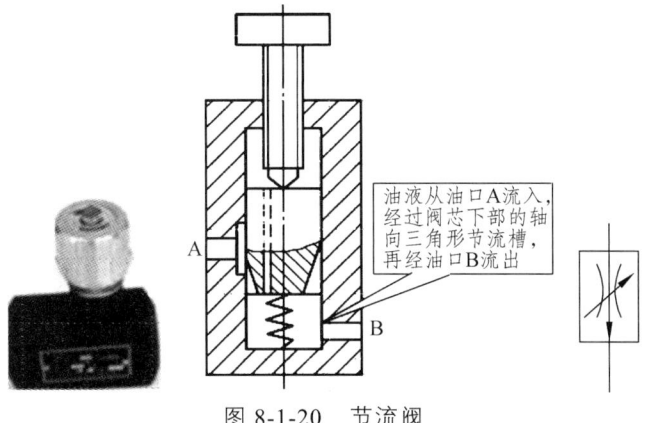

图 8-1-20 节流阀

油液从油口A流入，经过阀芯下部的轴向三角形节流槽，再经油口B流出

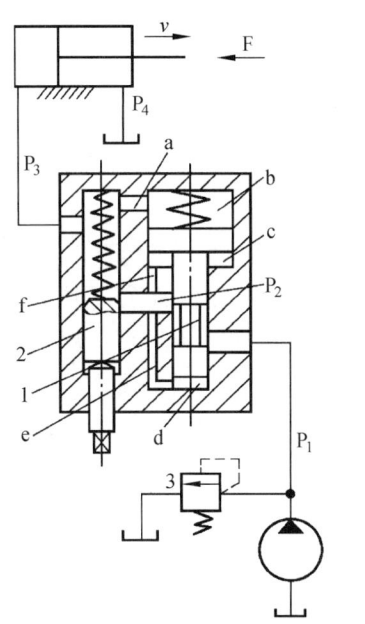

1—减压阀阀芯；2—节流阀阀芯；3—溢流阀。

图 8-1-21 调速阀结构原理

3. 方向控制阀

方向控制阀按用途分为单向阀和换向阀。

（1）单向阀。

单向阀只允许流体在管道中单向接通，反向即切断。如图 8-1-22 所示，当压力油从进油口 P_1 流入，从出油口 P_2 流出。反向时，因油口 P_2 一侧的压力油将阀芯紧压在阀体上，使阀口关闭，液压油不能流动到 P_1 一侧。

（2）换向阀。

换向阀可以改变不同管路间的通、断关系，根据阀芯在阀体中的工作位置数分两位、三位等，根据所控制的通道数分两通、三通、四通、五通等，如二位二通、三位三通，三位五通等，根据阀芯驱动方式分手动、机动、电磁、液动等。

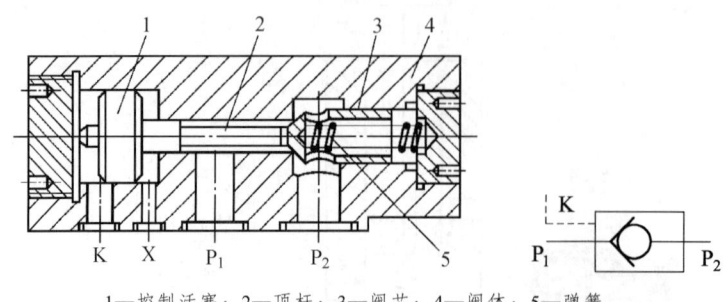

1—控制活塞；2—顶杆；3—阀芯；4—阀体；5—弹簧。

图 8-1-22　单向阀结构原理

一个换向阀的完整符号应具有工作位置数、通口数和在各工作位置上阀口的连通关系、控制方法以及复位、定位方法等。如图 8-1-23 所示为三位四通电磁换向阀。

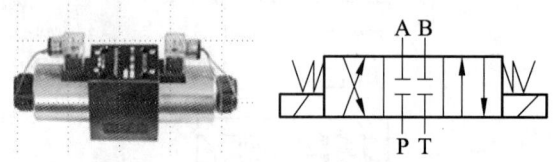

图 8-1-23　三位四通电磁换向阀

其中，"位"是指阀与阀的切换工作位置数，用方格表示。

其中，"通"指阀的通路口数，即箭头"↑"或封闭符号"⊥"与方格的交点数。三位阀的中格、两位阀画有弹簧的一格为阀的常态位。常态位应绘出外部连接油口（格外短竖线）的方格。工作位置数和通路数表示如图 8-1-24 所示。

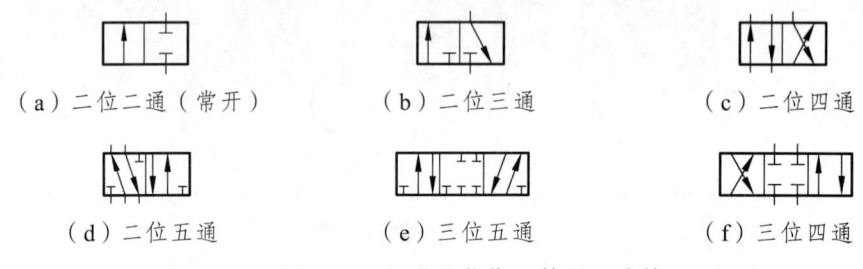

图 8-1-24　阀的工作位置数和通路数

（四）液压基本回路

液压基本回路是指由某些液压元件和附件所构成的能完成某种特定功能的回路。液压基本回路根据其功能的不同可以分为方向控制回路、压力控制回路、速度控制回路和顺序动作控制回路四大类。

1. 方向控制回路

在液压系统中，控制执行元件的启动、停止（包括锁紧）及换向的回路。方向控制回路主要有换向回路和锁紧回路两种。

（1）换向回路。

换向回路用来控制执行元件的运动方向。如图 8-1-25 所示，当换向阀接通左位时，液压泵的油液通往液压缸的无杆腔，使活塞向右运动；当换向阀接通右位时，液压泵的油液通往液压缸的有杆腔，使活塞向左运动。图 8-1-26 所示为三位四通手动换向回路。

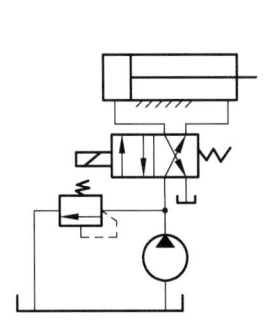 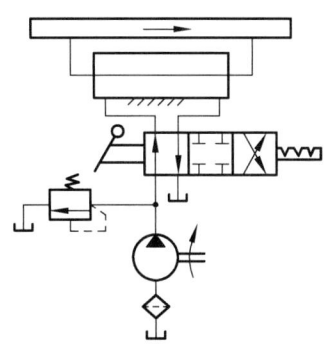

图 8-1-25　二位四通电磁换向阀的换向回路　　图 8-1-26　三位四通手动换向阀的换向回路

（2）锁紧回路。

锁紧回路能使执行元件能在任意位置上停留以及停止工作时防止因受外力作用而发生移动。如图 8-1-27 所示，当换向阀处于中位时，液压缸的进出口都将被封闭，此时可以将液压缸锁紧。图 8-1-28 所示为采用液控单向阀的锁紧回路。

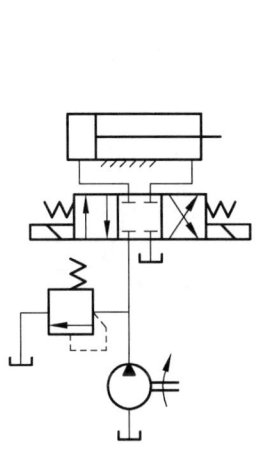 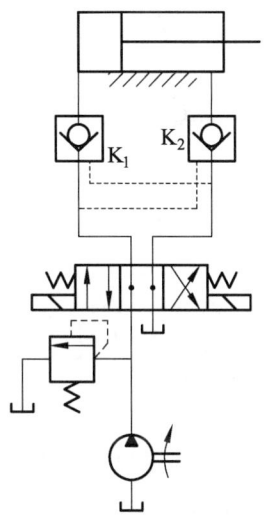

图 8-1-27　三位四通电磁换向阀的锁紧回路　　图 8-1-28　采用液控单向阀的锁紧回路

2. 压力控制回路

在液压系统中，利用压力控制阀来调节系统或系统某一部分的压力的回路称为压力控制回路。压力控制回路可以实现调压、减压、增压、卸荷等功能。因此压力控制回路主要有调压回路、减压回路、增压回路和卸荷回路四种。

（1）调压回路。

调压回路能使液压系统整体或某一部分的压力保持恒定或不超过某个数值，调压功能主要由溢流阀完成，如图 8-1-29 所示。

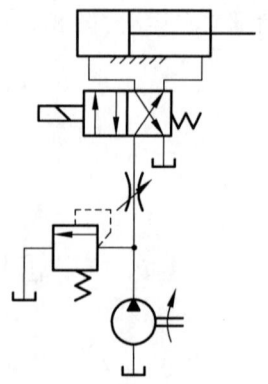

图 8-1-29　采用溢流阀的调压回路

（2）减压回路。

减压回路能使系统中的某一部分油路具有较低的稳定压力，减压功能主要由减压阀完成，如图 8-1-30 所示。

（3）增压回路。

增压回路能使系统中局部油路或个别执行元件的压力得到比主系统压力高得多的压力，如图 8-1-31 所示。

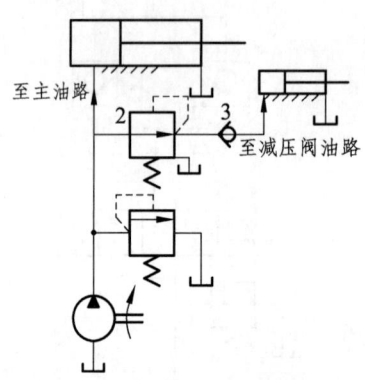

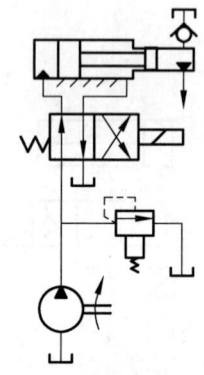

图 8-1-30　采用减压阀的减压回路　　图 8-1-31　采用增压液压缸的增压回路

（4）卸荷回路。

卸荷回路能使液压泵驱动电动机不频繁启闭，让液压泵在接近零压的情况下运转，以减少功率损失和系统发热，延长泵和电动机的使用寿命，如图 8-1-32 和 8-1-33 所示。

3. 速度控制回路

速度控制回路是控制执行元件运动速度的回路，一般采用改变进入执行元件的流量来实现，速度控制回路主要分为调速回路和速度换接回路两类。

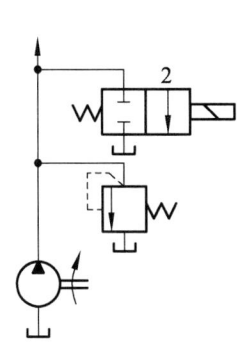 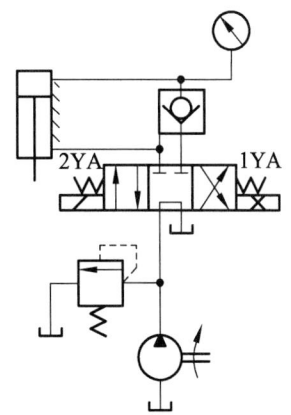

图 8-1-32 二位二通换向阀卸荷回路　　图 8-1-33 三位四通换向阀构成的卸荷回路

（1）调速回路。

调速回路用于调节工作行程速度，常见的调速回路有进油节流调速回路、回油节流调速回路和变量泵的容积调速回路。

① 进油节流调速回路。

图 8-1-34 所示的进油节流调速回路中，将节流阀串联在液压泵与液压缸之间。泵输出的油液一部分经节流阀进入液压缸的工作腔，泵多余的油液经溢流阀流回油箱。由于溢流阀有溢流作用，泵的出口压力 p_B 保持恒定。调节节流阀通流截面积，即可改变通过节流阀的流量，从而调节液压缸的运动速度。

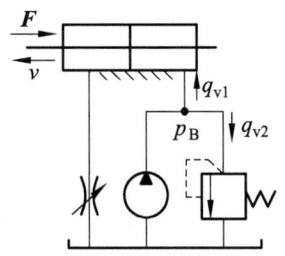

图 8-1-34 进油节流调速回路

② 回油节流调速回路。

如图 8-1-35 所示的回油节流调速回路，将节流阀串接在液压缸与油箱之间，调节节流阀流通面积，可以改变从液压缸流回油箱的流量，从而调节液压缸运动速度。

③ 变量泵的容积调速回路。

图 8-1-36 所示的变量泵容积调速回路，依靠改变液压泵的流量来调节液压缸速度的回路。液压泵输出的压力油全部进入液压缸，推动活塞运动。改变液压泵输出油量的大小，从而调节液压缸运动速度。溢流阀起安全保护作用，该阀平时不打开，在系统过载时才打开，从而限定系统的最高压力。

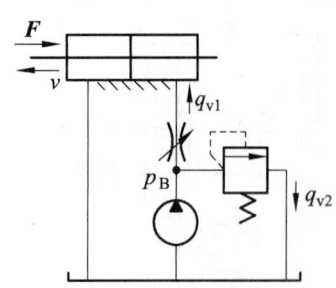
图 8-1-35 回油节流调速回路

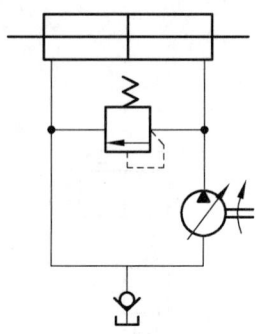
图 8-1-36 变量泵的容积调速回路

（2）速度换接回路。

速度换接回路是使不同速度相互转换的回路。常见的速度换接回路有液压缸差动连接速度换接回路、短接流量阀速度换接回路、串联调速阀速度换接回路以及并联调速阀速度换接回路。

① 液压缸差动连接速度换接回路。

它是利用液压缸差动连接获得快速运动的回路。如图 8-1-37 所示，液压缸差动连接，当相同流量进入液压缸时，其速度提高。图中用一个二位三通电磁换向阀来控制快慢速度的转换。

② 短接流量阀速度换接回路。

它是采用短接流量阀获得快慢速运动的回路。图 8-1-38 所示为二位二通电磁换向阀左位工作，回路回油节流，液压缸慢速向左运动。当二位二通电磁换向阀右位工作时（电磁铁通电），流量阀（调速阀）被短接，回油直接流回油箱，速度由慢速转换为快速。图中的二位四通电磁换向阀用于实现液压缸运动方向的转换。

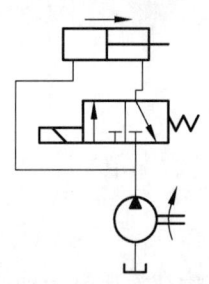
图 8-1-37 液压缸差动连接速度换接回路

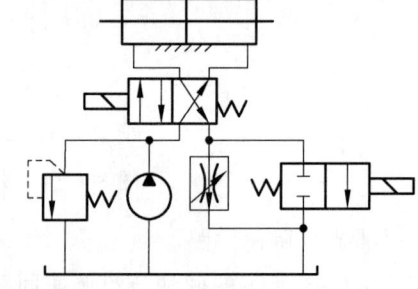
图 8-1-38 短接流量阀速度换接回路

③ 串联调速阀速度换接回路。

它是采用串联调速阀获得速度换接的回路。图 8-1-39 所示为二位二通电磁换向阀左位工作，液压泵输出的压力油经调速阀 A 后，通过二位二通电磁换向阀进入液压缸，液压缸工作速度由调速阀 A 调节；当二位二通电磁换向阀右位工作时（电磁铁通电），液压泵输出的压力油通过调速阀 A，须再经调速阀 B 后进入液压缸，液压缸工作速度由调速阀 B 调节。

④ 并联调速阀速度换接回路。

它是采用并联调速阀获得速度换接的回路。如图 8-1-40 所示,两工作进给速度分别由左右两个调速阀调节,速度转换由二位三通电磁换向阀控制。

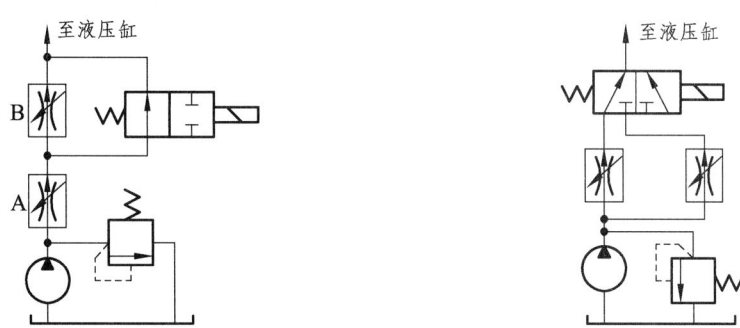

图 8-1-39　串联调速阀速度换接回路　　图 8-1-40　并联调速阀速度换接回路

4. 顺序动作控制回路

顺序动作控制回路能实现系统中执行元件动作先后次序。

如图 8-1-41 所示,当电磁铁通电时,换向阀左位接入系统,泵的输油进入夹紧缸无杆腔,活塞右移实现夹紧动作;夹紧结束后,系统压力升高,使顺序阀 A 打开,泵的油液进入钻孔缸的无杆腔,活塞右移实现加工;加工完毕,电磁铁断电,换向阀右位接入系统,泵的输油进入加工缸有杆腔,活塞左移实现快退动作;快退结束后,系统压力升高,使顺序阀 B 打开,泵的油液进入夹紧缸的有杆腔,活塞左移松开工件。为保证顺序动作的可靠性,顺序阀的调定压力应大于先动作缸的最高工作压力 0.8~1 MPa。

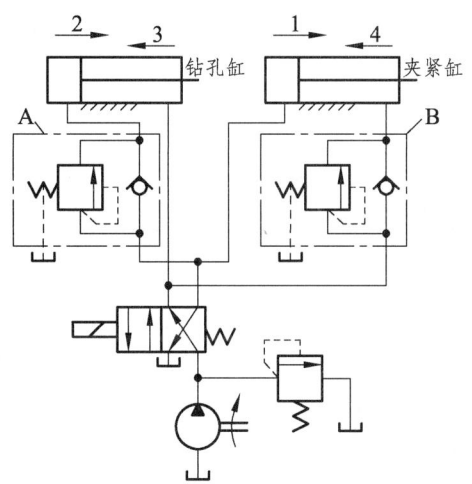

图 8-1-41　采用两个单向顺序阀顺序动作控制回路

【思考】

液压传动和机械传动各有什么优劣势?通过比较能给我们什么人生启示?

【实践操作】

利用一个二位四通换向阀设计一个双作用液压缸的简单液压换向回路,绘制出换向回路图。

【任务测评】

1. 液压传动的工作原理是什么?一个完整的液压系统由哪几部分组成?
2. 液压传动的优缺点是什么?
3. 液压泵可分为哪些种类?
4. 液压缸的种类有哪些?
5. 液压阀的作用是什么?有哪些种类?
6. 液压基本回路根据其功能的不同可以分为哪几类?

任务二 气压传动

【学习任务】

1. 理解气压传动的工作原理。
2. 掌握气压传动系统的基本组成,熟悉各组成部分的类型和工作原理。
3. 掌握气压传动的应用特点。
4. 了解气压传动和液压传动的区别。
5. 理解气压传动由气源、气动执行元件、气动控制阀和气动辅件组成,培养团队合作精神。

【任务引入】

图 8-2-1 所示为铁路车辆自动空气制动系统,制动执行部件为闸瓦制动装置。制动时闸瓦 10 压紧车轮 12,轮、瓦间发生摩擦,车辆的动能大部分通过轮、瓦间的摩擦变成热能,经车轮与闸瓦最终逸散到大气中对车辆实现制动。

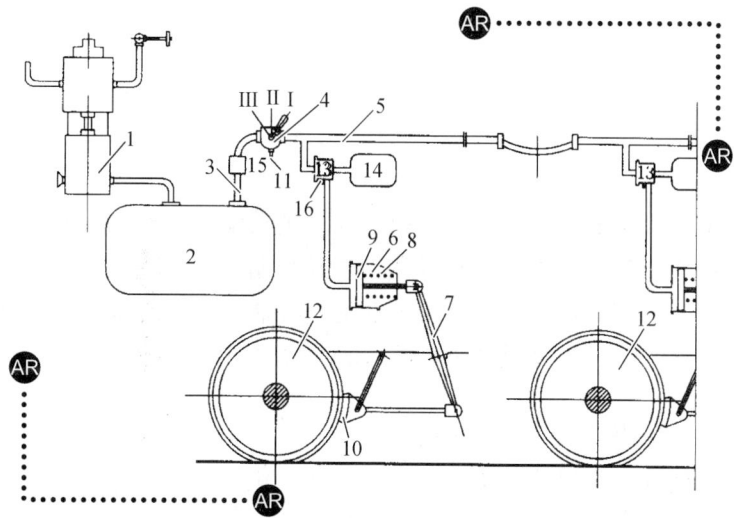

1—空气压缩机;2—总风缸;3—总风缸管;4—制动阀;5—列车管;6—制动缸;7—基础制动装置;
8—制动缸缓解弹簧;9—制动缸活塞;10—闸瓦;11—制动阀 Ex 口;12—车轮;13—三通阀;
14—副风缸;15—给气阀;16—三通阀排气口;Ⅰ—缓解位;Ⅱ—保压位;Ⅲ—制动位。

图 8-2-1 铁路车辆自动空气制动系统

(铁路车辆空气制动机工作原理见 AR)

目前的制动控制系统主要有空气制动控制系统和电控制动控制系统两大类。当以压缩空气作为制动信号传递和制动力控制的介质时，该制动系统称为空气制动控制系统。本节将重点介绍气压传动相关知识。

【相关知识】

一、气压传动工作原理

气压传动和液压传动的原理类似，所不同的是气压传动以压缩气体为工作介质，靠气体的压力实现动力的传递。传递动力的系统是将压缩气体经由管道和控制阀输送给气动执行元件，把压缩气体的压力能转换为机械能而做功。

二、气压传动的组成

气压传动由气源、气动执行元件、气动控制元件和气动辅元件组成，如图 8-2-2 所示。

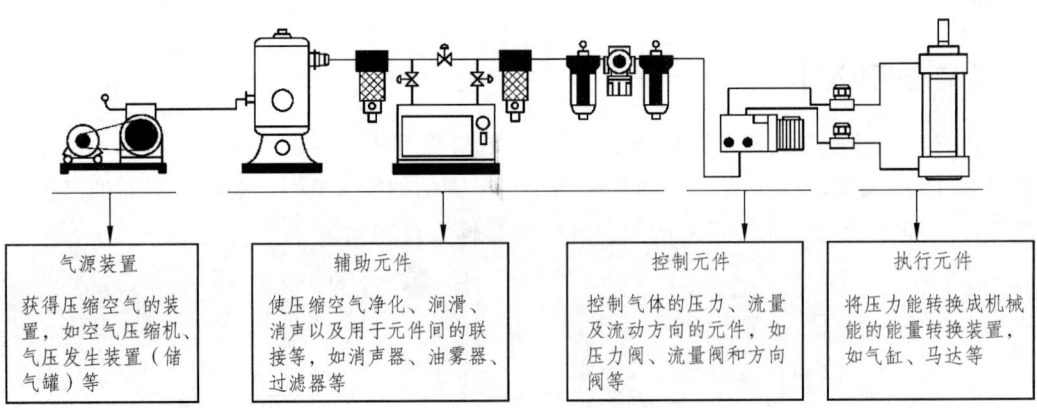

图 8-2-2 气压传动系统图

气源一般由空气压缩机提供。气动执行元件把压缩气体的压力能转换为机械能，用来驱动工作部件，包括气缸和气动马达。气动控制阀用来调节气流的方向、压力和流量，它可分为方向控制阀、压力控制阀和流量控制阀。气动辅件包括净化空气用的分水滤气器，改善空气润滑性能的油雾器，消除噪声的消声器，管子连接件等。

（一）空气压缩机

空气压缩机是气源装置中的主体，它是将原动机（通常是电动机）的机械能转换成气体压力能的装置，是压缩空气的气压发生装置。

空气压缩机的种类很多，按工作原理可分为容积式压缩机、往复式压缩机、离心式压缩机。容积式压缩机的工作原理是压缩气体的体积，使单位体积内气体分子的密度增加，从而提高压缩空气的压力；离心式压缩机的工作原理是提高气体分子的运动速度，使气体分子具有的动能转化为气体的压力能，从而提高压缩空气的压力；往复式压缩机（又称活塞式压缩机）的工作原理是直接压缩气体，当气体达到一定压力后排出。图 8-2-3 所示为 NPT5 型空气压缩机，该压缩机为三缸活塞式压缩机，主要配置在 SS_3、DF_{4B}、DF_{4D}、DF_5、DF_{7C}、DF_{7G} 型铁路机车上。

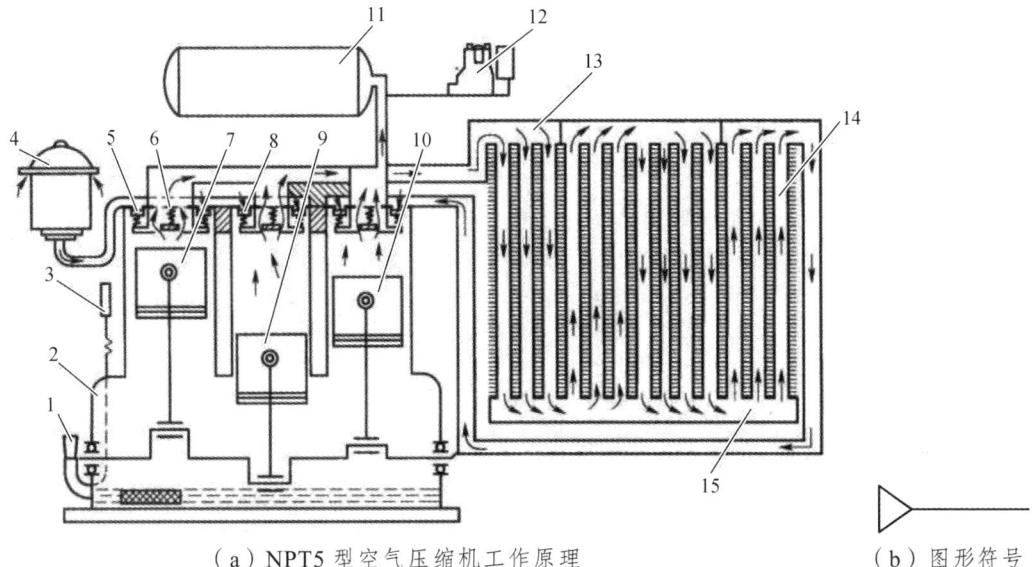

（a）NPT5 型空气压缩机工作原理　　　　　　　（b）图形符号

1—齿轮式油泵；2—机体；3—油压表；4—空气滤清器；5、8—进气阀片；6—排气阀片；7，9—低压活塞；10—高压活塞；11—总风缸；12—调压阀；13—上集气箱；14—散热管；15—下集气箱。

图 8-2-3　铁路机车用 NPT5 型空气压缩机工作原理

（二）气动执行元件

气压传动系统中的气动执行元件主要有气缸和气马达两种。

1. 气　缸

气缸的分类有多种。

（1）按压缩空气的作用方向分，有单作用气缸和双作用气缸（图 8-2-4）。

（2）按气缸的结构特征分，主要有活塞式气缸、叶片式气缸、薄膜式气缸、伸缩式气缸等。

（3）按气缸的功能分，有普通气缸和特殊气缸。常用的特殊气缸如气液阻尼气缸（图 8-2-5）、冲击气缸、回转气缸、无油润滑气缸等。

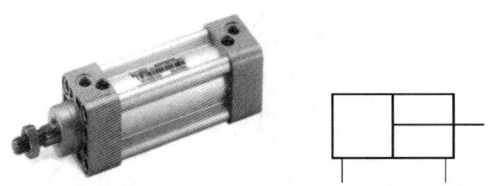

图 8-2-4　双作用单活塞杆气缸及图形符号

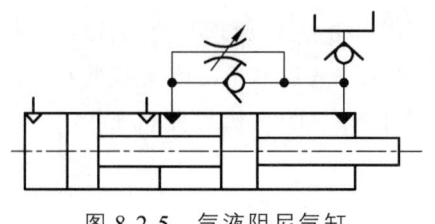

图 8-2-5　气液阻尼气缸

2. 气马达

气马达是将压缩空气的压力能转换成旋转的机械能的装置，在气压传动中使用最广泛的是叶片式和活塞式气动马达。

图 8-2-6 所示为叶片式气马达的工作原理，当压缩空气从进气口 A 进入气室后立即喷向叶片 3，作用在叶片 3 的外伸部分，产生转矩带动转子 2 做逆时针转动，输出旋转的机械能，废气从排气口 C 排出，残余气体则经 B 排出（二次排气）。若进、排气口互换，则转子反转，输出相反方向的机械能。转子转动的离心力和叶片底部的气压力、弹簧力（图中未画出）使得叶片紧密地抵在定子 1 的内壁上，以保证密封，提高容积效率。

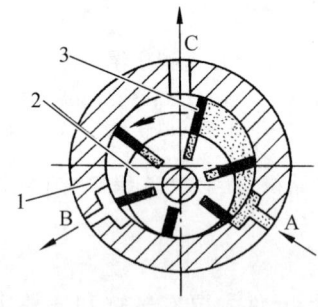

1—定子；2—转子；3—叶片。

图 8-2-6　叶片式气马达的工作原理

（三）气压控制元件

气压控制元件是指控制和调节压缩空气压力、流量和流向的控制元件，主要包括方向控制阀、压力控制阀和流量控制阀

1. 方向控制阀

（1）单向阀：只能使气流沿一个方向流动，不允许气流反向倒流（图 8-2-7）。

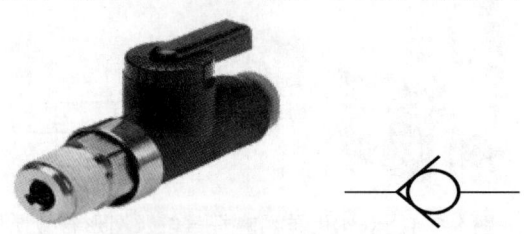

图 8-2-7　单向阀及图形符号

（2）换向阀：利用换向阀阀芯相对阀体的运动，使气路接通或断开，从而使气动执行元件实现启动、停止或变换运动方向（图 8-2-8 和图 8-2-9）。

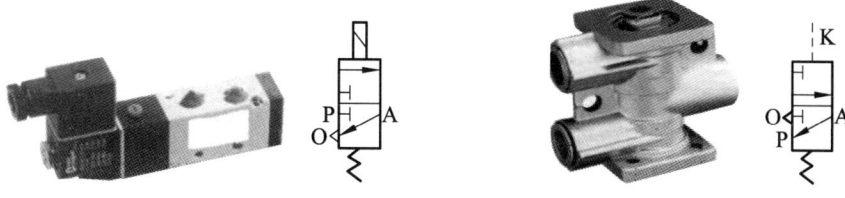

图 8-2-8　二位三通电磁换向阀及图形符号　　图 8-2-9　二位三通气控换向阀及图形符号

2. 压力控制阀

（1）减压阀（图 8-2-10）：将从储气罐传来的压力调到所需的压力，减小压力波动，保持系统压力的稳定。

减压阀通常安装在过滤器之后，油雾器之前。在生产实际中，常把这三个元件做成一体，称为气源三联件（气动三大件），如图 8-2-11 所示。

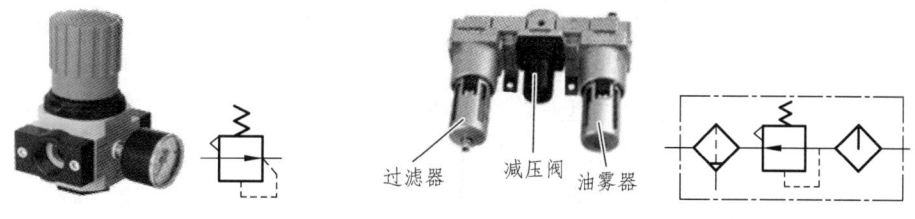

图 8-2-10　减压阀及图形符号　　　　图 8-2-11　气源三联件及图形符号

（2）顺序阀：依靠回路中压力的变化来控制执行机构按顺序动作的压力阀，如图 8-2-12 所示。

（3）溢流阀（图 8-2-13）：在系统中起过载保护作用，当储气罐或气动回路内的压力超过某气压溢流阀调定值时，溢流阀打开向外排气；当系统的气体压力在调定值以内时，溢流阀关闭。

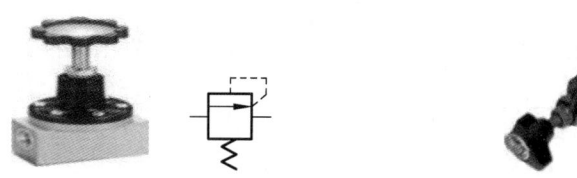 

图 8-2-12　顺序阀及图形符号　　　　图 8-2-13　溢流阀及图形符号

3. 流量控制阀

（1）排气节流阀（图 8-2-14），安装在气动元件的排气口处，调节排入大气的流量，以此控制执行元件的运动速度。它不仅能调节执行元件的运动速度，还能起到降低排气噪声的作用。

（2）单向节流阀（图 8-2-15），气流正向流入时，起节流阀作用，调节执行元件的运动速度；气流反向流入时，起单向阀的作用。

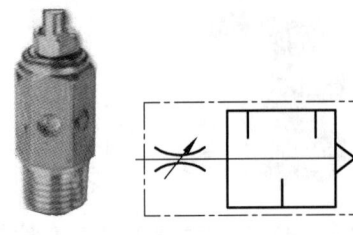

图 8-2-14　排气节流阀及图形符号

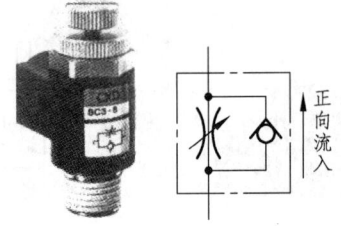

图 8-2-15　单向节流阀及图形符号

三、气压传动的特点

（一）气压传动的优点

（1）处理、使用方便，以空气作为工作介质，取之不尽，用过以后直接排入大气，不会污染环境，且可少设置或不必设置回气管道。

（2）可远距离传输，空气的黏度很小，只有液压油的万分之一，流动阻力小，所以便于集中供气，中、远距离输送。

（3）干净，气动控制动作迅速，反应快；维护简单，工作介质清洁，不存在介质变质和更换等问题。

（4）安全可靠，工作环境适应性好，可用在易燃、易爆、多尘埃、辐射、强磁、振动、冲击等恶劣的环境中。

（5）气动元件结构简单，便于加工制造，使用寿命长，可靠性高。

（二）气压传动的缺点

（1）由于空气的可压缩性大，气压传动系统的速度稳定性差，给系统的速度和位置控制精度带来很大的影响。

（2）气压传动系统的噪声大，尤其是排气时，需要加消声器。

（3）输出压力小，一般低于 1.5 MPa。因此气动系统输出力小，限制在 20～30 kN。

（三）气压传动和液压传动的区别

气压和液压传动各有优缺点，其特点比较见表 8-2-1。

表 8-2-1　气压传动和液压传动的比较

比较项目	气压传动	液压传动
负载变化对传动的影响	影响较大	影响较小
润滑方式	需设润滑装置	介质为液压油，可直接用于润滑，不需要设润滑装置

续表

比较项目	气压传动	液压传动
速度反应	速度反应较快	速度反应较慢
系统构造	结构简单，制造方便	结构复杂，制造相对较难
信号传递	信号传递较易，且易实现中距离控制	液压传递信号较难，常用于短距离控制
环境要求	可用于易燃、易爆、冲击场合，不受温度污染的影响，存在泄漏现象，但不污染环境	对温度污染敏感，存在泄漏现象，且污染环境，易燃
产生的总推力	具有中等推力	能产生大推力
节能、寿命和价格	所用介质是空气，其寿命长，价格低	所用介质是液压油，寿命相对短，价格较贵
维护	维护简单	维护复杂，排除故障困难
噪声	噪声大	噪声较小

【思考】

气压传动和液压传动工作原理相似，但是工作运用场合不同，试分析气压传动和液压传动各用于什么场合？它们的工作介质是空气和液体，但自然状态下的空气和液体是不能传递动力的，只有在一定的外部压力下才能起作用，从中你能得到什么启示？

【实践操作】

请分析为什么铁路车辆制动常采用气压传动来实现制动，而不是采用液压传动？

【任务测评】

1. 简述气压传动系统的基本组成。
2. 气压传动的应用特点是什么？
3. 气压传动和液压传动的区别有哪些？

项目九

实 训

项目导入

图 9-0-1 所示为铁路工人在对铁路车辆进行检修，铁路车辆运用过程中，车辆零部件会逐渐磨耗、腐蚀和损伤，为保证车辆经常处于良好的技术状态，稳定可靠地工作，必须进行有计划的检查和修理。而要完成铁路车辆的检修必须要有相应的维修工具，常见的有扳手、起子、钳子以及一些专用的维修工具等。

图 9-0-1 铁路车辆检修

本项目将结合常用测量器具和维修工具的相关知识，并通过相关实训进一步加深对常用测量器具和维修工具的掌握。

学习目标

1. 了解常用测量器具的类型。
2. 掌握常用测量器具的使用。
3. 了解常用维修工具的种类。
4. 掌握常用维修工具的使用。

任务一
常用测量器具、维修工具及使用方法

【学习任务】

1. 掌握常用测量器具及使用。
2. 掌握常用维修工具及使用。
3. 培养严谨、求真务实的学习精神。

【任务引入】

图 9-1-1 所示为常见的测量器具，图 9-1-2 所示为常见的一些维修工具，它们在机械行业中应用非常广泛。

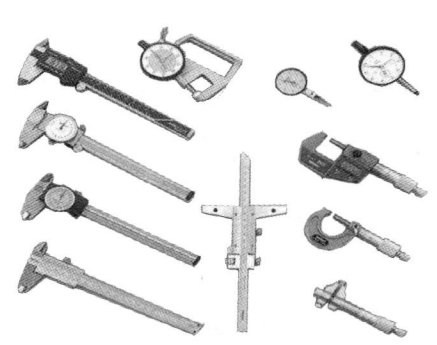

图 9-1-1　测量器具

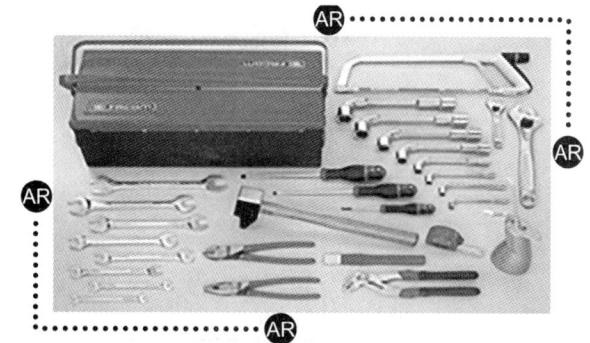

图 9-1-2　维修工具

（利用各种工具拆装铁路设备见 AR）

著名科学家门捷列夫说过："科学是从测量开始的"。在现代科学技术的推动下，人类对物质世界进行测量，监控物质世界使之达到最佳目标，逐渐形成了认识世界、改造世界的重要技术，成为现代科技的重要学科之一。测量技术是机械科学研究和先进制造的"眼睛"。而测量仪器是认识世界的工具，而机器则是改造世界的工具。认识世界和改造世界同等重要，而且认识世界往往是改造世界的先导。

机器是由无数的零部件组成的，零件在使用过程中会由于外部作用和自身的属性产生损耗，因此机器在使用要时常进行维修保养，维修必须要有维修工具才能进行。

因此我们必须要掌握常用的测量器具和维修工具的使用方法。

【相关知识】

一、常用测量器具

计量器具是指能用以直接或间接测出被测对象量值的装置、仪器仪表、量具和用于统一量值的标准物质。常用的计量器具有游标卡尺、高度尺、百分表、千分尺等。

（一）游标类测量器具

1. 游标类测量器具种类

游标类测量器具种类很多，包括普通卡尺（图 9-1-3 和图 9-1-4）、深度卡尺、壁厚卡尺、齿厚卡尺、异形卡尺、内沟槽卡尺、长量爪卡尺等。

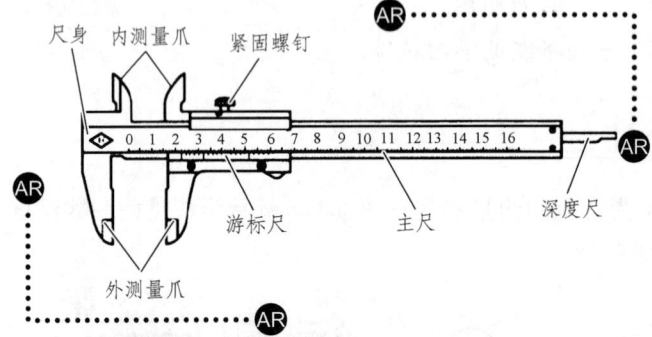

图 9-1-3　普通游标卡尺结构

（游标卡尺测量过程见 AR）

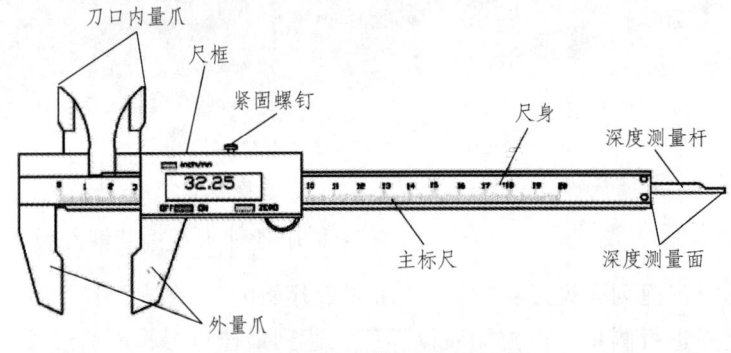

图 9-1-4　电子数显卡尺结构

2. 游标类测量器具使用操作步骤

（1）归零位。移动尺框使两外测量面接触。

（2）测量。测量时卡尺及工作件均应放正，不可偏斜，卡尺测量面要与工件的被测量垂直或平行。

（3）读数。在游标卡尺上读数时，首先要看游标零线的左边，读出主尺上尺寸的整数；其次是找出游标上第几根刻线与主尺刻线对准，该游标刻线的次序数乘其游标读数值，得出尺寸的小数数值；最后整数和小数相加的总值就是被测零件尺寸的数值。

数显卡尺直接在数字显示器中读取。

3. 游标类卡尺使用保养注意事项

（1）是否妥善保存和在有效期内。

（2）量尺内（深度槽）是否清洁。

（3）是否归零。

（4）电子卡尺不能喷防锈油，关掉电源可用酒精擦拭。

（二）高度尺

1. 高度尺的结构和用途

高度尺主要用来专门测量高度或划线的量具，配合百分表可以测量到孔底部的高度，它主要是由读数机构、划线刃、底座、锁紧机构、微调机构和滑动手柄等六部分组成，具体结构如图9-1-5所示。

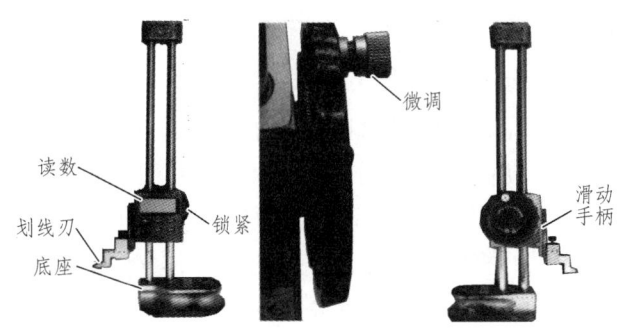

图 9-1-5　高度尺结构示意图

2. 高度尺使用操作步骤

（1）调零。松开固定螺钉，转动手柄，使高度规百分表向下运动，至贴紧平台百分表指零，再按归零键归零。

（2）测量。调节转动手柄，使百分表测头高于被测量工件，然后降下高度，使测头紧贴在被测工件上端，百分表指零时读数。

（3）划线。转动手柄使划线前端达到规定的尺寸高度，调节固定螺钉，用手推动高度规底座在工件位置划线。

（三）百分表

百分表主要是由测头、测杆、表盘、表圈、表体、指针和夹持柄等部分组成，具体结构如图9-1-6所示。

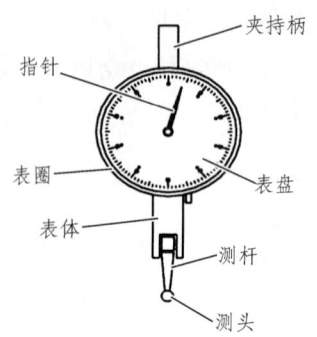

图 9-1-6 百分表结构

百分表分度值为 0.01 mm，量程一般为 0.5 mm，表盘对称刻度，测量面与测头使用时须水平（配合高度尺归零时不适用）。使用时候需注意以下几点：

（1）检查测头是否松动。

（2）测量杆的灵活性。

（3）夹持架是否可靠。

（四）螺旋测微器（千分尺）

1. 螺旋测微器（千分尺）的种类和用途

螺旋测微器是比游标卡尺更精密的测量工具，可准确到 0.01 mm，由于还能再估读一位，可读到毫米的千分位，所以又叫千分尺。本书后面都用千分尺来表述此种测量器具。

千分尺（图 9-1-7）按用途和结构可分为外径千分尺、内径千分尺、深度千分尺、壁厚千分尺、螺纹千分尺、多测头千分尺等。它具有体积小、坚固耐用、测量准确度较高、使用方便、容易调整以及测力恒定等优点，在机械加工制造中应用极为普遍。

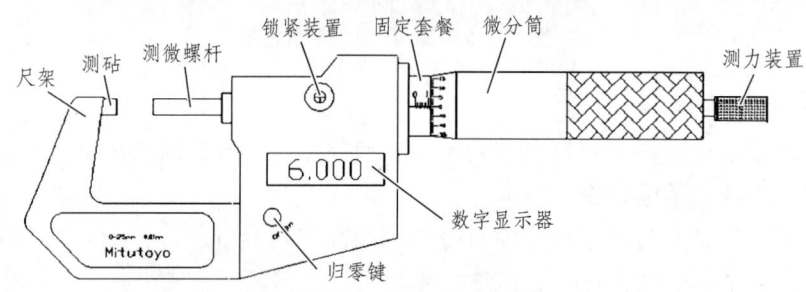

图 9-1-7 千分尺结构示意

内径千分尺，适用于测量中小直径的精密内孔，尤其适于测量深孔的直径。外径千分尺主要用来测量零件外径和材料厚度。多测头千分尺主要用来测量折弯成形后的零件厚度，如图 9-1-8 所示。

2. 千分尺使用操作步骤

（1）归零。旋转微分筒使测砧平面与测微螺杆面重合。

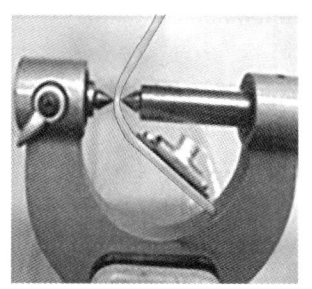

图 9-1-8　多测头千分尺

（2）测量。将被测工件正放在外径千分尺导杆内，千分尺的两测量面与被测工件的测量面紧贴及平行，顺时针旋转微分筒至两测量接近测量物时，再旋转测力装置使两测量面接触测量物，当听到 3 次"咔嚓"声时停止旋转。

（3）读数，内径千分尺是依据螺旋放大的原理制成的，即螺杆在螺母中旋转一周，螺杆便沿着旋转轴线方向前进或后退一个螺距的距离。因此，沿轴线方向移动的微小距离就能用圆周上的读数表示出来。内径千分尺精密螺纹的螺距是 0.5 mm，可动刻度有 50 个等分刻度，可动刻度旋转一周，测微螺杆可前进或后退 0.05 mm，因此旋转每个小分度相当于测微螺杆前进或退后 0.5/50=0.01 mm。所以千分尺的测量结果可准确到 0.01 mm。由于还能再估读一位，如图 9-1-9 所示，读数为 9.270 mm。数显千分尺可以从数字显示器中直接读取。

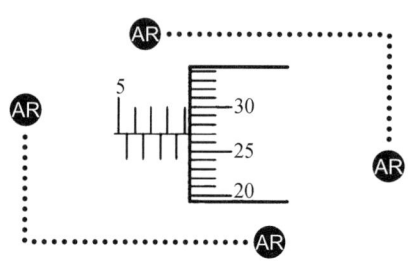

图 9-1-9　内径千分尺读数示意

（内径千分尺测量过程见 AR）

二、常用维修工具

常用维修工具种类很多，一般可以分为扳手、旋具、钳子、手锤和其他专用工具等五类，本任务主要介绍几种常见的维修工具。

（一）开口扳手

开口扳手又称为呆扳手（图 9-1-10），它的开口宽度在 6~24 mm，适用于拆装一般标准规格的螺栓和螺母，不可用于拧紧力矩较大的螺母或螺栓，可以上、下套入或者横向插入，使用方便。使用时，扳口大小应与螺栓、螺母的头部尺寸一致，扳口厚的一边应置于受力大的一侧。

（二）梅花扳手

梅花扳手（图 9-1-11）适用于拆装 5~27 mm 的螺栓或螺母。梅花扳手两端似套筒，有 12 个角，能将螺栓或螺母的头部套住，工作时不易滑脱，安全可靠。梅花扳手尤为适合于拆装周围条件受限的螺栓和螺母，扳手扳动 30°后，可更换位置。与呆扳手相比，它的拧紧或拧松力矩较大。

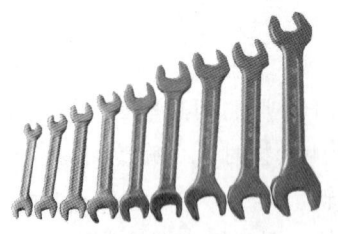

图 9-1-10　开口扳手

图 9-1-11　梅花扳手

（三）套筒扳手

套筒扳手（图 9-1-12）适用于折装位置受限，普通扳手不能工作的螺栓和螺母。

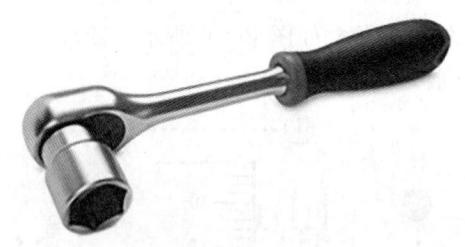

图 9-1-12　套筒扳手

套筒扳手用于拧紧或拧松扭力较大的或头部为特殊形状的螺栓、螺母。根据作业空间及扭力要求的不同选用接杆及合适的套筒进行作业。

（四）活络扳手

活络扳手（图 9-1-13）的开度可以自由调节，适用于不规则的螺栓或螺母。扳手长度有 100 mm、150 mm、200 mm、250 mm、300 mm、375 mm、450 mm、600 mm 几种。

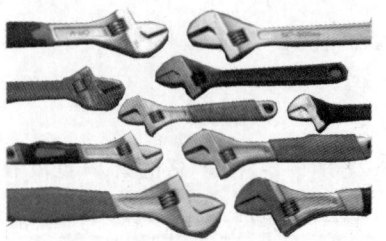

图 9-1-13　活络扳手

活络扳手使用时,应将钳口调整到与螺栓或螺母的对边距离同宽,并使其贴紧,让扳手可动钳口承受推力,固定钳口承受拉力。

(五)扭矩扳手

扭矩扳手(图 9-1-14)用来配合套筒拧紧螺栓或螺母。在机械修理中扭矩扳手是不可缺少的,如发动机气缸盖螺栓、曲轴轴承螺栓等的紧固都须使用扭矩扳手,其使用方法请参阅 AR 资源。

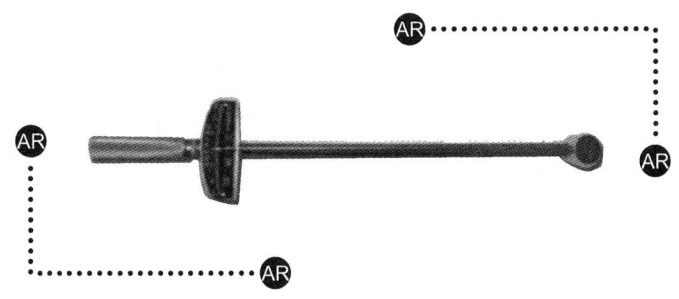

图 9-1-14　扭矩扳手

扭矩扳手的操作步骤:

(1)选择所需的扭矩,以时针方式转动调整手把,设定出所需扭矩。

(2)当选好所需扭矩值时,再将固定钮(固定套)置于"LOCK"位置。

(3)装上选好的套筒,固定在工作物上后,在扭矩的手把处施力,当听到咔哒声,尤其较低扭矩设定作业时,需特别注意当预设扭矩声响时,要立即松手停止施力。

扭矩扳手使用注意事项:

(1)第一次使用或长时间未使用,需要再度使用时,先以高扭矩操作 5~10 次,这样可以使内部特殊的润滑剂润滑内部组件。不使用时,将扭矩调至最低扭矩值。

(2)达到预设扭矩,又继续施压时,会造成工作物受到伤害。

(3)定扭矩值之前,需检查扭矩扳手是否在"LOCK"或"UNLOCK"状态。

(4)用扭矩扳手紧固多个螺栓时,应先将全部螺栓拧上螺母,然后根据螺栓的布置情况按一定顺序拧紧。为使成组螺栓达到均匀紧固的要求,不得一次将螺母完全拧紧,必须分成几次,每次按顺序拧紧到同一程度,直至完全紧固。螺母紧固后,螺栓末端应露出螺母外 1.5~5 个螺距。

拧紧成组螺栓、螺母、螺钉时,必须按照一定的顺序拧紧,做到分次、对称、逐步拧紧,否则会使螺栓松紧不一致,甚至使被连接件变形。如图 9-1-15 所示,拧紧长方形分布的成组螺栓(螺母)时,应从中间的螺栓开始,依次向两边对称地扩展;在拧紧圆形或方形分布的成组螺栓(螺母)时,必须对称地进行;如有定位销,应从靠近定位销的螺栓(螺钉)开始。

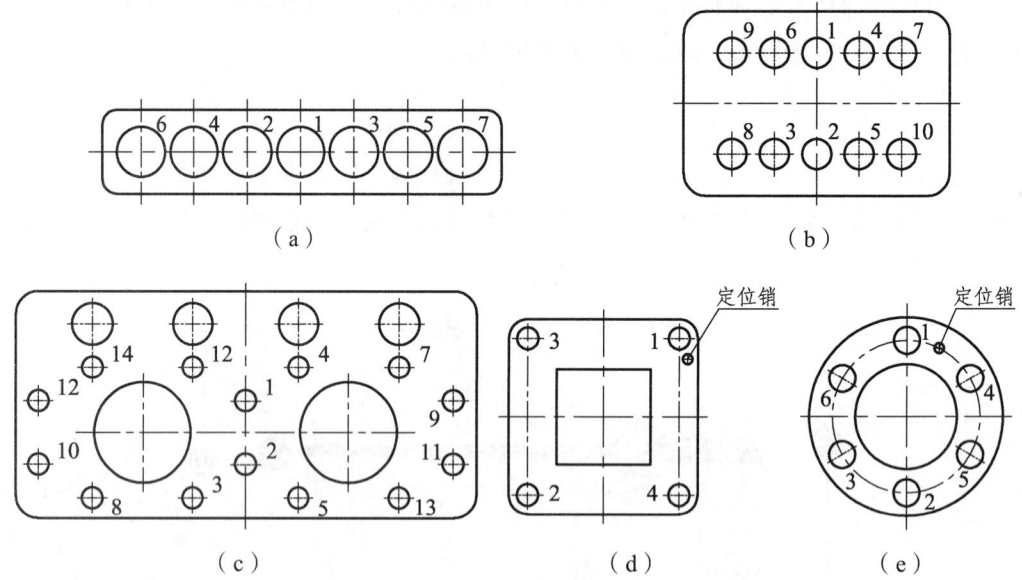

图 9-1-15 拧紧顺序示意图

（六）特种扳手

特种扳手（图 9-1-16）或称棘轮扳手，应配合套筒扳手使用。一般用于螺栓或螺母在狭窄的地方拧紧或拆卸，它可以不变更扳手角度就能拆卸或装配螺栓或螺母。

（七）内六角扳手

内六角扳手（图 9-1-17）用于拧紧或拧松标准规格的内六角螺栓，拧紧或拧松的力矩较小。内六角扳手的选取应与螺栓或螺母的内六方孔相适应，不允许使用套筒等加长装置，以免损坏螺栓或者扳手。

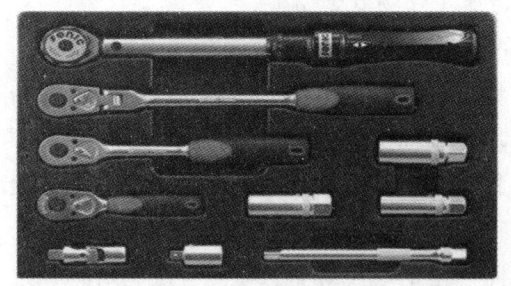

图 9-1-16 特种扳手

图 9-1-17 内六角扳手

（八）旋具（起子）

旋具又称螺丝刀或者起子（图 9-1-18），是用来拧紧或旋松带槽螺钉的工具。起子分木柄起子、穿心起子、夹柄起子、"十"字起子和"一"字起子。起子的规格（杆部长）有 50 mm、65 mm、75 mm、100 mm、125 mm、150 mm、200 mm、250 mm、300 mm 和 350 mm 等多种。

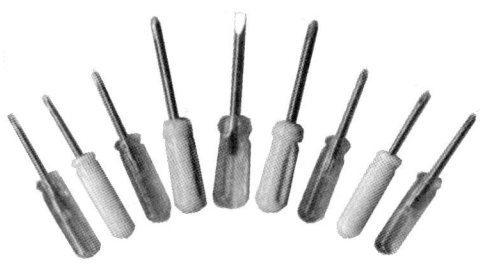

图 9-1-18　旋具（起子）

使用起子时，右手握住起子，手心抵住柄端，起子和螺钉同轴心，压紧后用手腕扭转，松动后用手心轻压起子，用拇指、中指、食指快速扭转，如图 9-1-19 所示。使用长杆起子，可用左手协助压紧和拧动手柄，如图 9-1-20 所示。

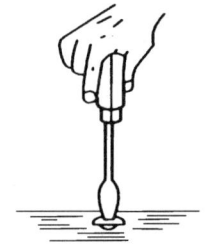 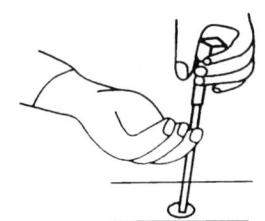

图 9-1-19　起子的正确使用　　　　图 9-1-20　长杆起子的使用方法

（九）钳子

钳子种类很多，汽车修理常用鲤鱼钳（图 9-1-21）和尖嘴钳（图 9-1-22），以及挡圈拆装钳等。鲤鱼钳主要用于夹持扁的或圆柱形零件，带刃口的可以切断金属丝。尖嘴钳主要用于在狭小地方夹持零件。挡圈拆装钳又称为卡簧钳，分为孔用卡簧钳和轴用卡簧钳两种，主要用于装拆零件挡圈。

 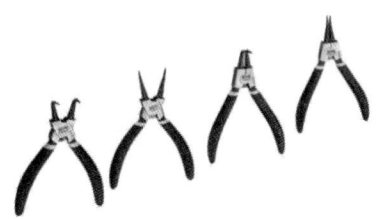

图 9-1-21　鲤鱼钳　　　　图 9-1-22　挡圈拆装钳

（十）水平仪

水平仪常（图 9-1-23）用来在生产过程中检验和调整机器或机件的水平位置或垂

直位置,进而可对机器或机件做垂直度或水平度的检验工作

图 9-1-23　水平仪

【思考】

请思考为什么著名科学家门捷列夫说"科学是从测量开始的"？

【实践操作】

用外径千分尺来测量轴径为 25~50 mm 轴的轴径,用内径千分尺测量 30~60 mm 的孔径。

【任务测评】

1. 常用的测量器具有哪些？
2. 常用的维修工具有哪些？
3. 试举几个生活中使用测量仪器或维修工具的实例。

任务二
螺纹连接的测量和拧紧实训

【学习任务】

1. 能对螺纹旋向进行准确地判断，会使用游标卡尺和钢直尺测量螺纹的螺距。
2. 掌握螺栓连接、双头螺柱连接的装配操作方法，学会使用扭矩扳手。
3. 掌握成组螺母拧紧的原则，并能根据原则进行实际操作。
4. 能熟练使用工具及量具，养成安全文明生产的职业习惯。

【任务内容】

1. 螺纹旋向判断、螺距测量。
2. 螺栓连接、双头螺柱连接装配及防松处理，扭矩扳手的正确使用。
3. 成组螺母的拧紧。

【任务所需器材】

1. 旋具：一字旋具、十字旋具。
2. 扳手：活络扳手、专用扳手、扭矩扳手。
3. 量具：游标卡尺、钢直尺。
4. 工具：手锤、锉刀、油石、油盘。
5. 材料：不同旋向、不同规格的螺栓、双头螺柱、螺钉、螺母、垫圈、弹簧垫圈以及用于拆装的机床床头箱一个。
6. 适量机油。

【任务实施步骤】

一、螺纹旋向判断

运用教材所学知识，对螺纹进行旋向判断。其方法是将被判断的螺丝竖直向上，螺纹轴线向上面对自己，螺旋线左高右低是左旋螺纹；螺旋线右高左低是右旋螺纹。

二、螺距测量

将被测螺丝的螺纹部分在一张平铺的纸上反复滚动，让螺纹部分的痕迹拓到纸上，用游标卡尺或直尺直接测量纸上相邻两牙间距离，即可读出螺距。

三、螺栓连接、双头螺柱连接的装配

（一）装配螺栓连接

（1）将螺栓穿过已钻通孔的两块钢板，在露出的螺纹部分套上平垫圈、弹簧垫圈，再将螺母旋入拧紧。注意弹簧垫圈、平垫圈的顺序不能装反。理解弹簧垫圈摩擦防松的原理。

（2）用扭矩扳手对螺栓进行预紧，并能正确读出扭矩值。

（二）装配双头螺柱连接

将两个螺母拧入双头螺柱的一端，用两个呆扳手对顶拧紧。将双头螺柱的另一端拧入较厚的被连接件中，用呆扳手拧双螺母中的上一个螺母即可将双头螺柱拧紧，如图 9-2-1 所示。

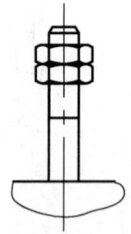

图 9-2-1　装配双头螺柱连接

四、成组螺母的拧紧

（一）成组螺母的拧紧原则

成组螺母的拧紧要保证连接可靠，紧固均匀。要达到这个目的，必须按照适当的顺序拧紧。其拧紧的顺序原则是从中间向两边，对称交叉，如图 9-2-2 所示。

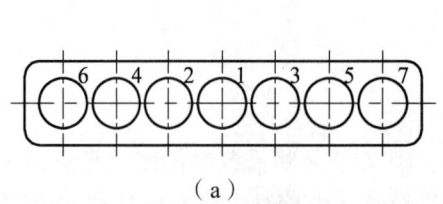
（a）

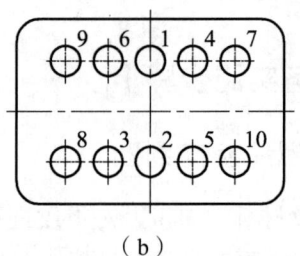
（b）

图 9-2-2　正确的拧紧顺序

（二）扭矩扳手的正确使用

严禁使用拧紧一边后再拧另一边或顺序拧紧的错误方法，尤其是对有密封要求的连接件尤为重要，否则会影响其密封性。

（三）拧紧成组螺母

（1）松开床头箱盖的所有紧固螺钉，清点数目并集中存放在油盘中。检查床头箱盖与床头箱配合处有无损伤、碰痕，如有则用细锉或油石修整。检查床头箱螺纹孔、螺钉螺纹部分有无碰毛、拔丝现象，螺纹孔中内螺纹损坏可用相应丝锥修整。螺钉损坏则直接更换新螺钉。

（2）将床头箱及床头箱盖清洗干净后，把床头箱盖合在床头箱上，检查两配合面有无异物，检查盖的方向位置是否正确。可目测或用铁丝在每个小孔捅一下，若都能捅到床头箱的螺丝孔中说明盖的位置正确。

（3）将所有螺钉装入床头箱盖的孔中，手动拧紧。再用工具按成组螺母拧紧原则进行拧紧。拧紧过程中要随时观察箱与盖配合面的间隙是否均匀。

【任务评价标准】

序号	考核内容	评价标准	分值（满分100）
1	螺纹旋向判断	左旋螺纹和右旋螺纹各判断一次，错一次全扣	10
2	螺距测量	测量螺距3次，错一次扣3分	10
3	螺栓连接	装配顺序错误扣4分	10
4	双头螺柱装配	错一次扣6分	10
5	扭矩扳手使用	达不到或超过扭矩值扣6分	10
6	成组螺母拧紧	违反拧紧原则扣8分，扭矩扳手使用错误扣8分	20
7	工具使用	工具使用熟练20分，一般10分，不会0分	20
8	安全文明生产	野蛮操作，未保持场地整洁，工具器件未回收摆放到位，发生其中一项全扣	10

任务三
减速器的装拆实训

【学习任务】

1. 了解齿轮减速器铸造箱体的结构。
2. 了解齿轮减速器中各零件的结构形状、作用及装配关系。
3. 了解减速器轴上零件的定位和固定、齿轮和轴承的润滑、密封以及各附属零件的作用、构造和安装位置。
4. 熟悉减速器的拆装和调整的方法和过程。
5. 遵守安全规程,严格按照操作顺序拆装,保持操作现场整洁,培养安全职业素养。

【任务内容】

1. 观察减速器的外部结构,并确定级数、输入轴、输出轴及安装方式,测出外廓尺寸、中心距、中心高。
2. 观察减速器的内部结构,正确测出轴承的轴向间隙和齿轮副的侧隙。正确数出齿轮齿数,正确计算出传动比,准确判定斜齿轮旋向、轴承型号。
3. 能按照顺序拆卸轴上所有零件。
4. 正确分析滚动轴承的配合情况。
5. 零件清洗并按反顺序装配。

【任务所需器材】

拆装如图 9-4-1 所示的两级斜齿圆柱齿轮减速器。

装拆工具:活络扳手、手锤、铜棒、钢直尺、铅丝、轴承拆卸器、游标卡尺、煤油、油盘。

【任务实施步骤】

一、观察外部结构

(1)观察减速器外部结构,判断传动级数、输入轴、输出轴及安装方式,测出外廓尺寸、中心距、中心高。

图 9-4-1　两级斜齿圆柱减速器

（2）观察减速器的箱体附件，了解附件的功能、结构特点和位置。

二、拆卸轴系零部件

（1）拆下箱盖和箱座连接螺栓，拧下端盖螺钉（嵌入式端盖除外），拔出定位销，借助起盖螺钉打开箱盖。

（2）取出轴系部件，并把各零件编号并分类放置。

三、观察内部结构

（1）测定齿轮副的侧隙。将一段铅丝插入齿轮间，转动齿轮碾压铅丝，铅丝变形后的厚度即是齿轮副侧隙的大小，用游标卡尺测量其值，如图 9-4-2 所示。

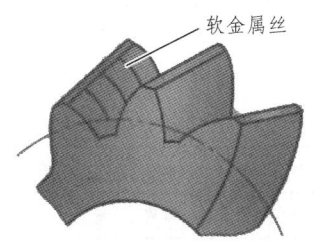

图 9-4-2　用软金属丝测量侧隙

（2）仔细观察箱体剖分面及内部结构，分析各零件的作用、结构、周向定位、轴向定位、密封等。

（3）确定传动方式，数出齿轮齿数并计算传动比。

（4）判定斜齿轮旋向。

（5）判定轴承型号及安装方式。

四、清　洗

在煤油里清洗各零件。

五、装　配

按拆卸的反顺序装配好减速器。

【操作提示】

1. 减速器拆装过程中，若需搬动，必须按规则用箱座上的吊钩缓吊轻放，并注意人身安全。

2. 拆卸箱盖时应先拆开连接螺钉与定位销，再用起盖螺钉将盖、座分离，然后利用盖上的吊耳或环首螺钉起吊。新开的箱盖与箱座应注意保护其结合面，防止碰坏或擦伤。

3. 拆装轴承时须用专用工具，不得用锤子乱敲。无论是拆卸还是装配，均不得将力施加于外圈上通过滚动体带动内圈，否则将损坏轴承滚道。

【任务评价标准】

序号	考核内容	评价标准	分值（满分100）
1	观察外部结构	观察并正确判断出减速器的传动级数、输入轴、输出轴及安装方式，错一项扣2分；正确测出减速器的外廓尺寸、中心距、中心高，错一项扣4分	20
2	观察内部结构	正确测定齿轮副的侧隙；正确数出齿轮齿数；正确计算出传动比；正确判定出斜齿轮旋向、轴承型号及安装方式，分析轴承零件的作用、结构、周向定位、轴向定位、密封等。错一项扣5分	30
3	拆卸轴系零部件	能按照顺序拆卸轴上所有零件，错一项扣2分	20
4	零件清洗	在煤油里清洗各零件，遗漏一项扣2分	10
5	反顺序装配	反顺序装配各零件，不得装错，遗漏一项扣2分	10
6	安全素养	遵守安全规程，严格按照操作顺序拆装，操作现场整洁，违反其中之一者全扣	10

附　录

附表 1　普通碳素结构钢的牌号、化学成分和用途（GB/T 700—2006）

牌号	质量等级	厚度（或直径）/mm	脱氧方法	化学成分/（%）			用　途
				W_C	W_{Si}	W_{Mn}	
Q195	—	—	F、Z	≤0.12	≤0.30	≤0.50	较高的塑性、韧性和焊接性，良好的压力加工性能，但强度低，常用于载荷较小的零件、垫块、铆钉、地脚螺栓、低碳钢丝、薄板、焊管、拉杆、开口销以及冲压零件、焊接件等
Q215	A	—	F、Z	≤0.15	≤0.35	≤1.20	性能与 Q195 相近，但塑性稍差，常用于薄板、镀锌钢丝、钢丝网、焊管、地脚螺栓、螺钉、垫圈、渗碳零件和焊接件等
	B						
Q235	A	—	F、Z	≤0.22	≤0.35	≤1.40	良好的塑性、韧性和焊接性、冷冲压型以及一定的强度、好的冷弯性能，常用于制作承载较大的金属构件等；也可制作转轴、心轴、拉杆、摇杆、吊钩、螺栓、螺母等；Q235C 钢和 Q235D 钢可用于重要的焊接件
	B			≤0.20			
	C		Z	≤0.17			
	D		TZ				
Q275	A	—	F、Z	≤0.24	≤0.35	≤1.50	具有较高的强度、硬度，较好的耐磨性，一定的焊接性和切削加工性能，常用于要求强度较高的齿轮、链轮、销、轴、吊杆螺栓、螺母等零件
	B	≤40	Z	≤0.21			
		>40		≤0.22			
	C	—	TZ	≤0.20			
	D						

附表 2　普通碳素结构钢的力学性能（GB/T 700—2006）

牌号	质量等级	屈服强度 σ_s/MPa 厚度（或直径）/mm						抗拉强度 σ_b/MPa	断后伸长率 δ/% 厚度（或直径）/mm				
		≤16	16~40	40~60	60~100	100~150	150~200		≤40	40~60	60~100	100~150	150~200
Q195	—	≥195	≥185	—	—	—	—	315~430	≥33	—	—	—	—
Q215	A	≥215	≥205	≥195	≥185	≥175	≥165	335~450	≥31	≥30	≥29	≥27	≥26
	B												
Q235	A	≥235	≥225	≥215	≥215	≥195	≥185	370~500	≥26	≥25	≥24	≥22	≥21
	B												
	C												
	D												
Q275	A	≥275	≥265	≥255	≥245	≥225	≥215	410~540	≥22	≥21	≥20	≥18	≥17
	B												
	C												
	D												

附表 3　优质碳素结构钢的牌号和应用（GB/T 699—1999）

牌号	成分/(%)			性能		应用举例
	C	Si	Mn	σ_b	σ_s	
08F	0.05~0.11	≤0.03	0.25~0.50	295	175	常用于轧制薄板、薄带、冷变形材，及用于冲压件、焊接件、表面硬化件等
08	0.05~0.11	0.17~0.37	0.35~0.65	325	195	
10F	0.07~0.13	≤0.07	0.25~0.50	315	185	宜用冷压、冷冲、冷弯、冷镦、热轧、挤压等工艺变形，制造要求受力不大、韧性高的零件，如摩擦片、汽车车身等
10	0.07~0.13	0.17~0.37	0.35~0.65	335	205	
30	0.27~0.34	0.17~0.37	0.50~0.80	490	295	常用于受力不大、工作温度低于150 ℃的截面尺寸小的零件，如丝杆、拉杆、轴键、齿轮、轴套筒等
35	0.32~0.39	0.17~0.37	0.50~0.80	530	315	常用于负载较大但截面尺寸较小的各种机械零件，如曲轴、杠杆、连杆、钩环等，各种标准件、紧固件等

续附表

牌号	成分/(%)			性能		应用举例
	C	Si	Mn	σ_b	σ_s	
40	0.37~0.44	0.17~0.37	0.50~0.80	570	335	常用于机器中的运动件，心部强度要求不高，表面耐磨性好的淬火零件，及负载较大但截面尺寸较小的调质零件，如曲轴、心轴、传动轴、活塞杆、连杆、链轮、齿轮等
45	0.42~0.50	0.17~0.37	0.50~0.80	600	355	常用于制造强度高的运动件，如空压机和泵的活塞、轴、齿轮、齿条、蜗杆等
50	0.47~0.55	0.17~0.37	0.50~0.80	630	375	常用于制造动载荷、冲击载荷不大以及要求耐磨性较好的机械零件，如锻造齿轮、拉杆、轧辊、机床主轴、发动机曲轴、重载心轴及各种轴类零件等
55	0.52~0.60	0.17~0.37	0.50~0.80	645	380	常用于制造耐磨、强度较高、受力较大以及弹性零件，如齿轮、连杆、轮圈、轮缘、机车轮箍、扁弹簧、热轧轧辊等
60	0.57~0.65	0.17~0.37	0.50~0.80	675	400	常用于制作轧辊、轴类、轮箍、弹簧圈、减振弹簧、离合器等
35Mn	0.32~0.39	0.17~0.37	0.70~1.00	560	335	常用于制造转轴、啮合杆、螺栓、螺母、螺钉、心轴、齿轮等
40Mn	0.37~0.44	0.17~0.37	0.70~1.00	590	355	常用于制造耐疲劳件、曲轴、辊子、轴、连杆；高应力下工作的螺钉、螺母等
45Mn	0.42~0.50	0.17~0.37	0.70~1.00	620	375	常用于制造转轴、心轴、花键轴、汽车半轴、曲轴、连杆、制动杠杆、啮合杆、齿轮、离合器、螺栓、螺母等

续附表

牌号	成分/（%）			性能		应用举例
	C	Si	Mn	σ_b	σ_s	
50Mn	0.48~0.56	0.17~0.37	0.70~1.00	645	390	常用于制造用作承受高应力零件、高耐磨零件，如齿轮、齿轮轴、摩擦盘、心轴、平板弹簧等
60Mn	0.57~0.65	0.17~0.37	0.70~1.00	695	410	常用于制造大尺寸螺旋弹簧、板簧，各种圆扁弹簧，弹簧环、片、冷拉钢丝等

附表 4　常用碳素工具钢的牌号、化学成分、热处理和用途（GB/T 1299—2014）

牌号	化学成分/（%）			热处理		用途
	W_C	W_{Si}	W_{Mn}	淬火温度/°C	硬度/HRC	
T7	0.65~0.74	≤0.35	≤0.40	800~820 水淬	≤62	T7、T8、T8Mn 钢用于制作受冲击，且硬度和耐磨性要求较高的工具，如木头用錾、冲头、钻头、模具等
T8	0.75~0.84	≤0.35	≤0.40	800~820 水淬	≤62	
T8Mn	0.80~0.90	≤0.35	0.40~0.60	780~800 水淬	≤62	
T9	0.85~0.94	≤0.35	≤0.40	760~800 水淬	≤62	T9、T10 钢用于制作受中等冲击的工具和耐磨机件，如刨刀、冲模、丝锥、板牙、手工锯条、卡尺等
T10	0.95~1.04	≤0.35	≤0.40	760~800 水淬	≤62	
T11	1.05~-1.14	≤0.35	≤0.40	760~800 水淬	≤62	T11~T13 钢用于制作不受冲击，且硬度要求极高的工具和耐磨机件，如钻头、铁锉刀、刮刀、量具等
T12	1.15~1.24	≤0.35	≤0.40	760~800 水淬	≤62	
T13	1.25~1.35	≤0.35	≤0.40	760~800 水淬	≤62	

附表5 普通低合金高强度结构钢的牌号、化学成分、力学性能和用途（GB/T 1591—2008）

牌号	质量等级	化学成分/(%)			屈服强度 σ_s/MPa	抗拉强度 σ_b/MPa	断后伸长率 δ/%	用　途
		W_C	W_{Si}	W_{Mn}				
Q345	A	≤0.20	≤0.50	≤1.70	265~345	450~630	17~21	具有良好的综合力学性能，塑性和焊接性良好，冲击韧性较好，一般在热轧或正火状态下使用，用于制造桥梁、船舶、车辆、管道、锅炉、各种容器、油罐、电站、建筑结构、低温压力容器等结构件
	B							
	C							
	D	≤0.18						
	E							
Q390	A	≤0.20	≤0.50	≤1.70	310~390	470~650	18~20	具有良好的综合力学性能，焊接性及冲击韧性较好，一般在热轧状态下使用，用于制造高、中压锅炉和化工容器、桥梁、船舶、起重机、载荷较大的焊接件、连接构件等
	B							
	C							
	D							
	E							
Q420	A	≤0.20	≤0.50	≤1.70	340~420	500~680	18~19	具有良好的综合力学性能，优良的低温韧度，焊接性好，冷热加工性良好，一般在热轧或正火状态下使用，用于制造高压容器、重型机械、桥梁、船舶、机车车辆、锅炉及其他大型焊接结构件等
	B							
	C							
	D							
	E							
Q460	C	≤0.20	≤0.60	≤1.80	380~460	530~720	16~17	适用于制造中温高压容器（低于120℃）、锅炉、化工、石油高压厚壁容器（低于100℃），经过淬火、回火后可用于制造大型挖掘机、重型机械及其他焊接结构件等
	D							
	E							

附表6 常用滚动轴承钢的牌号、成分、热处理及用途（GB/T 18254—2002）

牌号	成分/（%）				热处理/°C		回火后硬度/HRC	用途
	C	Cr	Si	Mn	淬火	回火		
GCr4	0.95～1.05	0.35～0.50	0.15～0.30	0.15～0.30	810～830 水、油	150～170	62～64	常用于制造直径小于20 mm的滚珠、滚柱、滚针
GCr15	0.95～1.05	1.40～1.65	0.15～0.35	0.25～0.45	810～830 水、油	150～160	62～64	常用于制造壁厚小于12 mm、外径小于250 mm的套圈，直径为25 mm的钢球，直径小于22 mm的滚子
GCr15SiMo	0.95～1.05	1.40～1.70	0.65～0.85	0.20～0.40	820～846 水、油	150～160	62～64	常用于制造壁厚小于12 mm、外径小于250 mm的套圈，直径大于50 mm的钢球，直径大于22 mm的滚子
GCr15SiMn	0.95～1.05	1.40～1.65	0.45～0.75	0.95～1.25	820～846 水、油	150～170	62～64	

参考文献

[1] 潘国萍. 机械基础[M]. 北京：人民交通出版社，2019.

[2] 栾学钢，赵玉奇，陈少斌. 机械基础[M]. 北京：高等教育出版社，2019.

[3] 孟莹. 机械基础[M]. 成都：西南交通大学出版社，2019.

[4] 代礼前，李东和. 机械基础[M]. 北京：北京邮电大学出版社，2018.

[5] 李华丽，刘绪华，尚渊. 机械基础[M]. 北京：北京邮电大学出版社，2017.

[6] 王光勇. 机械基础[M]. 南京：江苏教育出版社，2016.

[7] 祖国庆. 机械基础[M]北京：中国铁道出版社，2014.

[8] 刘海川. 机械基础[M]. 北京：石油工业出版社，2013.

[9] 余得生，徐国权. 城市轨道交通概论[M]. 北京：北京出版社，2019.

[10] 魏玉梅，田英，李慧. 铁道概论[M]. 成都：西南交通大学出版社，2018.

[11] 袁清武，于值亲. 车辆构造与检修[M]. 北京：中国铁道出版社，2017.

[12] 王效乾，丁洪东. 城市轨道交通车辆检修[M]. 北京：北京邮电大学出版社，2016.

[13] 曾青中. 城市轨道交通车辆[M]. 成都：西南交通大学出版社，2016.

[14] 刘志强. 铁路机车车辆[M]. 北京：中国铁道出版社，2020.

[15] 崔忠圻，覃耀春. 金属学与热处理[M]. 北京：机械工业出版社，2020.

[16] 王晓丽. 金属材料与热处理[M]. 北京：机械工业出版社，2012.

[17] 王洪. 工程力学[M]. 北京：北京交通大学出版社，2012.

[18] 张定华. 工程力学[M]. 北京：高等教育出版社，2012.

[19] 王慧力. 简明机械设计手册[M]. 北京：机械工业出版社，2017.

[20] 李连进. 简明机械设计手册[M]. 北京：化学工业出版社，2019.